向德国城市学习

——德国在空间发展中的挑战与对策

易鑫　[德]克劳斯·昆兹曼（Klaus R.Kunzmann）等著

中国建筑工业出版社

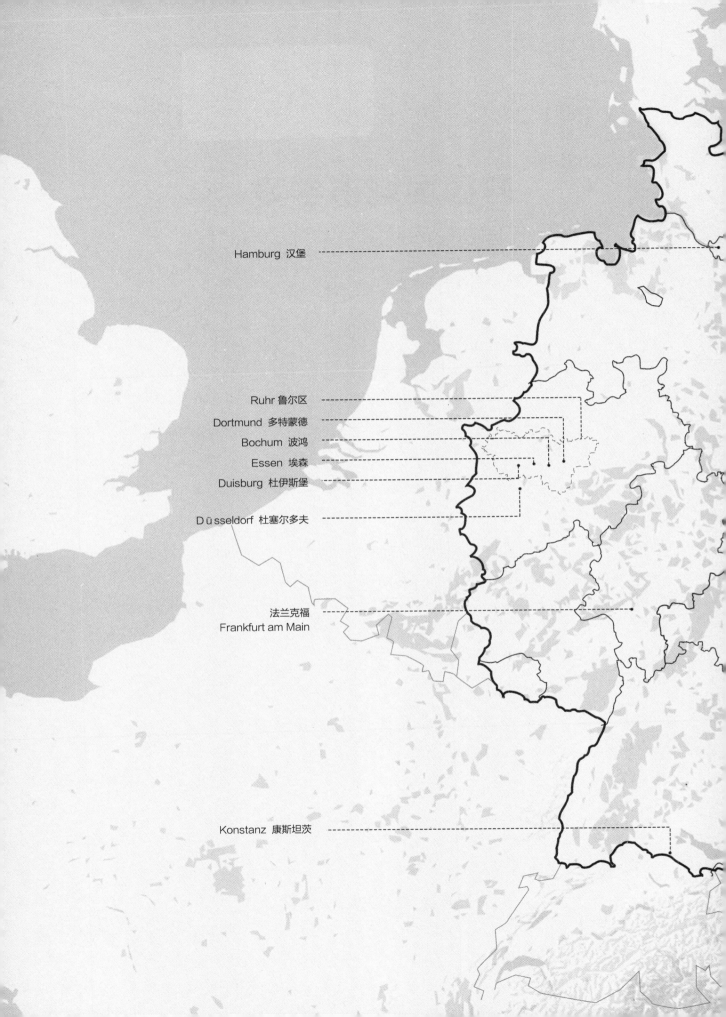

Hamburg 汉堡

Ruhr 鲁尔区
Dortmund 多特蒙德
Bochum 波鸿
Essen 埃森
Duisburg 杜伊斯堡

Düsseldorf 杜塞尔多夫

法兰克福
Frankfurt am Main

Konstanz 康斯坦茨

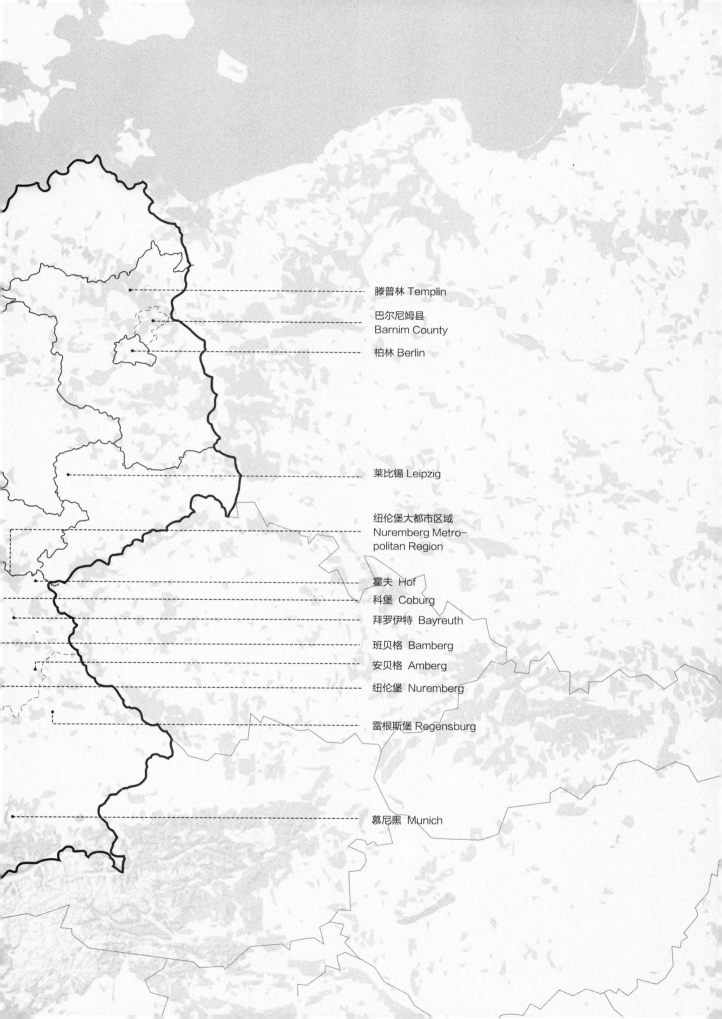

滕普林 Templin

巴尔尼姆县
Barnim County

柏林 Berlin

莱比锡 Leipzig

纽伦堡大都市区域
Nuremberg Metro-
politan Region

霍夫 Hof
科堡 Coburg
拜罗伊特 Bayreuth
班贝格 Bamberg
安贝格 Amberg
纽伦堡 Nuremberg

雷根斯堡 Regensburg

慕尼黑 Munich

序 一

在过去四十年间，中国和德国在城市设计到空间规划领域展开了广泛的交流，推动学术讨论与项目的互动不断深入。 一方面，两国的专家在相关领域的认识不断加深，双方学者也出版了一系列的学术论文成果，例如 Ekhart Hahn 的《中华人民共和国与环境相关的居民区发展政策》（1983）和吴志强的《大城市的全球化》（1994）等，后者对上海和汉堡的城市发展进行了比较；在另一方面，双方也开展了许多实际项目，特别是在中国进行了大量合作，促进了彼此之间在知识和经验方面的交流，这些成果对于两国在城市与空间发展、结合时间进程开展规划和调控等工作都起到了重要推动作用。无论是在过去还是当下，两国各自明显不同的"规划文化"对彼此都有很大的启发意义。中国在都市区的非凡动力源于其快速的决策过程，而德国在规划中复杂的规则和决策过程往往会经历漫长的时间。双方的体系可以说是各有千秋，前者存在的风险可能在于人们无法充分考虑可持续发展的要求；而对于后者来说，由于规划周期较长，当人们最终确定具体措施的时候，可能有一部分规划内容早就过时了。从积极的方面来看：一个尚未充分细化发展的规划系统避免了过于复杂的问题，它往往可以通过快速的决策过程而获得良好的结果；反过来看，一个更加考虑差异化内容的规划系统则有可能因为需要考虑保护某些特殊利益，给区域、城市或街区的整体发展带来负面影响，而整体发展才是规划系统不能忘记的本质性要素。本书的各位作者希望通过讨论德国城市的经验，向中国的城市规划师和空间规划师展现多方面的经验。此外，各个章节的内容也很好地对德国专业人员在当前思考与实践的概况进行了总结。我本人也非常期待，将来能够有一本书能够向德国的同行介绍中国的发展并从中学习各方面的经验。我衷心期待这本书能够在我们的中国同行之间得到广泛流传，并获得大家积极的反馈。

迪特·福里克

柏林工业大学教授，同济大学顾问教授

　　《向德国城市学习：德国在城市发展中所面临的挑战和对策》，当我首次看到这个书名时是有些迟疑的，因为我一直以来认为，城市的发展有很深的自身历史和社会背景，城市规划更是受到各个国家和地区不同政治、经济、文化的影响，很难说谁向谁学习。但当我通篇读完此书时，感到此言不虚，一是该书的内涵丰富，亮点颇多，二是该书对德国城市发展的历史回顾，特别是对社会经济大背景下城市规划变迁的历史分析十分有价值，对今天的中国确实有借鉴意义。书中对第二次世界大战后一些城市发展中出现的问题分析，让我有似曾相识的感觉，而一些规划应对也让我感到熟悉和亲切。城市的发展尽管受到各个国家社会经济、历史文化的深刻影响，但在工业化时代，城镇化的发展确实有一定的规律性，一些问题的出现也有相似性，只是出现的时间有先后而已。

　　中国改革开放已经快40年了，这短短的几十年里，我们走过了西方国家100年的工业化、城镇化历程。在这个过程中，我们先后碰到过住房短缺、基础设施短缺、商业设施匮乏的问题，也碰到过城市蔓延、开发区过多、大城市病、郊区化、资源型城市衰退、旧城历史文化破坏、城市生态危机等一系列问题，现在又面临大城市房价过高、城市制造业乏力、互联网经济冲击实体商业、乡村发展落后、区域发展不平衡等新问题。这些新旧问题，从国际视野看，确实在一些国家和地区出现过，如何应对应该说是有先例的。而对于中国过去40年压缩的现代化历程来说，越是快速的发展，越要从历史的经验和教训中去积极寻找答案才能避免重走弯路。所以，学习包括德国在内先发国家和地区的经验是促进中国城市规划理论和实践健康发展的重要前提。

　　向德国学习，学习什么？通读全书可以说可以学的东西很多。就我个人而言，我觉得有四个方面值得借鉴。一是德国的规划制度，德国在百年的发展历程中，建立了一整套的规划法律法规，对维护城市的公共利益，保障市民的基本权益起到关键性作用，在这方面我们要走的路还很长；二是德国的规划政策，仅就住房政策而言，可负担住房、住房补贴体系、土地供给以及对房地产开发企业的有效约束都是十分有价值的经验，我们目前在城市住房问题上的困惑，很大程度上是政策的研究和把握不到位；三是德国的规划技术方法，无论是空间规划体系，还是城市更新、区域协调、乡村发展、历史文化保护等等都有不少值得我们借鉴的东西。我访问过德国的一些城市，给我的感觉是人居环境品质高，这一印象的形成很大程度上在于规划技术的服务到位；四是德国的规划教育，从传统的基于建筑学的规划教育，发展成为融合其他相关学科的空间规划，其理论和方法的不断更新是值得我们学习的。歌德说，理论是灰色的，生命之树常青。城市规划理论的发展源于城市生活的不断发展，中国的规划理论同样需要不断地创新，德国同行给我们做了榜样。

该书的作者克劳斯·昆兹曼教授是一位资深的规划专家，在规划的理论和实践上多有建树，特别是多年来致力于中德文化交流，对中国的规划发展有相当的影响，该书中他撰写和审阅的文章对我们全面了解德国的规划体系很有帮助。易鑫教授是一位优秀的青年规划专家，他对德国规划的研究有相当的深度，他以中德双重规划教育背景来组织此书对中国规划理论和实践的发展是大有裨益的。

最后，我想说的是，中国的城镇化还在发展之中，面临的机遇和挑战有很多，我们需要学习包括德国在内的一切先发国家的经验，越是善于学习，我们的获得会越多。祝愿中德之间规划和文化的交流更加兴旺和繁荣。

中国城市规划设计研究院副院长

《国际城市规划》杂志主编

目 录

序一

序二

引 言 ·· 001
Introduction

第1章 以德国作为榜样？德国在城市与区域规划方面的挑战与成就（易鑫，克劳斯·昆兹曼）······· 002
Germany, one model? Challenges and successes of urban and regional development in Germany
（Yi Xin，Klaus R. Kunzmann）

第1部分　德国的空间发展情况 ··· 005
Part I Spatial development in Germany

第2章 昆兹曼教授访谈　为空间发展进行规划：德国会是中国的榜样吗？ ·························· 010
Interview with Klaus Kunzmann　Planning for spatial development: Germany, a model for China?

第3章 德国的空间规划体系（易鑫）··· 016
The system of spatial planning system in Germany（Yi Xin）

第4章 废墟中重生的德国：从战争的毁坏到宜居城市（克劳斯·昆兹曼）················ 028
Germany out of ash: from war demolition to livable cities（Klaus R. Kunzmann）

第5章 德国的州域规划与空间秩序规划的发展历程（易鑫，克里斯蒂安·施奈德）················· 038
Historical evolution of regional planning on state and federal levels in Germany（Yi Xin, Christian Schneider）

第6章 联邦德国的城市发展与城市更新资助政策（乌尔里希·哈茨费尔特）················ 048
Urban development and urban regeneration policies in Germany（Ulrich Hatzfeld）

第7章 德国的住房政策（托尔斯腾·海特坎普）··· 052
Housing policy in Germany（Thorsten Heitkamp）

第8章 国际建筑展：德国实现创新性城市发展的工具（克劳斯·昆兹曼）·············· 060
International Building Exhibition (IBA): a German instrument to innovate urban development
（Klaus R. Kunzmann）

第9章 德国的乡村规划及其法规建设（易鑫） · 071
Rural renewal planning and related planning laws and regulations in Germany（Yi Xin）

第10章 德国的整合性乡村发展规划与地方文化认同构建（易鑫，克里斯蒂安·施奈德） · · · · · · · · 078
Integrated rural development strategy and cultural identity cultivation in Germany
（Yi Xin, Christian Schneider）

第11章 德国的乡村治理及其对于规划工作的启示（易鑫） · 089
Rural governance in Germany and the related requirements for urban planning practice（Yi Xin）

第2部分 大都市区域和大城市的发展情况 · 103
Part II Metropolitan city regions and large cities

第12章 德国的大都市区域（克劳斯·昆兹曼） · 104
Metropolitan city regions in Germany（Klaus R. Kunzmann）

第13章 位于美因河畔的法兰克福（维尔纳·海因茨） ·118
Frankfurt am Main（Werner Heinz）

第14章 杜塞尔多夫：德国最宜居的城市之一（约阿希姆·西费特） · 129
Düsseldorf: one of the most livable cities in Germany（Joachim Siefert）

第15章 汉堡的两种城市改造方式：港口新城和国际建筑展（迪尔克·舒伯特） · · · · · · · · · · · · · 136
Two contrasting approaches to urban redevelopment in Hamburg: the Hafen-City and the IBA in Hamburg
（Dirk Schubert）

第16章 重塑一个首都：德国统一后柏林城市发展的挑战与成就（迪特·福里克） · · · · · · · · · · · 145
Reinventing a capital city: challenges and achievements of urban development in Berlin after reunification
（Dieter Frick）

第17章 莱比锡：或者一个城市的生存——一个后社会主义城市发展的实例
（马丁·祖尔·内登） · 152
Leipzig: or survival of a city? An example of post-socialist urban development（Martin zur Nedden）

第18章 "社会公平的土地开发"——慕尼黑经验（易鑫，克里斯蒂安·施奈德） · · · · · · · · · · · · 160
Social-compatible land use: Munich's experience（Yi Xin，Christian Schneider）

第19章 2005年慕尼黑国家景观展：城市设计作为协调空间发展的工具（易鑫） · · · · · · · · · · · 166
Bundesgartenschau 2005 in Munich: Urban design as coordination instrument for urban development
（Yi Xin）

第20章 鲁尔区：工业区域转型的挑战与成就（克劳斯·昆兹曼） · 173
The Ruhr: Challenges and achievements of transforming an industrial region（Klaus R. Kunzmann）

第21章 纽伦堡大都市区（克丽斯塔·斯坦德克） · 186
Nuremberg metropolitan region（Christa Standecker）

第3部分　中小城市的发展 ·· 197
Part Ⅲ Medium-sized cites and small towns

第22章　德国中小城镇在国土开发中扮演的重要角色（克劳斯·昆兹曼，尼尔斯·莱贝尔）······ 198
The vital role of small and medium-sized cities and towns for territorial development in Germany
（Klaus R. Kunzmann, Nils Leber）

第23章　班贝格——世界文化遗产的保护与建设管理策略（奥特马尔·施特劳斯）·················· 208
Strategies for the urban conservation of world heritage in Bamberg（Ottmar Strauss）

第24章　雷根斯堡：在世界文化遗产中进行规划与建设（库尔特·维尔纳）·················· 214
Regensburg - Planning and construction in a UNESCO world heritage（Kurt Werner）

第25章　康斯坦茨：通过资源友好的城市发展来实现城市性（库尔特·维尔纳）···················· 222
Konstanz-Urbanity based on resource-friendly urban development（Kurt Werner）

第26章　巴尔尼姆县——地处大都市区边缘的无规划发展？（威廉·本弗）·················· 230
Barnim County - Unplanned development on the metropolitan fringe?（Wilhelm Benfer）

第27章　滕普林：勃兰登堡的一个小镇（克劳斯·昆兹曼，黛克拉·赛福特）··············· 238
Templin: A small town in Brandenburg（Klaus R. Kunzmann, Thekla Seifert）

第4部分　向德国城市学习 ··· 247
Part Ⅳ Learning from Urban Germany

第28章　结　语（易鑫，克劳斯·昆兹曼）·································· 248
Conclusion（Yi Xin, Klaus R. Kunzmann）

　　　　家乡　思恋　期盼（王　纺）··································· 252

　　　　附：图片地名标识 ······································· 254

附录··· 255
Appendix

推荐文献·· 256
Further reading: Chinese, English, German

推荐相关网站·· 258
Websites

作者简介·· 260
Contributing authors

引 言
Introduction

第 1 章

以德国作为榜样？德国在城市与区域规划方面的挑战与成就

（易鑫，克劳斯·昆兹曼）

Germany, one model? Challenges and successes of urban and regional development in Germany

（Yi Xin, Klaus R. Kunzmann）

第1章

以德国作为榜样？德国在城市与区域规划方面的挑战与成就[①]

Germany, one model? Challenges and successes of urban and regional development in Germany

易鑫，克劳斯·昆兹曼

Yi Xin，Klaus R. Kunzmann

21世纪初，中国的城市发展正面临着巨大的挑战。由于乡村的生活水平低下，再加上大城市劳动力市场的吸引力，越来越多的人离开农村，移居到城市和城市区域中来。不过城市本身并没有做好充分的准备来应对大规模人流的涌入。一方面，城市内部的地价飙升，另一方面，城市政府为众多居民提供的公共服务和基础设施投资却非常有限。面对城市发展的复杂情况，总体规划等调控城市发展的传统工具也无法解决在空间、社会和经济方面出现的难题。人们的担忧与日俱增，希望重新塑造城市与区域，为此不断寻求能够实现和谐发展的模式、成功经验和具体策略。在这一背景下，中央政府、城市政府及其专家顾问都选择把目光投向美国和欧洲各国，希望了解在全球化和技术革新的时代，世界上其他的地方如何解决城市和区域发展中出现的多种问题。在这个过程中，德国不仅仅是吸引游客、商人和投资者的目的地，同时也激起了城市规划师的浓厚兴趣。

单从国家的规模来看，德国与中国之间无法直接比较，更不要说两国在历史、文化和经济方面的差异了。但是德国在中国享有美誉，许多中国人对于德国优越的经济、文化和价值观都有着良好的印象。那些出于商务或者旅游目的到访过德国的中国人会感叹德国城市和区域所拥有的卓越生活质量、文化特色和优美的景色。尽管如此，德国城市到底有什么值得中国城市学习的呢？

本书试图回答这个问题。书中将展示出像万花筒一样丰富多样的景象：面对未来的挑战，德国不同的城市采取并实施了各种推动城市发展的战略和项目。在这些案例当中，有像柏林、汉堡、慕尼黑、杜塞尔多夫、莱比锡或法兰克福这样的大城市，人们在注重保障市民生活质量的同时，致力于在欧洲城市的竞争中强化自身特色；此外，还会介绍像康斯坦茨、班贝格或雷根斯堡这样中等规模的历史名城，它们十分谨慎地保持自己的文化特色，努力使新与旧之间取得相得益彰的效果，还有一些城市则致力于使当地的大学能够融入整个城市发展的步伐，使其成为城市发展中充满活力的伙伴；最后一部分的案例会展示德国东部的小镇和一个县的发展情况，在两德统一之后它们经历了从社会主义的计划经济体制向资本主义市场导向体制的艰难转型。由于德国城市之间传统的行政分界限制了城市的发展，自21世纪初以来，构建多中心的城市区域成为城市间合作的新形式。这方面的一个范例是纽伦堡的大都市区，该区域成功地将城市和乡村地区的政府、经济界

---

① 本文原载于：《城市·空间·设计》2013，29，（1）：9-15。

和市民代表组织到了同一张谈判桌前，共同制定未来的战略并推动实施的进程。

为了探讨城市与城市区域的发展，就要把德国的空间发展放到更大的背景中进行讨论；这就要从第二次世界大战后的历史谈起：①德国的许多城市在第二次世界大战中遭到轰炸被摧毁；②德国历史上形成了格外均衡的空间结构：直到今天，德国的中小城市在国家的经济、社会和文化方面一直有着格外重要的意义；③在联邦制的框架下，城市和区域体系的发展涉及联邦、联邦州和社区这3个空间层次，其中联邦州（共有16个州）和地方社区层级的重要性要大于联邦政府的作用，这种独具特色的空间体系也发挥了重大作用。相比之下，联邦政府的城市发展政策对于城市和区域发展的影响相当有限。本书将详细地阐述德国城市发展的特点。除此之外，各个城市和区域也一直坚持利用国际建筑展（Internationale Bauaustellung，IBA）这个充满德国特色的工具，人们希望通过这个工具，在政治层面推行各种创新性的城市发展政策。对以前军事用地的改造也是用来实现城市发展目标及城市住宅政策目标的重要工具。

观察中国当前在城市化领域正在经历的过程，可以使人回想起德国在一个世纪之前的很多现象。快速的城市化和扩张给当时德国的城市同样带来了巨大的挑战，面对复杂的局面，德国的城市规划师和学者进行了广泛的探索，为国际上城市与空间规划学科的发展做出了独具特色的贡献：卡米洛·西特在城市设计方面的先驱性工作；以区划为代表的城市规划法规工具在世界范围内得到了广泛传播；现代主义规划和建筑的发展与包豪斯学派有着非常深厚的联系；基于中心地理论等研究成果，德国构建起了较为系统而完善的国家空间规划体系；1980年代以来，面对全球政治和经济格局的巨大调整，以柏林国际建筑展和鲁尔区的埃姆歇园国际建筑展（IBA Emscher Park）为代表，德国同行的规划实践始终坚持以国家为代表的力量参与引导空间的发展，探索出了一条不同于新自由主义单纯强调资本利益的道路，始终关注空间发展对于社会方面的影响，面对当前世界急剧变化的局面，寻求包容、强调地方特色和可持续的城市发展，这些原则成为当前德国规划同行和社会各界的共识，这些经验对于中国的城市具有重要的借鉴和参考意义。同时必须指出的是，德国在城市规划和空间规划领域的发展与演进并不是一蹴而就的，也绝不是仅仅局限在专业人员内部就能够实现的任务，人们在不同时期面对的问题不同，为了寻求解决策略进行了大量讨论，今天将注意力放在发展包容与可持续的城市治理方向，在尊重既有规划文化及其路径依赖的同时，还要加强反思意识，才能够不断实现变革与创新。

在关于城市规划的国际文献中，占据绝对主导地位的往往是英文的专著和期刊文章，而记录德国空间发展状况并能让中国读者接触到的英文资料却极为少见。本书将首次从多角度提供各种成功的实例，帮助中国读者把握德国城市和区域规划的总体情况，作者也希望由此激起大家的好奇心，鼓起大家的勇气，促使人们更多地了解德国在城市和区域发展方面的经验，进一步去钻研德国城市与区域规划的策略和措施。

第1部分 德国的空间发展情况
Part I Spatial development in Germany

第2章

昆兹曼教授访谈 为空间发展进行规划：德国会是中国的榜样吗？

Interview with Klaus Kunzmann Planning for spatial development: Germany, a model for China?

第3章

德国的空间规划体系（易鑫）

The system of spatial planning system in Germany（Yi Xin）

第4章

废墟中重生的德国：从战争的毁坏到宜居城市（克劳斯·昆兹曼）

Germany out of ash: from war demolition to livable cities（Klaus R. Kunzmann）

第5章

德国的州域规划与空间秩序规划的发展历程（易鑫，克里斯蒂安·施奈德）

Historical evolution of regional planning on state and federal levels in Germany（Yi Xin, Christian Schneider）

第6章

联邦德国的城市发展与城市更新资助政策（乌尔里希·哈茨费尔特）

Urban development and urban regeneration policies in Germany（Ulrich Hatzfeld）

第7章

德国的住房政策（托尔斯腾·海特坎普）

Housing policy in Germany（Thorsten Heitkamp）

第8章

国际建筑展：德国实现创新性城市发展的工具（克劳斯·昆兹曼）

International Building Exhibition (IBA): a German instrument to innovate urban development（Klaus R. Kunzmann）

第9章

德国的乡村规划及其法规建设（易鑫）

Rural renewal planning and related planning laws and regulations in Germany（Yi Xin）

第10章

德国的整合性乡村发展规划与地方文化认同构建（易鑫，克里斯蒂安·施奈德）

Integrated rural development strategy and cultural identity cultivation in Germany（Yi Xin, Christian Schneider）

第11章

德国的乡村治理及其对于规划工作的启示（易鑫）

Rural governance in Germany and the related requirements for urban planning practice（Yi Xin）

第 2 章

昆兹曼教授访谈　为空间发展进行规划：德国会是中国的榜样吗？ ①

Interview with Klaus Kunzmann Planning for spatial development: Germany, a model for China?

魏雪婷　译
易　鑫　审校

受访者：Klaus R. Kunzmann
（多特蒙德工业大学空间规划学院教授），缩写 KRK
采访者：易鑫
（东南大学建筑学院城市规划系副教授）

2.1　易鑫：中国和德国，这两个国家真的能够进行比较吗？

KRK：中国经济的快速现代化更倾向于选择集中在大都市圈地区的发展，尤其是位于沿海地区的大都市圈。通过雄心勃勃的管理者、更好的教育水平和快速增长的中产阶级需求，都市圈的中心和它们对廉价劳动力的需求，吸引了大量乡村地区的居民，他们希望参与到中国经济发展的机遇中。持续的城市化进程有着巨大的空间、社会、经济和生态方面的意义。

由于多种原因，向德国学习空间规划的经验，需要明确一系列问题。这两个国家的城市化在空间、政治和路径依赖等方面有着非常不同的情况。21世纪初的中国正在经历德国一个世纪以前经历的过程，虽然相比之下德国规模小很多，而且目前又面临人口增长停滞的问题。依靠有两千年历史的城市发展基础所带来的强大地方自治传统、联邦体制和有力的国家政府，德国目前的城镇体系处于相对平衡的状态。大、中、小型的城市均匀分布在全国各地，提供了均好的生活条件，以及便利的公共基础设施和服务。虽然在乡村地区，特别是原民主德国地区，年轻和高素质的劳动力正从乡村向城市迁移，但这

并不是任何政策所导致的原因。

2.2　易鑫：第二次世界大战后德国的城镇体系是如何发展的？

KRK：第二次世界大战期间，德国受到了英美盟军的猛烈轰炸，工业基础和密集的城市中心受到了摧毁。他们这样做是为了削弱战争经济并打击仍然受法西斯意识形态控制的德国居民的意志。在战争的最后两年，许多大城市的中心被摧毁。科隆、纽伦堡、明斯特、波茨坦和卡塞尔，这些城市看上去像是 1945 年被原子弹摧毁的广岛。不难理解，当时城市重建成为国家的首要任务。在美国的支持下，"马歇尔计划"推动西欧的发展以对抗苏联，德国实现了"经济奇迹"，德国城市的重建工作一直延续到 20 世纪 60 年代末。城市政府、公共住房公司和城市规划师，旨在为刚从乡村地区返回的居民提供支付得起的住宅，毁坏的社会基础设施也得到了修复。特别是通过货币改革，刺激了新的消费需求，城市中心恢复它们作为商业区的职能。为了维护地方认同，大部分城市决定认真地恢复城市原有的历史面貌。依靠法治管理和有效的执法，同时也是由于当时还没有大型开发商的影响，大多数城

---

① 本文原载于：《城市空间·设计》，2013，Vol. 29. No.1. pp. 9-15.

市政府能够控制高层建筑的建设。只有作为德国各主要银行总部所在地的法兰克福采取了由建筑师和开发商主导的重建方式,清除了战后的城市中心(而50年后,法兰克福又重建了部分内城的建筑物,以重新创造城市的生活品质)。

如今在21世纪第二个十年,大多数德国城市受益于强有力的公共部门,依靠有效的区划控制着城市发展过程中的密度、高度和建筑质量。投机的私人开发商受到了城市管理系统、警觉的公民团体,以及当地媒体认真监督的约束。随着收入增加和机动性水平的改善,所有的主要城市地区都出现了郊区化,正如所有发展中经济体遇到的情况一样。不过,基于地方和区域在土地利用规划方面的严格控制,城市的蔓延得到了调控,并保护着处于城市边缘地区的乡村空间。

这些工作体现在各个层次的空间政策和决策中,以平衡整个国家的城市发展进程。实际上,"二战"后的空间政策受益于盟军军事政策的影响,当时在军事上要求国家选择分散式的发展,同时又在中央和地方层级之间建立了一个相对强有力的区域管理层级,将旧的区域改组为联邦州(如巴伐利亚州)或城市州(如汉堡、不来梅和柏林),或者组建新的联邦州(如北莱茵-威斯特法伦州,巴登-符腾堡州)。直至今日,11个原联邦德国和5个原民主德国的联邦州是德国均衡的区域发展模式的支柱。每个州的首府设有传统上首府必须提供的各个公共与私人机构(金融、高等教育、卫生、企业总部、经济促进机构等)。此外,波恩作为一个中等规模城市被选作首都,从而有利于避免像法国和英国那样由首都主导整个国家的局面。即便在1990年德国统一,柏林重新成为首都之后,联邦政府的一半职能部门仍然留在波恩。另一项德国特有的政策就是加强联邦制的作用,许多公共机构,如联邦法院、联邦劳工局、联邦环境署,都特意避开首都设在其他城市。而这在欧洲几乎是独一无二的,在其他大多数国家,这些国家级的机构一般都聚集在首都,以便于组成中央权力的网络。

2.3 易鑫:德国平衡的空间发展,是现实还是梦想? [①]

KRK:与许多其他西方国家相比,德国的城镇体系有着非常均衡的特点。8100万人口中的75%居住在城市(中国在2015年城镇化率达到了56.10%),多数人住在中小城市。在德国,只有4个城市(柏林、汉堡、慕尼黑和科隆)的人口超过100万。大部分重要城市的人口为50万左右(包括法兰克福、杜塞尔多夫、埃森、多特蒙德),其次是人口介乎10万~25万的中型城市。全国大多数城市为家庭提供了包括工作岗位和便利的公共基础设施在内的高品质生活条件。在宜居性方面,中等城市和大城市并没有多大区别。不过,最具有吸引力的中小城镇都处于多中心的城市区域内部。自1995年以来,德国已确定了11个这样的城市区域作为欧洲的大都市区域,这些区域对强化欧洲的城镇体系具有重要意义。甚至可以说,整个德国的人口就是分布在这些大型的多中心城市区域中。(图2-1)

中型城市对于实现国家内部均衡的城镇体制起着核心性作用。在这方面,德国可以提供非常广泛的经验。德国大量在全球化中成功的产业选择中型城市作为其所在地,企业在那里可以找到合格的劳动力以及地方化的工艺和服务。因此在德国更多人选择在中型城市而非大城市生活。在这些城市,人们能够找到高薪的工作,同时希望获得高品质的公共和私人服务。作为规律,中型城市的宜居性甚至比大城市还要高。大部分工作和生活在那里的人完全负担得起当地的生活成本。高品质的教育、健康服务、环境条件、充满吸引力的城市景观和文化设施,以及与自然和休闲娱乐地区的便捷联系,使得中型城市非常受家庭、公司和企业的青睐。事实上,由高速公路、高速铁路和区域性机场组成的高密度交通网络,让这些地区能够非常便捷地与欧洲及全球的目的地联系在一起。

[①] 参见本书第4章。

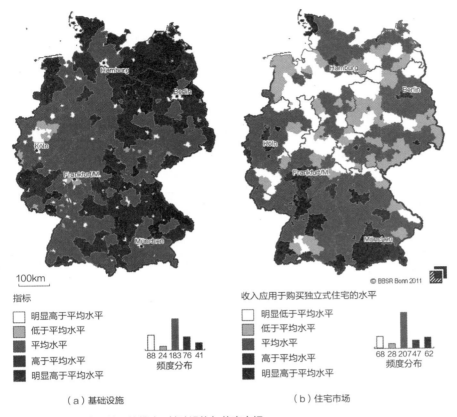

指标

☐ 明显高于平均水平
▨ 低于平均水平
▨ 平均水平
▨ 高于平均水平
■ 明显高于平均水平

频度分布
88 24 183 76 41

收入应用于购买独立式住宅的水平

☐ 明显低于平均水平
▨ 低于平均水平
▨ 平均水平
▨ 高于平均水平
■ 明显高于平均水平

频度分布
68 28 207 47 62

100km

© BBSR Bonn 2011

（a）基础设施 　　　　　　　　　　　　（b）住宅市场

图 2-1　区域性生活关系的维度：基础设施与住宅市场

来源：Raumordnungsbericht 2011. Bundesinstitut für Bau-, Stadt-und Raumforschung im Bundesamt für Bauwesen und Raumordnung，2011.

许多德国的著名大学也位于如亚琛、海德堡、哥廷根、比勒费尔德和卡尔斯鲁厄这样的中型城市（图 2-2）。这一切都使得在中型城市生活成为替代大都市的选项。

2.4　易鑫：在德国，空间规划是如何组织的？

KRK：德国的空间规划存在于政府的各个层级中，不过空间规划既不单纯是自上而下的，也不只是自下而上的过程。它的特点更像是在地方政府、区域管理机构、州政府和联邦政府之间不断寻求共识的过程。这一原则被称为"对流性规划原则"。在地方的层面，空间规划由政府以城市综合性规划的形式实施，但是并不局限于物质性的土地利用规划和区划，因为它包含了城市基础设施，以及与城市发展有关的社会、生态和经济维度上的广泛内容。区域的（物质性）规划则由区域规划主管部门或地区政府在区域层面进行组织。各州负责州域发展规划，这是一个覆盖整个联邦州范围的战略规划。最弱的规划层级是在国家／联邦层面。国家一级的空间规划更多的是承担信息方面的职能，旨在告知各专业规划部门（如交通、能源、经济发展）关于各个地域性发展的状况，以及专业方面的政策对各州的城市和区域可能产生的影响。在大都市区域这一层面的空间规划则因情况而异。到目前为止，还没有针对大都市地区应该如何对空间规划进程进行组织的官方指令。[①]

———————————

① 参见本书第 3 章。

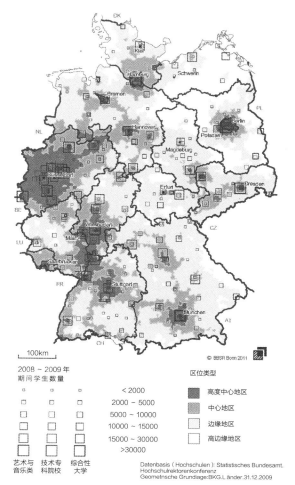

图2-2 德国大学的分布情况

来源：Raumordnungsbericht 2011. Bundesinstitut für Bau-, Stadt-und Raumforschung im Bundesamt für Bauwesen und Raumordnung，2011.

经验表明，基于地方或区域发展的实际情况，从开发到实际空间发展有很长的路要走。在人口停滞的背景下，城市的扩张不再是德国大部分城市和区域面临的主要挑战，空间规划也不再是为了准备技术性基础设施（如道路、供水、社会服务设施，以及确定学校、教堂、医院和文化中心的区位）的发展工具，而是成为引导项目发展的手段，推动在项目实施过程中，监测其对环境和社会的影响，确定沿着哪些战略性方向推进，以及如何维持或改善当地居民的生活条件，保障就业的稳定性，保护自然资源和历史遗产，同时在交通机动性发展中促进市场经济的繁荣与环境和

社会方面关注问题取得平衡的要求。空间规划本身不再致力于具体实施层面的问题，相反是为了构建相关框架，确定具体的条件和原则，以帮助公共和私人投资者在推动具体项目中不断推动城市肌理整体的现代化。这也是建筑师背景的规划者在城市发展中的作用不断降低的原因。他们的作用体现在之后的环节，当需要对已建成的城市景观进行干预，就需要他们在美学方面的能力来保障城市景观的质量。城市发展因此由空间规划师和城市的管理者接管，他们负责在城市或区域的大量公共、半公共和私人相关者之间的复杂互动过程中寻求共识。在德国，城市的物质性发展规划的实施，已经和蓝图式的房屋建设没有多少相似之处，城市基本上不再通过规划师来直接进行设计和建造了。

2.5 易鑫：谁是空间规划师？

KRK：早在1970年代初，德国空间规划师的教育是通过几所工业大学（多特蒙德、柏林、汉堡、卡塞尔和凯泽斯劳滕）的特殊规划培训课程所提供的，从而独立于其他的专业学科教育，如建筑、土木工程、地理学和公共管理。他们受雇于各层级公共部门的规划和决策机构，包括负责城市规划、交通、地方经济发展规划和住房的各个部门以及环保机构。他们同时也作为私人顾问、智库机构的政策顾问或科研机构的研究人员。由于教育背景的综合性，他们的工作是在不同的规划环境下，高水平地推动各专业学科之间的相互衔接和合作。在过去几十年里，空间规划师以前编制规划方案的能力已经被各种沟通工作的必要性所取代，规划师致力于推动公共和私人的专家、居民以及其他相关者之间的广泛沟通，在此基础上寻求共识来推动战略和项目的实施。

2.6 易鑫：公众如何参与空间规划？

KRK：在德国任何空间规划工作中，公众参与都是法律正式要求的。

在地方一级，没有公众的质询程序规划项目

不可能被实施，因此公众能够有机会参与规划过程并表达自己的关切。在区域一级的工作中，各州情况有所不同。在某些州内，公众的代表以正式或非正式的程序参与规划。不过规划者和政治家都知道，在战略和项目上，公众是实现共识的关键利益相关者。鉴于德国的体制建立在民主共识之上，地方和区域的媒体对城市和区域发展的决策过程进行着非常紧密的监督。居民和公众的参与往往花费大量时间，因此需要规划师耐心地参与。规划师的沟通技巧能够在复杂的决策过程中有效帮助所有的利益相关者达成共识。这清晰地表明了，在德国，当前城市扩张几乎处于停滞状态，空间规划不再只是要求具备技术性方面的能力。

2.7 易鑫：德国的空间规划所取得的成就是什么？

KRK：在德国，城市和区域的空间发展方向在很大程度上仍然掌握在公共部门手中，他们引导着土地利用，平衡公共利益与市场需求。与其他的发达国家相比，不受控制的城市扩张在德国得到了避免，聚居区的蔓延也能够得到控制，全国的城镇体系更为均衡。小型和中型城市提供了和大都市地区一样的生活质量。就业市场像城镇体系一样分散。许多以世界市场为导向的中小型企业，分布在全国各地，同时也与当地不同的区位和文化融为一体。对于地方和区域来说，规划是开放和民主的政治决策过程的重要组成部分。居民和公众在很大程度上参与了规划的过程。城市和区域内良好的公共交通，限制了私人汽车的过度使用。可持续发展不仅是一个政治性辞藻：减少对自然土地的开发，促进可再生资源（水能、风能和太阳能）的利用，通过一系列包括新技术、资金激励和行为方式引导的复杂手段组合减少能源消耗，正不断促进着可持续发展原则的应用（图 2-3）。村庄和城镇努力保持自身的文化遗产和认同，乡村地区也保持着自己的文化景观特色。

2.8 易鑫：德国的城镇体系在现在和未来的挑战是什么？

KRK：作为全球化和城市间竞争的结果，集中

图 2-3　1998～2010 年风电设施的发展

来源：Raumordnungsbericht 2011. Bundesinstitut für Bau-, Stadt- und Raumforschung im Bundesamt für Bauwesen und Raumordnung，2011.

在多中心大都市地区的经济活动越来越多，从而促使地方城市的政府在城市区域内寻求合作，制定联合发展的战略，包括延续控制城市发展的政策。在城市地区内，推动公共交通系统不断得到改进，将核心城市与边缘郊区连接起来，进一步减少能源消耗和保护当地特色，仍然是主要的挑战。城市向新型知识经济升级的同时，寻求新的途径使生产基地更好地融入城市肌理中。通过干预土地市场的运行来缓解社会的不平等，解决绅士化问题并推动可支付住宅的发展，仍然是一个关键的问题。社会老龄化和人口下降带来的影响，要求寻求新的解决方案以保持城市区域及其边缘地区完善的公共服务水平。最后，需要将那些合格的、临时性的劳动力，来自其他欧洲国家和非洲、亚洲的移民整合到德国社会。维持国家内部城镇体系的平衡，将在很大程度上取决于空间规划的立法工作，从而在空间维度上与各专业政策，如交通和能源部门相协调，同时也取决于空间规划者维持市场经济和国家干预之间颇有难度的平衡技巧。

2.9　易鑫：欧盟政策对德国城市和区域发展的影响是什么？

KRK：随着逐渐融入欧盟中，德国越来越多地受到了欧盟各部门政策和欧盟法规的影响。虽然空间规划本身不属于欧盟政策的范畴，然而欧盟制定的各专业规划政策（如交通、能源、农业、竞争力、科学和区域政策）对城市和区域发展有相当大的影响。欧盟青睐以市场为导向的经济模式，并渴望拥有全球竞争力，正以多种方式推动经济活动集中于那些依靠跨欧洲的区域间交通走廊得以相互联系的大都市地区。虽然旨在逐渐减少空间不平衡，维持地域性凝聚力的目标获得了关键的政治优先权，但是现实表明，受到市场导向的意识形态影响，欧洲内部富裕和贫穷的城市与地区之间的差距不降反增。由于对地方和区域政府财政手段的废止，城市和区域必须更多地依靠来自欧盟共同资金来实现项目，而这些则超出了既有的发展路径（图2-4）。

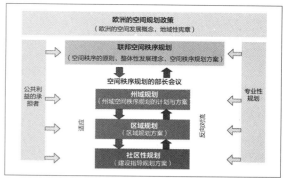

图2-4　欧洲的空间规划政策

来源：Raumordnungsbericht 2011. Bundesinstitut für Bau-, Stadt-und Raumforschung im Bundesamt für Bauwesen und Raumordnung，2011.

2.10　易鑫：中国真的能够学到德国空间规划中的经验吗？

KRK：向德国学习，意味着理解到一个国家的城市和区域发展是植根于历史，植根于当地和区域的文化和传统，植根于特定的政治环境以及社会的价值观之中，而这些条件是很难轻易改变的。倾向于平衡的多中心城镇体系的联邦制，有着2000多年历史，早已根深蒂固于德国的历史之中。德国的社会市场经济的原则，通过成功实现市场经济和公共干预的平衡，维持了福利国家的基础。税收和税收分配体系，对地方和区域政策的有效性有相当大的影响，这在各国有所不同。控制性措施同立法系统以及有效的法律实施机制一起，共同实现控制土地利用和保护绿地的任务。此外，德国公众和强大媒体的监督，促使地方、区域和国家政府尝试在干预空间发展的初期就努力达成共识。因此，认识到这一规律的意义可以从德国移植到中国，而非直接的答案、规划方案、计划、项目或者具体过程。然而，通过政策原则和战略所维持的相对均衡的城镇体系这一模式，可以被认真地研究和考察，并确定其可能被移植的方面。当然对于中国的城市规划师来说，对德国的研究和学习本身属于他们自己工作的一部分，也将由他们做出相关的决定。

第 3 章
德国的空间规划体系
The system of spatial planning system in Germany

易鑫
Yi Xin

3.1 概况

3.1.1 德国的国家治理结构

原联邦德国宪法颁布于 1949 年，联邦制、民主、法治和社会福利国家是宪法的 4 项基本原则。1990 年两德统一之后，目前德国共有 13 个联邦州和 3 个城市州，宪法规定各州在自己的管辖范围内享有自主管理空间发展事务的充分权利。

基于三权分立的要求，空间发展事务涉及立法、行政和司法三方面的内容。空间规划工作的开展依靠一系列机构的立法准备和行政实践，一旦与其他的公共和私人出现纠纷，需要专门负责的行政法院来审理并做出裁决。宪法第 20 条和 28 条都明确强调政府需要承担社会福利方面的责任。基于这方面的要求，相关的法律法规专门明确了一系列社会福利方面的任务，包括教育、就业、社会补助和安全等一系列内容，这些目标的实现都与空间规划事务密切相关。

德国分为三种不同的行政管理层次，各自拥有不同的管理权限：联邦、联邦州和县 / 社区（地方政府层级）。在地方政府层面，由县负责社区内部的某些规划管理工作的审批，没有独立的乡和村的管理层，整个行政区域范围通过全覆盖的建设指导规划（Bauleitplanung）统一管理社区的发展和建设活动；在地方政府以上，联邦州又根据各自的规模分为数个次区域，并在每个次区域设立"地区政府"（Bezirk），它们根据州政府的相关政策对辖区内的地方政府进行管理。（图 3-1）

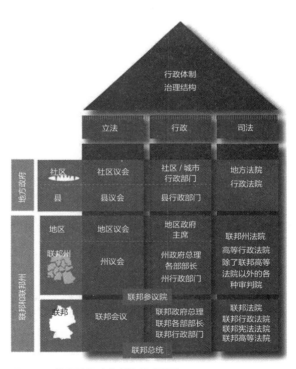

图 3-1　德国的行政体制和治理结构
来源：Elke Pahl-Weber, Dietrich Henckel（Eds.）. The Planning System and Planning Terms in Germany. Akademie für Raumforschung und Landesplanung. Hanover, 2008.

3.1.2 德国的空间规划法规体系

"对城市规划工作来说，规划法的重要意义在于它既确定了规划的框架条件，又明确了规划的手段。规划法同时也是整个法律制度的一个部分，从属于以宪法为基础的法律体系。"（阿尔伯斯，2000：96）

基于德国宪法（基本法）的规定，城市规划属于地方自治事务的范畴，由各个城市根据自身需要独立负责制定，上级政府监督地方制定相关规划的权限受到一定限制，因此德国的城市规划又称为"地方性规划"（Örtliche Planung），其法律依据主要是《建设法典》（Baugesetzbuch）。在城市规划的层次以上，还存在被称为"跨地区规划"（Überördliche Planung）的一系列属于区域规划（Regionalplanung）、州域规划（Landesplanung）乃至空间秩序规划（Raumordnung）的措施，致力于引导国家、联邦州和各个区域层面的空间发展事务，其法律依据主要是联邦政府制定的《空间秩序法》（Raumordnungsgesetz）和各个联邦州制定的《州域规划法》（Landesplanungsgesetz）。

为了确保整个空间规划体系的正常运行，就要求不同层级的空间规划措施相互协调，使地方政府负责的城市规划（"地方性规划"）和由联邦和联邦州政府负责的"跨地区规划"能够有效衔接起来。州域规划是基于空间秩序规划的原则和目标，由各个联邦州的立法部门所做的进一步具体化。类似的关系也包括在区域规划和地方性的建设指导规划（Bauleitplanung）之中。按照《建设法典》的要求，"建设指导规划应与空间秩序规划与州域规划的规划目标相协调"（《建设法典》第1条），后者的相关原则和目标可以用来指导制定地方性的建设指导规划。

除了《建设法典》和《空间秩序法》作为直接引导德国空间发展的法律之外，各级行政部门还以相关法律为基础，制定了一系列的规范和标准，对空间发展各方面事务进行管理。此外还有大量与空间发展密切相关的专业规划，它们的法律基础建立在各不相同，但是又相互关联的法律法规之上。包括联邦公路法（Bundesfernstraßengesetz）、

联邦铁路法（Bundesbahngesetz）、环境保护法（Bundesnaturschutzgesetz，BNatSchG）和田地重划法（Flurbereinigungsgesetz）等，在《空间秩序法》和《建设法典》中对于协调上述法律法规都有相关的规定（图3-2）。

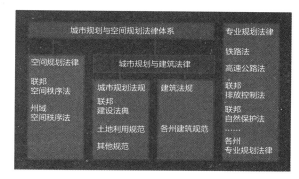

图3-2　德国的空间规划法规体系

来源：Elke Pahl-Weber, Dietrich Henckel（Eds.）. The Planning System and Planning Terms in Germany. Akademie für Raumforschung und Landesplanung. Hanover, 2008.

3.2　历史发展过程

3.2.1　1945年以前

与英国早期城市规划起源于公共卫生问题不同，德国对于现代城市规划的贡献首先是来自于19世纪末城市规划法规的发展，当时主要是关于土地利用的法律。确切地说，规划法是规定土地使用者在自由支配土地利用时必须承担的约束义务的法律，以公正地维护公共利益。今天德国在引导建设方面的法律要源于1794年出台的《普鲁士通法》（Allgemeines Landrecht für die preußischen Staaten – prALR）。受当时欧洲普遍的自由主义思想影响，该法第65条规定："一般情况下，每位所有者都允许拥有自己的地产和建筑，允许改建其建筑；但是不允许任何建设和改建损害或危及公共利益，损毁城市和公共广场的外貌形式。"1855年出台了新的规定，地方政府被授予划设建筑红线的权力。随着工业化和人口快速增长的影响，1875年又专门出台了道路红线法（Fluchtliniengesetz），该法同时也赋予地方政府自主编制城市开发法规的权力。为了遏制侵占

城市外部的林地等开放空间的问题，1902 年又进一步出台了相关法律。1907 年，人们又进一步立法把上述法律整合成了一部完整的法律，将城市规划工作划分为社区整体和居民点两个不同的层次加以管理。在跨地区的区域规划方面，1920 年"鲁尔煤矿区社区联合会"（Siedlungsverband Ruhrkohlenbezirk）出台了专门的联合会法，对部分区域性或者涉及跨地区范围的技术内容（例如交通联系与绿地廊道等问题）做出了规定。后来在魏玛共和国（1919～1933 年）和第三帝国（1933～1945 年）时期，相关机构进一步完善了国家层面在城市规划和区域规划方面的立法准备。[①]

3.2.2　1945 年以后

在两次世界大战之间，德国政府和专家在城市本质的认识、规则法规管理等方面进行了充分的技术准备，第二次世界大战结束以后，德国的城市发展经过了战后重建、人口膨胀带来的新一轮城市增长等不同阶段。随着德国工业化和城市化进程的逐渐完成，城市和乡村以及城市之间的经济、社会联系不断加深，因此城市与乡村逐渐被作为整体对待。

第二次世界大战结束后到 1950 年以前，战争的破坏和严重的难民问题使城市规划和区域规划的立法工作有所延迟。原联邦德国在 1949 年成立以后，各个联邦州分别制定了各自的州域规划法和城市规划法。一直到 1965 年联邦才正式颁布了联邦《空间秩序法》（Raumordnungsgesetz - ROV），用于规范联邦空间发展规划（空间秩序规划）、联邦州的州域发展规划和州内部的区域规划，该法于 1998 年颁布了修正案。2004 年又把适用范围拓展到德国的专属经济区，使联邦政府可以把专属经济区的经济活动与海岸地区的保护等内容，纳入统一的管理中来。

城市规划的立法工作要早于区域规划，1960

年联邦政府正式出台了《联邦建设法》（Bundesbaugesetz），此后又以该法为基础颁布了《建设用地规划》（Baunutzungsverordnung）和《规划标识规范》（Planzeichenverordnung）等辅助内容。该法强调城市规划作为地方自治事务的地位，由各个城市根据自身需要独立负责制定。随着城市更新等内容在城市发展中的地位越发重要，联邦政府又于 1971 年专门出台了《城市建设促进法》（Städtebauförderungsgesetz）。后来人们又多次对《联邦建设法》与《城市建设促进法》进行了增补修订，最终在 1986 年将二者合并，出台了《建设法典》（Baugesetzbuch –BauGB）。在这之后，城市发展越来越强调内城的再开发、环境和历史文化保护等问题。

1990 年两德统一之后，经过短暂的过渡期，来自原民主德国地区的 5 个联邦州也施行了以上各项法律。1996 年，《建设法典》中专门引入了使用可再生能源的相关条款。2001 年和 2004 年，《建设法典》进行了修正，以适应欧盟法规在环境保护等方面的要求，环境影响评价等工具开始成为法定规划的必要组成部分。

2007 年又施行了《鼓励现有建成区开发法》（Gesetz zur Erleichterung von Planungsvorhaben für die Innenentwicklung der Städte），希望能够减少新的建设用地消耗，改善住房和基础设施需求，稳固并创造就业机会等。

3.3　空间规划的结构与层次

3.3.1　基本原则

通过上文对德国行政体系和空间规划法规的介绍可以看到，德国的空间规划体系是基于联邦、联邦州和地方政府三个层级的互动构建起来的。这三级政府在各自的领域发挥着关键性的作用，联邦州政府和地方政府分别在"跨地区规划"和"地方性规划"中发挥着主导性的作用，而联邦政府

---

① 关于德国区域规划早期发展的进一步内容，请参见本书第 5 章。

则通过立法方面的优先地位对整个空间规划的制度体系进行调控（图 3-3）。

由此可见，德国的空间规划体系是基于自上而下和自下而上的"对流性原则"（互动原则）构建起来的。除此之外，在正式的法定规划和包括公众参与在内的非正式规划也起着不可忽视的作用（图 3-4）。

在程序上，"跨地区规划"基于州域规划和区域规划的有关目标，提出一系列的任务目标、模式和计划，上级政府也会为此提供必要的财政、

技术和人员方面的支持。联邦层面的"空间秩序规划"则主要是在联邦政府和各联邦州政府之间沟通信息，同时与欧盟方面进行协调，确立空间发展的基本原则。相比之下，"地方性规划"则强调自下而上的原则，地方社区政府基于地方自治的宪法原则掌握着主导地位。在《建设法典》的条款中，对于与法定的建设指导规划编制有关的公众参与的形式、内容和时限有着十分明确的要求。

在非正式规划方面，多层级的空间规划之间、不同权属的公共机构以及各个专业规划之间，都需要大量的沟通和协调，才有可能确保空间发展的政策目标得以实现。在制度层面，不同法律的条文中也都明文规定，要求各方面的空间规划之间进行协调。

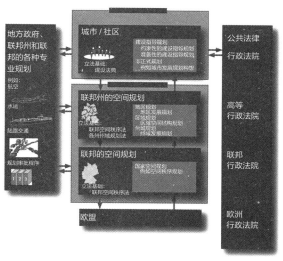

图 3-3 德国的空间规划工具及司法系统

来源：Elke Pahl-Weber, Dietrich Henckel（Eds.）. The Planning System and Planning Terms in Germany. Akademie für Raumforschung und Landesplanung. Hanover, 2008.

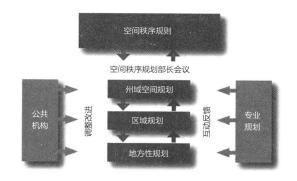

图 3-4 空间规划体系的对流原则（互动）

来源：Elke Pahl-Weber, Dietrich Henckel（Eds.）. The Planning System and Planning Terms in Germany. Akademie für Raumforschung und Landesplanung. Hanover, 2008.

3.3.2 联邦层面

空间秩序规划以联邦地域内的国土发展为工作对象，由联邦政府和各州政府共同完成。空间秩序规划的任务是为了保障联邦各个地区生活方式的公正平等而提出的具体空间发展目标。由于受到联邦分权制度的限制，空间秩序规划发挥影响主要通过三种形式：① 联邦在立法层面的制度建设；② 财政方面和交通发展等专业规划领域的激励措施；③ 空间秩序规划部长会议的定期沟通。

1998 年联邦政府更新《空间秩序法》以后，引入了一个新的非正式工具帮助强化空间秩序规划的作用，"空间秩序规划有责任在整个联邦和涉及跨各个联邦州的事务中引导空间发展的原则"，下级政府有责任将这些原则贯彻到各自的规划当中。目前人们把可持续的空间发展作为工作的核心内容，希望把满足社会和经济发展的要求与生态方面的功能统一在一起，为此颁布了一系列的指导意见。

3.3.3 联邦州层面

与空间秩序规划相衔接的是各联邦州负责的州域规划（Landesplanung），负责协调整个州行政范围内的空间发展问题。对于柏林、汉堡和不来梅 3

个城市州来说，由于辖区面积有限，因此城市政府编制的"预备性的建设指导规划"[①]可以视为具有同样的作用。州域规划的主要任务是确定整个联邦州范围的空间发展结构，确定中心地的体系，安排跨地区的基础设施发展规划，制定居民点和开放空间发展计划。州域规划的进一步落实主要是依靠下一级的区域规划和基础设施发展规划。

为了使空间发展更加具有实效性和针对性，联邦州会被分成数个次区域，基于州域规划的总体要求，为每个次区域编制各自的区域规划（Regionalplan）。区域规划的任务是为整个次区域内部空间结构和居民点体系的发展，提出综合性、跨地区、跨专业且具有远见的规划。除了巴伐利亚州以外，其他的联邦州都是在各自的州域规划法中确定次区域的数量和范围。在每个次区域的内部，会成立包括地方政府在内的正式的区域规划协会，各地方政府也会制定各自的法律、规范等措施，以确保跨地区规划的实施。

3.3.4 地方社区层面

城市规划的实施主要依靠《建设法典》（Baugesetzbuch），这部 1987 年颁布的《建设法典》确定了德国城市规划的基本法律框架。1987 年《建设法典》主要是由 1960 年通过的以后又经过多次增补修订的《联邦建设法》以及 1971 年出台的《城市建设促进法》（Städtebauförderungsgesetz）这两部法律合并而成的。

《建设法典》管辖的主要内容包括，保障基于公共目的的建设用地，并能够征购；将公共和私人建设项目纳入城市功能结构的整体设想；将公共和私人建设项目纳入城市形式的基本框架。在《建设法典》中规定，城市规划的重要手段是"建设指导规划"（Bauleitplanung），通过它对建设用地的建设和其他用途进行规划和管理。1960 年颁布的《联邦建设法》规定社区政府负责制定建设指

导规划，同时建设指导规划也要符合空间秩序规划和州域规划的目标。

3.4 重要的规划工具

下文将根据不同的空间层次，讨论德国空间规划体系的各方面工具，这些工具在编制法定规划、确保规划有效实施方面发挥着重要的作用，此外还会适当讨论各种与非正式规划有关，或者只是对于公共部门有约束力的工具（图 3-5）。

3.4.1 联邦层面

对于空间秩序规划来说，《空间秩序法》并没有要求制定有约束力的规划文件。为了确保相关规划要求的效力，"联邦环境与自然保护，建设与核反应堆安全部"（Bundesministerium für Umwelt, Naturschutz, Bau und Reaktorsicherheit）[②]专门制定了涵盖整个国土的空间发展导则，同时基于"互动性原则"，确定一系列横跨不同联邦州的规划构想，这些规划构想会被作为德国联邦政府和欧盟之间制定各种发展政策的基础，各种配套政策措施也会参考这些内容，特别是把社会和经济方面的要求与生态功能结合在一起。

3.4.2 联邦州层面

3.4.2.1 规划工具

州域空间结构规划用于确定整个联邦州范围内的空间和结构的发展。根据《州域规划法》的规定，各联邦州有义务编制相关规划，确定整个中心地体系的等级，同时为制定各个次区域的区域规划进行准备。为了空间发展的需要，有必要把不同专业和职能的部门联系在一起，制定跨专业的综合性规划。州域空间结构规划的目标必须与各个次区域的情况相互结合起来。

3.4.2.2 确保规划实施的工具

《州域规划法》提供了一系列的工具确保州域

---

① 进一步信息参见本书 3.4.3 节。
② 2015 年之前该部的名称为"联邦空间规划、建筑和城市发展部"（Bundesministerium für Raumordnung，Bauwesen und Städtebau）。

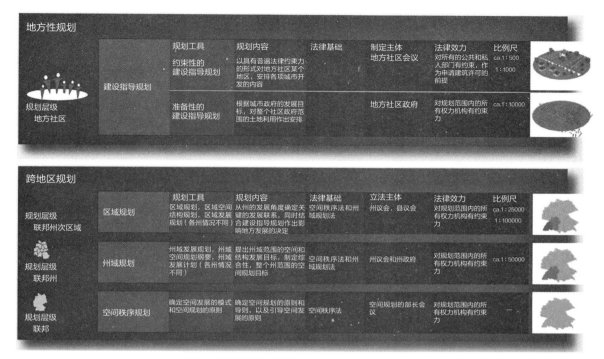

图 3-5　德国空间规划的结构与层次

来源：Elke Pahl-Weber，Dietrich Henckel（Eds.）. The Planning System and Planning Terms in Germany. Akademie für Raumforschung und Landesplanung. Hanover，2008.

规划工作的顺利实施。

（1）对规划的维护：《空间秩序法》第 10 条以及《州域规划法》都提出对干扰规划实施的程序和要求进行约束，可以专门设置一定的时限以确保规划实施。对于明显有悖于规划方案中有关程序和形式规定的行为，其无条件申诉期最长可保留 1 年。

（2）目的偏差程序：《空间秩序法》第 11 条以及《州域规划法》都提出，空间规划的目的在特定程序下可以与原先制定的目的有所偏差，从空间规划的角度上看，这种偏差是可以出现的，并且对方案的基本原则不产生影响。

（3）对于与规划措施相悖行为的禁令：《空间秩序法》第 12 条以及《州域规划法》都提出，对于违背空间规划目的的行为，可以采取无限期禁止和有限期禁止的措施。考虑到制定、更改、补充或者废弃有关区域规划目的的行为无法实施或者很难实现的情况下，其行为将被有限期禁止，有限期的禁令最长不得超过 2 年。

（4）与空间规划的目标相协调：《空间秩序法》第 4 条以及《州域规划法》都提出，公共机构在制定空间规划和措施时充分考虑空间规划的目的。

3.4.2.3　规划的协调工具

州域空间规划有义务协调各种由公共和私人部门负责实施的跨地区项目。协调空间规划的相关程序包括对于备选场地、线路和环境影响的评估等。《空间秩序法》第 15 条和第 19 条以及《州域规划法》都提出，在空间方面具有重大影响的计划和措施需要工具空间规划的要求相互协调，确认区域承受能力在相关方案或者措施中是否得到保障，特别是：

（1）是否符合或者违背空间规划的目的；

（2）是否符合或者违背建设指导规划中关于区域目的方面某一项的表述或者实施计划，以及这项规划或者措施的审批是否符合规划审批程序或者其他对于与空间规划相关预案的、具有法律效力的方案审批程序；

（3）在地方政府规划机关参与下的其他法律

规范程序中的相关规定。

其他的措施还包括：

（1）空间规划和措施在跨国界情况下的协调；

（2）简化州域空间发展程度的规定；

（3）州域空间发展报告。

3.4.2.4 提供信息和汇报的义务

空间秩序规划、州域规划和区域规划的联邦、联邦州和地方政府之间有承担通知和提供信息方面的义务。《空间秩序法》第14条和第19条以及《州域规划法》都提出，有关规定的公共机构和自然人在制定区域规划方案和措施时要相互通知和协调，负责空间规划的联邦部委和负责州域规划和区域规划的政府机关共同咨询解答有关空间规划的基本原则性问题和疑问。

1）空间监控：空间的监控是通过一系列相关指标，按照持续、系统和全面的方式对于空间结构的发展情况进行确认和描述，了解人口、经济、劳动力市场、农业、旅游业和环境等方面的信息。空间监控作为规划工作的基础，需要由联邦、联邦州和各次区域的负责机构实施的持续性工作。相关信息除了提供大量基础信息以外，还可以反映出已经采取的规划措施的效果如何。为空间政策和各种规划问题提供相关区域的重要数据。

2）空间规划的登记：相关的工作将包括各种对于空间发展有重要意义的图纸收集整理起来，特别是涉及空间结构和居民点体系方面的资料。空间规划登记工作由各级规划负责机构承担，其职能包括以下5点：

（1）对于空间发展具有重要意义的规划方案、措施和投资进行评价。

（2）对于在不同功能之间的矛盾加以协调和解决。

（3）在公共和私人的规划部门之间相互协调和咨询。

（4）用于准备空间结构规划和做出规划决策。

（5）加强空间规划程序的基础工作。

3）空间发展报告/州域发展报告：《空间秩序法》第21条规定，联邦州政府的负责机构需要定期向负责空间规划的联邦部委提交草案，后者在联邦议院会议上将汇报以下内容：

（1）以国家范围内的空间发展情况为基础的国情咨文（情况分析和发展趋势）。

（2）在空间发展整体框架下实施的和即将拟定的与空间规划相关的计划和措施。

（3）在联邦德国境内、符合联邦政府和欧盟所规定的与空间规划相关的规划和措施的地域划分。

（4）欧盟政策对于联邦德国境内的空间发展所产生的影响。

3.4.2.5 非正式工具

为了有利于上述法定空间规划工具的实施，相关机构采用一系列的非正式工具，这些非正式工具没有法律约束力，主要目的是帮助空间规划的实施，《空间秩序法》第13条以及《州域规划法》都提出，执行机构应促进与规划实施有关的公共部门和私法自然人之间的合作。在框架发展战略下根据次一级区域提出关于规划方案和措施的建议，并做出彼此相关的规定（区域发展战略），鼓励支持区域和地方社区政府之间的区域发展构想（城市网络），签订空间规划方案的准备和实施工作的协议书。

这些非正式工具的要点在于能够比较灵活地集中处理某些重要问题，不必受到法律条款的约束，相关者必须通过内容方面的合理性和吸引力来得到认可，这就要求相关者和机构的积极参与。此外，要注意将非正式工具与正式的法定工具结合起来使用。

3.4.3 地方社区层面

3.4.3.1 规划工具

德国的地方政府可以通过两种建设指导规划对城市建设的发展进行管理：一种是"预备性的建设指导规划"（Vorbereitende Bauleitplanung），又称为"土地利用规划"（Flächennutzungsplan），它要求概略表现整个社区范围内城市建设的发展计划需要利用的用地种类。规划应该将全部辖区纳入规划范围，规划作出的相关安排是社区政府以后制定"约束性的土地利用规划"（又称为建设规划）的基础。与"约束性的土地利用规划"对于社会各方面均具有法律约束力不同，"预备性的土地利用规划"仅用于指导地方社区政府自身的工作。

经过预备性建设指导规划，开始进行约束性建设指导规划（Verbindliche Bauleitplanung），又称为"建设规划"（Bebauungsplan）。建设规划（至少在新建地区）被作为一种在法律层次上精确落实规划意图的手段。"建设规划"规定，在"土地利用规划的基础上"制定建设规划，建设规划无论如何不能偏离土地利用规划的基本原则，不能因为制定建设规划而改变在此之前或者同期制定的土地利用规划（《建设法典》第8条）。

建设规划的下述3项任务具有重要的实际意义：

（1）从法律上确认已经进行规划设计的项目，作为批准这些项目的必要前提；

（2）确定准备实施但在具体内容上还没有明确的建设需求，设法引导这些需求，创造满足这些需求的建设的可能。

（3）制定已建地区内的用地功能和建筑形式的规定，以便在统一的目标下，引导城市改造的发展方向。

建设指导规划的制定、审批与变更：

建设指导规划必须由社区政府自己负责制定。

制定建设指导规划的决定，必须按照当地惯例公布。同时彼此相邻的城乡社区的建设指导规划，必须彼此之间相互协调（《建设法典》第2条）。上级机关仅能够对规划制定的程序[①]进行审查，而无权就内容进行审查，审查的期限一般在3周以内，最多不能超过三个月（《建设法典》第6条）。

建设指导规划的变更程序存在着一般性程序和简化程序两类。

对于一般性程序，上述关于建设指导规划制定的程序对于其变更、增补与废除是完全相同的。（《建设法典》第1条）但是"如果建设指导规划的改动，或者补充没有触动规划的基本原则"，则可以运用简化程序进行（《建设法典》第13条），规划当局可以对公示和公众参与等内容进行简化（具体内容见《建设法典》第13条）。

3.4.3.2　确保规划实施的工具

1. 为了实施新规划对规划区内的改建行为予以阻止的规定

为了在制定规划时制止那些以前是准许的，但是与规划准备的开发相矛盾的建设项目，以避免对开发建设造成困难，地方政府可以发布禁止改建的命令，在2年内禁止任何建设设施和建设基地的新建或升值性的改建。一般情况下禁令可以最多延长至4年，而不必承担补偿房地产所有

---

① 建设指导规划的程序如下：

　1. 作出编制规划的决定；

　2. 对该决定进行符合当地习惯的公示（《建设法典》第2条）；

　3. 由社区自身或者专业建筑师负责编制规划；

　4. 与规划涉及的其他公共部门和公共利益主体进行沟通，并尽早对环境影响评价的结果进行通报（《建设法典》第4条）；

　5. 将规划的目的、目标在早期向公众通报（《建设法典》第3条）；

　6. 与相关的机构进行合作；

　7. 对规划设计草案进行解释；

　8. 对规划设计草案及其解释报告进行符合当地习惯的公示（《建设法典》第3条）；

　9. 在对公众进行公示的过程中，阐明规划设计的理由，以及对因为规划引起的环境变化影响情况所持的态度（《建设法典》第2条、第3条）；

　10. 在公示期间接受公众对相关内容的意见，通过社区委员会的审查，并告知相关的结果（《建设法典》第3条）；

　11. 根据公示后的相关意见对规划设计进行修改，重新进行上述第8点开始的一系列公示活动，可以只公示收到相关意见后变更的部分，并可对征集意见的时间进行适当缩短（《建设法典》第4条a项）；

　12. 最终确定土地利用规划，同时制定建设规划（《建设法典》第6条、第10条）；

　13. 将土地利用规划与建设规划的草案交至政府或州议会机关的审批部门（《建设法典》第2条、第6条）；

　14. 对土地利用规划与建设规划的许可（《建设法典》第6条、第10条）；

　15. 土地利用规划的生效并将审批通过的结果进行公示，建设规划的生效并将审批通过的结果进行公示，同时随时准备好具体的理由向公众解释规划内容，以便任何人对其内容进行查询（《建设法典》第6条、第10条）。

者损失的责任（《建设法典》第 14 条～第 18 条）。

2. 社区政府法定的购买土地优先权

社区政府有购买土地的优先权以保证建设规划的实施。《建设法典》第 24 条规定了购买土地的优先权的 6 种情况，政府行使优先权的前提除了建设规划实施之外，必须是用于服务公共利益的目的。同时社区政府在推动城市发展过程中，可以通过具体法令的形式，来论证自己购买土地的优先权的目的以及明确具体的面积等指标。《建设法典》第 26 ～ 28 条规定了其他对社区政府购买土地的优先权的限制，以及通过第三者的工作实现公共目的，而有利于其获得购买土地优先权的实施、具体程序与补偿方式。

3. 对于土地征购的相关规定

按照《建设法典》，强行征购的目的主要是为了使土地利用符合已有的规划法律的要求，比如作为公共交通用地，或者是为了准备这些土地利用建设所需要的用地（《建设法典》第 85 条）。在后一种情况下，只允许为社区政府服务的单位或者某一个公共利益的代表实行强行征购，并且在社区政府"能够完成征购……所承诺的建设矛盾之后"，必须重新出让这些土地。对于那些为了公共目的或者预期的城市建设过程所需要的建设用地，可以免去这种转让义务（《建设法典》第 89 条）。①

3.4.3.3　关于公众参与的法律规定

德国的《建设法典》中对建设指导规划制定过程中进行早期的公众参与有着明确的规定。公众参与在建设指导规划制定过程中的法律基础最早反映在 1976 年《联邦建设法》的增订部分中。在拟定规划时，法律要求尽早就规划与有关的其他部门和机构取得联系，其中包括公路建设局、供水局等国家部门，也包括教会、工商业联合会、工会等等。所有这些机构被称为"公共利益的代表"。

同样，建设指导规划也要尽早通过相应的方式，与有关的市民进行对话。这种市民"较早"参与规划的方式是由于原有的规划程序不能令人满意而从 1976 年起正式采用的。新的规划程序规定，规划当局有必要不仅向市民提供规划的设计方案，而且也要提供制定规划所依据的有关地区的发展战略和城市设计的多种选择方案（《建设法典》第 3 条）。

3.4.3.4　规划实施引起的补偿和费用分担问题

对于强行征购造成的权益损失和其他利益损失，要通过赔偿予以弥补。赔偿的数额原则上参考房地产市场上的一般市价，它可以通过金钱，也可以通过土地补偿。类似于强行征购，在其他情况下由于规划造成的利益损失，或者功能利用的限制，一般也可以通过补偿予以赔偿。在特殊情况下，首先"由于建设规划的规定或者实施，使得房地产所有者由于经济的原因再也不能保留他的房基地，或者再也不能按照已有的或者其他合法的用地类型使用房基地"（《建设法典》第 40 条），那么也可以要求社区政府接管他的房基地。

类似要求承担补偿义务的城建措施还包括，降低迄今为止一直是符合规划法规的建设用地的土地利用强度；与此相反，对于那些新获准的，或者由于土地利用标准的提高而得到的优惠，自然也要求其交出获利部分。

1. 基础设施的开发建设与费用分担

社区政府作为公共部门，负责提供各类基础设施，从而促进地区的经济发展。在一般情况下，进行开发建设也必须以有建设规划为前提（《建设法典》第 125 条）。同时《建设法典》对于开发主体与相关的土地所有者的义务进行了规定，土地所有者必须容忍在其土地上进行某些设施的安装、铺设，同时规定开发主体应对土地所有者的损失进行一定的补偿（《建设法典》第 126 条）。

---

① 关于"建设规划区"与"建成区"内的地产关系调整的内容参见本书 9.5.1 节和 9.5.2 节。对于土地强行征购的前提条件是，"只有在个别情况下，也就是为全民幸福的利益所要求，除了强行征购之外，其他方式均不能达到目的，才准许"强行征购。同时"强行征购的申请者必须按照合适的条件……，对所需要强行征购的建筑基地与房地产所有者进行严肃认真的协商，以求得购买该块房基地；协商失败之后"，才允许实行强行征购（《建设法典》第 87 条）。

在开发的费用方面，对于基础设施的开发建设，房地产所有者要分摊社区政府承担费用中的10％以上。只要某一建设用地上的建设性或者生产性的土地利用是准许的，那么它就有义务承担前述开发建设的费用。这种义务与它是否确实开发利用了这些功能无关。在特殊情况下，基础设施的开发建设费用可以延期支付，甚至部分或全部豁免（《建设法典》第129～133条）。

2. 由于开发建设对各类涉及土地的租赁或合同关系进行调整的规定

社区政府推动一系列的开发计划，会给开发地带的生产、生活造成影响，除了对土地财产所有者的影响之外，也会影响到租佃或租赁其土地、建筑空间以及其他设施的合同缔约方的利益。在《建设法典》中社区政府对于直接受到一系列城市开发计划影响或受之影响而终止的一系列租佃、租赁或其他类似的合同关系，提供补助等行为及其责任作出了规定。

《建设法典》中规定，社区政府有权在开发地带内部终止认为执行开发计划而有必要终止的租佃或租赁关系。但是同时在作出通知后会给予有关人员一定期限，用以寻找代替其目前使用的用于居住、工商业等用途的生产、生活空间，"社区可以根据财产所有者的申请，或者通过城市规划命令的方式给予至少六个月的期限，当面临处理农业或者林业用地时，则在一个租佃年结束的时候废止"。根据建设开发的需要，在未建设的土地上的租佃与租赁关系，以及涉及土地和建筑物的合同关系也可以被废除（《建设法典》第182～184条）。

3. 规划相关的社会规划及困难补助

"如果建设规划、城市整治措施、城市开发措施或者城市重建措施对于在相关区域内部居住或者工作的人们的个人生活状况会产生可预见的负面影响，社区应该负责向相关人员介绍有关情况，并且对他们解释，如何能够尽可能地避免或者缓和这些负面影响"（《建设法典》第180条）。

社区的开发计划有可能会对开发地区个人的生产、生活产生负面影响，"特别是在居住和工作

岗位的调换，以及企业的搬迁方面"。社区有义务努力帮助相关人员避免或者缓和这些负面的影响，并提出相关具体的社会规划内容。同时"社区应当在执行本法典的同时避免或者平衡经济上的负面影响（同样在社会领域中）对困难补助的申请进行金钱上的补偿"（《建设法典》第181条）。

同样，只要对于实现社会规划有必要，社区可以根据租佃与租赁者的申请，对位于正式确定的再开发地区，位于城市开发地区或者基于第176～179条的措施，将他们的租佃与租赁关系延长（《建设法典》第186条）。

社区政府也有义务对于有关人员受到开发计划影响引起的合同变更进行补偿。租佃与租赁者应提出申请，而社区有义务承担赔偿的责任。根据具体情况，社区政府的补偿可以通过金钱或者替代土地的形式进行。当各方就赔偿事宜无法达成一致的时候，或社区没有能力完成准备或提供合适的替代地块的任务时，交由上级行政主管部门裁决（《建设法典》第186条）。

3.4.3.5 通过法律诉讼要求调整规划建设行为

建设指导规划围绕建设用地产生了大量的行政管理行为，这些行为直接涉及大量与土地相关的当事人的利益。《建设法典》中对协调建设用地管理作出了详细规定，为受到建设指导规划影响的拥有土地的组织和个人进行申诉、反对政府管理行为和获得赔偿等活动制定了一系列程序上的规定，用以规范政府管理行为与私人土地财产权的关系。

《建设法典》第217条规定，其他组织和个人对"行政部门的行为"有异议，"只能通过申请法庭裁决进行反驳"，在申请中要求明确所针对的具体政府管理行为。在相关的法律机构上，设立了各级的土地法院对相关申请进行裁决，由上级土地法院直至联邦最高法院进行有关申诉的法律复核工作。除了明确社区政府与当事人的关系外，将"在管理行为所经历的程序上所涉及的"个人和组织明确为相关者，整个裁决依据民事诉讼程序进行。

土地法院有权作出针对以下情况的判决：变更

和撤销社区政府的相关管理行为（例如撤销土地重划决定或者变更其生效的时间），对有关组织和个人进行补偿，或者对补偿的金额和形式进行调整，以及在处理完补偿等争议重新启动相关政府管理行为等。

3.5 挑战与展望

3.5.1 人口变化与社会城市政策

目前德国正在经历剧烈的人口变化，不同地区的人口发展趋势差异巨大。很多地区的人口持续减少，给现有的规划工作带来了巨大的挑战。对于城市萎缩的过程加以引导已经成为政策制定者和相关学者研究的重要内容。与正在增长的城市相反，萎缩城市的规划要应对社区总数及其人口密度降低引起的一系列问题。由于人口减少，偏远地区在获得物资供应方面的困难愈发严峻，因此有必要遏制大型购物设施的建设。为此2004年《建设法典》规定，相邻的社区之间有义务在各种服务设施的布局方面相互协调，并在建设指导规划中做出安排。

早在1999年，联邦政府和各联邦州政府共同出台了"社会城市"计划，旨在缓解整个国土范围内不断加剧的经济和地理不平衡趋势。希望通过整合受影响的人群和地方相关者等方式，改善地方社区和邻里的管理水平，《建设法典》第217条第e项也专门规定了这方面问题。

3.5.2 鼓励现有建成区再开发的相关政策

原民主德国地区的城市再开发问题面临更大的挑战，当地人口大量外流，现有利用预制混凝土建设的大型居住区亟须改造以提高当地的生活品质，为此德国政府专门制定了"城市再开发计划（东部）"。与之相对，也制定了"城市再开发计划（西部）"，旨在基于紧凑型城市的模式引导原联邦德国地区的城市再开发。同时《建设法典》也引入了一系列规定适应这方面的变化。

2007年，联邦政府专门出台了《鼓励现有建成区开发法》，旨在减少城市外围土地的消耗，同时加速在现有建成区实施一系列的重要项目，特别是简化并加速就业、住房和基础设施等项目的开发，同时也鼓励私人投资者向此类项目投资。联邦州政府可以通过立法的方式对融资和资金分担等方面的内容进行规定。

3.5.3 大都市区域的发展

随着郊区化和区域集聚的发展，德国各地分别形成了一系列大都市区域，这些地区已经成为未来社会和经济发展的主要引擎。由于这些大都市区域主要是基于功能关系发展起来，往往与现有的空间规划治理体系存在冲突。为此，来自公共和私人部门的相关者，特别是地方社区的政府，致力于发展新的基于合作的治理结构，除了成立了区域治理的机构以外，部分大都市区域的核心城市和周边社区合作，希望通过协调各自的建设指导规划，将"地方性规划"整合起来，替代现有的区域规划职能。

3.5.4 与欧盟空间政策的协调

2004年出台的《建设法典适应欧盟指令法》（Gesetz zur Anpassung des Baugesetzbuchs an EU-Richtlinien）将欧盟关于建设领域的指令要求与德国的国家法律结合起来，目前在州域规划、区域规划和地方性的建设指导规划中，都已经引入了实施"环境影响评价"的程序。《建设法典》等法规也专门针对可再生能源等内容做出了规定，现有的各项空间发展规划有义务根据新的规定进行调整或补充相关内容。

欧盟同时还鼓励各成员国就跨国界的防洪减灾乃至跨国界的城市合作等问题做出努力，为此专门制定了一系列的指令，安排了专项资金强化各个国家和次区域之间的合作，为此德国联邦政府专门修订了《联邦水务法》《空间秩序法》和《建设法典》的相关内容。随着欧盟未来进一步扩大，德国联邦政府和欧盟都在制度和政策层面做进一步的调整。

本章参考文献

[1] Akademie für Raumforschung und Landesplanung（Eds.）. Grundriß der Stadtplanung. Hannover，Vincentz，1983

[2] BMWS – Bundeministerium für Wohnungswesen und Städtebau（Eds.）. Raumordnungsbericht .Bonn，2011.

[3] Elke Pahl-Weber，Dietrich Henckel（Eds.）. The Planning System and Planning Terms in Germany. Akademie für Raumforschung und Landesplanung. Hanover，2008.

[4] Krambach，K. Nationale Doraktionsbewegungen und ländliche Parlamente in europäischen Landern. Dortmund，Dortmunder Vertrieb für Bau- und Planungsliteratur，2004.

[5] Selle K. Was?Wer?Wie?Wo?-Voraussetzungen und Möglichkeit einer nachhaltigen Kommunikation. Dortmund，Dortmunder Vertrieb für Bau- und Planungsliteratur，2000.

[6] G. 阿尔伯斯 . 城市规划理论与实践概论 . 吴唯佳译，薛钟灵校 . 北京：科学出版社，2000.

[7] 迪特·福里克 . 城市设计理论——城市的建筑空间组织 . 易鑫译，薛钟灵校 . 北京：中国建筑工业出版社，2015.

第4章

废墟中重生的德国：从战争的毁坏到宜居城市[①]

Germany out of ash: from war demolition to livable cities

克劳斯·昆兹曼
Klaus R. Kunzmann
崔颖 译 易鑫 审校

4.1 简介

德国位于欧洲中部，是一个文化多样、有着悠久城市传统的国家（Ardach，1991）。得益于2000多年来的城市发展、地方自治、联邦政体以及强有力的国家政府，现今德国的城镇体系达到了非常均衡的水平。大、中、小型的城市均匀地分布在整个国家，不论城市规模大小，都可提供同等的生活环境、便利的公共设施和服务。德国从1870年才成为一个独立的民族国家。其城市体系，建立在当地资源、工艺、工业、贸易、熟练的劳动力以及涵盖了职业、工程和科学研究等教育部门的发达教育体系之上，得到繁荣的经济的支持。

大多数的德国城市历史悠久，很多从早期罗马帝国的军事殖民地（如特里尔、科隆、奥格斯堡）时期开始，或者从封建城堡、小型农村或商业居民点发展而来。城市通过当地市民、地方政府、教会以及封建领主的不断投资，逐步发展起来。

德国第一次城乡迁移发生在中世纪，由一个称为"城市的空气带来自由"（Stadtluft macht frei）的早期口号的宣传活动所引发。这个活动的目的是把农村人口吸引到城市中来，为他们提供相对的安全，同时不再受封建捐税和被任意招募参战的压迫。

在中世纪，像奥格斯堡、纽伦堡和雷根斯堡这样的自由城市发展成为德国区域中的重要代表。它们繁荣的经济建立在手工业、贸易以及银行业之上。奥格斯堡是最富有的城市之一，那里富裕的市民与全欧洲甚至全世界都有贸易及银行业的往来。

后来在18世纪，有一些城市由伯爵或公爵规划发展而来，他们希望显示他们的财富和权力，以及对人民和地区的责任。卡尔斯鲁厄就是一个例子，由建筑师和城市规划家魏因布伦纳（Weinbrenner）于1797年规划和设计；1800年规划的曼海姆是另一个例子。

19世纪和20世纪的工业化发展为德国的城镇体系添加了新的类型——工业城镇（杜伊斯堡、乌珀塔尔、奥伯豪森和埃森），主要是莱茵河和鲁尔河沿岸的城市。这些城市开采煤矿和铁矿，用于生产钢铁，钢铁同时用于建造快速发展的铁路以及武器的生产。工业化进程使大量农村人口迁移到城市。城市必须在短时间内为移民提供居住设施，城市规划成为指导城市化进程、制定基础设施规划（比如说道路建设、城市供水和污水处理）的必要手段。投机性的投资导致这些快速发展的城市内部的社会差距越来越大。

[①] 本文原载于：《城市·空间·设计》，2013，Vol.29，No.1，pp.16-21。

1870 年德国战胜了法国，大量赔款流向新建的德意志帝国及其繁荣的城市，直至第一次世界大战后城市发展和规划基本结束；当世界经济危机在 1910 年代末期结束的时候，城市发展又缓慢地开始。为居民提供合适的生活空间的新方法得到发展和实现。但是很快，当阿道夫·希特勒于 1933 年掌握权力之后，一些城市的发展（如柏林、慕尼黑、纽伦堡和奥地利的林兹）被选为展示新的法西斯意识形态的模范城市。在这位独裁者及其御用建筑师阿尔伯特·斯佩尔的掌控下，新的项目都被发展成展现权力的场所。规划师和地理学家，如瓦尔特·克里斯塔勒与主流的法西斯意识形态保持一致，受命在波兰和其他在德国东部被攻占的城市制定区域 / 空间发展规划方案。在 1943 ~ 1945 年间，当"二战"进入尾声时，原先制定的那些"千年"帝国方案宣告结束。可以理解的是，直到今天，国际社会对德国在 20 世纪的城市和区域规划成就的看法仍然很大程度上受到德国大屠杀这段黑暗历史的影响。

德国"二战"后的空间政策得益于战后盟军订立的政策，国家发展采取分散的模式创建相对有力的区域行政基础，将原先的区域重建为联邦州（如巴伐利亚）和城市州（汉堡、不来梅和柏林），或者创建位于中央和地方政权之间新的联邦州（如北莱茵 - 威斯特法伦州和巴登 - 符腾堡州）（图 4-1）。现在这 11 个原联邦德国和 5 个原民主德国联邦州是德国均衡的区域发展的支柱。每个州的首府根据传统上应当由首府负责的内容，向本州居民提供各类公共和私人的机构，如财政、高等教育、医疗、企业总部、经济发展等。此外，中等规模的城市波恩成为临时的德国首都，从而避免像在法国和英国那样，通过一个城市主宰整个国家的局面。甚至在 1990 年德国重新取得统一，柏林重新成为德国首都后，原先联邦各部门的一半仍然留在波恩。另外一个在欧洲几乎是独一无二的政策，是加强德国的联邦制度。包括联邦法院、联邦劳工局和联邦环境署等的公共机构分散在全国除首都以外的其他城市，不像大多数国家一样，为了中央权力网络易于控制，而把这些国家的重要机构设立在首都。

4.2 1945 ~ 1960 年：重建以及德国经济的兴起

"二战"期间德国遭受英国和美国军队的猛烈轰炸，柏林和西部的工业以及密集的城市遭到严重破坏。这是为了削弱战争经济以及削弱那些被灌输法西斯主义思想的德国人民的士气。在战争的最后两年，许多大型城市的中心都被摧毁。某些城市，如科隆、纽伦堡、明斯特、波茨坦和卡塞尔等，和 1945 年被核弹炸平的广岛有着相似的情景。重建城市、为居民提供住房理所当然地成了战后最初几年工作的重中之重。受益于德国的经济奇迹（Wirtschaftswunder），内城很快得以重建。德国的经济重建得到美国马歇尔计划的扶持，以加强西欧实力，对抗苏联的地缘利益。

城市政府、公共住房公司和城市规划师，努力为从乡村和从德国原东部领土和占领区被驱逐归来的市民提供价格合理的住房。同时，被破坏的市政和社会基础设施得以被修复。特别是在货币改革后推动出现了新的消费浪潮，城市中心重新恢复了作为购物街区的角色。为了保持地方认同，大多数城市决定认真地重建当地历史上的街道景观。尽管古老的建筑物本身往往被功能性建筑取代，但大部分城市的重建计划遵守了旧有的道路结构和地块划分模式。接受了某些"有远见的"建筑师、规划师和测量人员的建议，一些"更先进的城市"（如多特蒙德、埃森、奥格斯堡和卡塞尔）决定为了适应未来的交通需要而拓宽街道，并开通超越市中心的新道路。

在此期间，全德国的规划立法者和规划者进行了深入的讨论，讨论的结果是产生了一部综合性的联邦建设法典（Bundesbaugesetz），用以规范土地利用并指导整个国家的城市发展。该法于 1960 年颁布，此后不断修订，是德国城市发展最重要的法律工具。由于宪法规定方面的原因，城市规划并不是一项属于联邦层级的事务，因而不属于这个层级的强势政策领域，因此建设法的制定就成为一项独特的历史性成就。

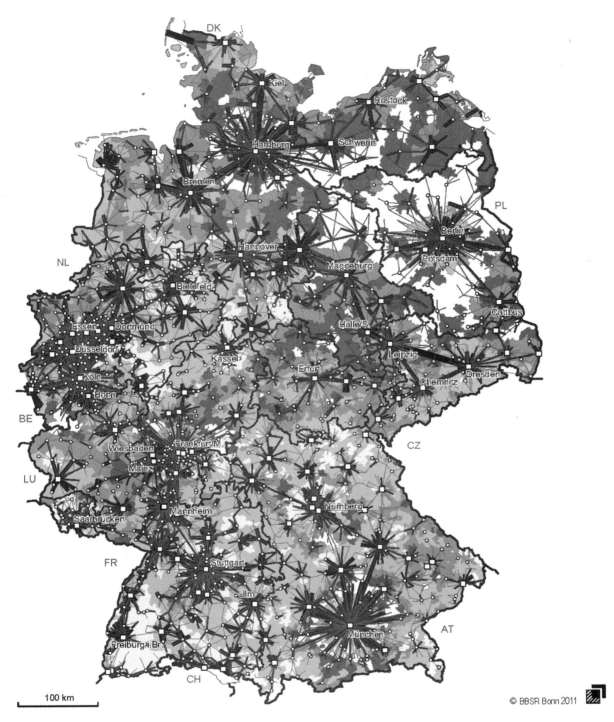

图 4-1 德国区域通勤范围

来源：Raumordnungsbericht 2011. Bundesinstitut für Bau-, Stadt- und Raumforschung im Bundesamt für Bauwesen und Raumordnung.

重建时期于 1960 年代末结束。大多数城市都得到重建。德国城市生活渐渐恢复正常（Albers，2007）。

4.3 1960 ～ 1975 年：城市扩张

随着经济持续增长，城市开始扩张。受美国式郊区化趋势的影响，德国家庭也经历了快速机动化，独立式住宅成为消费型中产阶级的理想之选。受到控制的城市蔓延塑造了城市扩张的项目，这些项目受到大城市周边的地方政府的驱动。为了满足住房需求的不断增长，全德国的规划师都在编制各种土地利用规划方案，在城市内部和周边的处女地上快速建设。遵从《雅典宪章》中的原则，用地功能的分离引导着物质建设方面的设计进程。考虑到地方政府独立地位的稳固，以及当时税收体系的重要作用，任何地方政府的整合都是政治问题而且很难实现。此外，在德国房产税也不是当地政府的主要收入来源。

为了满足对住房的巨大需求，许多当地的房地产公司在城外建设了大量高密度、多层的居住区，为居民家庭提供支付得起的租赁房。这些建筑项目在柏林、汉堡、不来梅、慕尼黑、杜塞尔多夫和多特蒙德等城市得到了建筑师、城市规划师和政府的支持，不过最终的结果并不是很成功。经过最初的繁荣后，当地的地区形象很快变得消极。这些新建的卫星城迅速住满了大量生活在贫困线以下的移民家庭（主要来自土耳其和东南欧地区）。

与这些发展相平行，地方政府和交通规划师将城市中心区改造得更适于步行。城市中建立了新的百货商店和大型购物中心。为了支持内城的这些商业化进程，开始引入了对车辆的控制。第一批昂贵的小规模地铁方案渐渐代替了原先的有轨电车系统。

由于不满足功能主义对城市的现代化措施和城市街区的衰败，并且得到了保守的市民和具有社会意识的规划者的支持，一些德国中型城市（蒂宾根、乌尔姆、明斯特）探索推动城市街区现代化的新方法。于是新一轮的城市振兴计划开始了，这使得生活空间的质量得到越来越多的关注（Kunzmann，2010）。

不过这个时期，沿着城市公共交通网络（比如在鲁尔区）的站点，集中建设住房这种有远见的努力失败了，因为德国中产阶级仍然喜欢位于郊区的独立式住房。

1960 年代，土耳其的移民为德国的城市发展翻开了新的篇章。1961 年，因为劳动力短缺的问题，德国政府与土耳其政府签订了合同。两国政府同意推动没有专业技能的土耳其劳动力暂时迁居到德国。这个本意是短期的移民计划很快就成了永久的，而德国的城市不得不面临新的社会问题：为移民家庭提供可负担的住房，同时为他们的孩子提供合适的教育。因为大多数土耳其移民都是穆斯林，文化冲突无法避免。

法律规范、有效的执法，再加上没有巨大影响力的私人开发商，因而德国大多数的地方政府可以抑制高楼大厦的建立。只有作为各大重要银行总部的法兰克福是个例外，开发商和建筑师接受了"二战"后原有城市结构被毁灭的事实。然而 50 年后，为了恢复先前的城市质量，法兰克福开始重建一部分传统的内城建筑。

随着城市规划工作越来越复杂，由于认识到传统的土地利用规划的局限性，以及需要综合的城市规划方式，一些城市引入了综合的城市发展规划（Stadtentwicklungsplanung），并加以制度化。通过拓宽并改善供决策的信息基础，这个非法定的工具得到了迅速发展，用来发展长期的城市规划战略，并围绕这些战略与公众进行交流。

由于国家层面的实体发展规划——空间秩序规划（Raumordnung）的影响有限，州域发展规划（Landesplanung）在这一时期成为重要的政策领域（Kunzmann，2003）。这个规划为交通基础设施的扩张、对过分的城市发展加以引导和限定自然保护区提供了空间构架，同时也为针对大型能源生产项目的公共投资指明了优先方向。巴伐利亚州和北莱茵 - 威斯特法伦州是有效的州域规划的先驱。这些州之中许多经济发展的成功，都源于这种综合性州域发展政策工具中确定的增长极核、中心城市和发展轴等内容的有效实施。

在这个时期，作为立法确定的区域规划（Regionalplanung）得到了制度化，区域规划介于州一级的州域规划和地方性的城市规划之间，发展成为了控制城市蔓延和遏制当地政府消耗土地欲望的有效武器。空间规划在地方、区域和州层面的方案编制和政策制定，已经成为这个战后福利国家的重要政策范围（ARL，2005，Fürst，2010）。

1960年代末期已经表现得很明显，建筑师和城市设计师的能力已经不能满足更加复杂的推动城市规划和实施的需求。这导致专门的空间规划学科的大学教育机构得以成立，多特蒙德大学成立了德国第一个空间规划学院，提供5年综合教学计划，跨学科，以项目课题为导向。之后又有一些其他的大学在柏林、凯泽斯劳滕、卡塞尔建立了相关学科，后来还包括汉堡和埃尔福特（Kunzmann，1995a，Kunzmann，1995b）。

4.4 1975～1990年：停滞和城市复兴

随着城市重建的结束和城市扩张减速，城市发展成为了常规政策领域。不过，由于地方政府热衷于吸引更多的工业和人口来提高税收收入，随着德国中产阶级财富的积累和家庭机动化水平的提高，在地方政府规划的指导下，郊区化仍在进行。

国家高速公路网得以扩展以增加区域间的通达性。政策的目标是实现无论是从家还是工作场所，能够在50km以内开车到达高速公路的交叉口。为了满足不断增长的商务需求和居民外出旅游业的需要，全国各地新建或者扩建了机场。在机场附近和区域外围与高速公路交叉口具有良好可达性的地区建设了新的物流中心。

知识产业的发展成为政策重点。在德国各地的中型城市建立了新的大学，以便住在大城市之外的德国年轻人接受高等教育，同时为未来的服务业提供合格的劳动力。这个政策极大加强了德国多中心城镇体系的均衡性（图4-2）。

在这段时间，德国经历了第二批移民浪潮，

来自土耳其、波兰、意大利、塞尔维亚、克罗地亚和黑山共和国的移民的到来，使得德国各个城市更加努力地使这些移民融入当地社会。依据移民政策，移民被安置到了全国各个地方。这个政策防止移民在城市区域中出现过度聚集，避免形成文化、社会贫民聚居区，但是在德国各地许多中小型城市造成了文化冲突。

随着欧洲一体化的发展，其他的欧洲政策（如农业、环境、交通、竞争力和科研）得到重视。这些政策对国家和区域政府的影响力，对地方、区域乃至联邦的发展政策都产生了重要作用，改变了政策的重点，并且形成了对来自欧盟财政资助的依赖文化。虽然在名义上，由于宪法的原因，城市和区域空间政策并不是欧盟委员会（European Commission）的职责，但事实上，欧盟政策对城市和区域仍有着很强的影响。

在1980～1990的十年间，德国、荷兰和法国共同起草了对推动欧洲空间发展的展望。1999年，经过欧盟成员国之间的长期争论后，这个观念在波茨坦得到通过。这一名为"欧洲空间发展展望"（European Spatial Development Perspective，ESDP）的概念成为欧盟许多成员国国家空间发展规划的里程碑（Kunzmann，2006a；Kunzmann，2006b）。它被翻译成12种语言，引发了全欧洲的规划学术专家和职业规划师遵循均衡空间发展这个原则，制定国家空间规划方案的热潮。德国以此为依据，制定了德国的空间发展展望（空间秩序规划导向框架，Raumordnungsorientierungsrahmen）。不过欧洲空间发展展望本身仍然只是一纸空言，因为成员国国家极力反对欧盟委员会实施具体的空间规划。在德国，情况也是如此，联邦的空间规划得不到联邦和州政府，以及公众和媒体的支持。

这一时期有两个十分不同，但是非常具有创新性的项目：柏林国际建筑展（IBA Berlin）和埃姆歇园国际建筑展（IBA Emscher Park），对于城市发展有着相当深远的影响。在1978年，得益于德国有举办此类展览的悠久历史，柏林举办了一次国际建筑展，实施了创新性的城市发展战

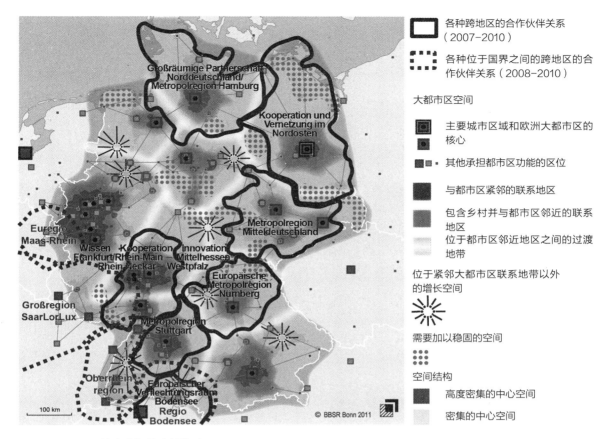

图 4-2　致力于增长与创新的计划模型
来源：Raumordnungsbericht 2011. Bundesinstitut für Bau-, Stadt- und Raumforschung im Bundesamt für Bauwesen und Raumordnung.

略。这次事件促进了内城住房的发展，为城市复兴提供了参与性的新方法。在超过 10 年之后，北莱茵 - 威斯特法伦州政府开始了埃姆歇园国际建筑展（IBA Emscher Park），这是一个自下而上和自上而下相结合的策略，目的是复兴埃姆歇地区，该地区属于该州内部工业化发展程度最高，但也是衰退最严重的地区。这个区域战略广受赞誉，成为在全世界范围内以项目和事件为导向推动老工业化地区发展的典范（Kunzmann，2001；Kunzmann，2004）。

4.5　1990 ~ 2005 年：统一和之后的发展

　　1990 年 10 月德国统一后，原民主德国地区成立了 5 个联邦州。1991 年 9 月柏林被确认重新成为国家统一后的首都，但是根据柏林和位于北莱茵 - 威斯特法伦州的波恩之间的协议，半数的联邦部门留在了以前的临时首都波恩。从此德国的城市发展拉开了新的序幕。原民主德国地区的社会主义国民经济由于在自由经济市场中没有竞争力而遭到废弃。工厂被关闭，逐渐被大众、欧宝等德国企业所取代，这些企业被要求在当地建立新的厂房，并获得资金的支持。原民主德国地区的失业率高涨，区域和地方上的技术性基础设施完全过时。原民主德国和联邦德国差距是巨大的。大量的得到原联邦德国居民额外征税的补贴资金流入原民主德国地区，帮助原民主德国地区对基础设施进行现代化、维持公共服务和开发新的就业机会。那时形成了一个有限的空间发展概念，主要参照原联邦德国的发展范式（发展轴和中心地理论）被应用在原民主德国地区的国土上。

　　经济形势使许多年轻的劳动力和专业人员迁移到了那些对劳动力具有很高需求的原联邦德国

城市，其中女性多于男性。而那些留在原民主德国地区的富裕家庭，则开始购买位于莱比锡和德累斯顿等大城市郊区的独立式住宅。结果原民主德国的城市，特别是开姆尼茨、科特布斯、哈勒、马格德堡、洛伊纳、埃森许滕斯塔特和施韦特（Chemnitz, Cottbus, Halle, Magdeburg, Leuna, Eisenhüttenstadt or Schwedt）这些工业城市，流失了原有人口的30%（图4-3）。

这些为当地的城市和区域发展带来了新的挑战。原联邦德国城市成了原民主德国城市和区域的合作伙伴，并派遣城市和区域规划师到原民主德国地区传授法律和制度方面的知识。在短时间内，规划管理和规划方法被介绍到了原民主德国地区，并在当地得到运用。但这个过程并不容易，因为为人口增长制定的规划非常不同于人口减少时的规划。

德国的城市政策很大程度上受到人口负增长的影响。由于生育率下降，原民主德国地区的州和乡村地区（相比于城市区域）人口减少的速度更快。一些城市在统一后丧失了30%的人口。城市扩张的规划被为萎缩制定的规划所代替。这是当地政府和城市规划师必须面对的新挑战，这就亟须发展新的城市规划方法，并推动地方经济发展。政治议程被要求为那些愿意并且留得下来的居民提供充足的就业机会，并提高生活质量（图4-4）。

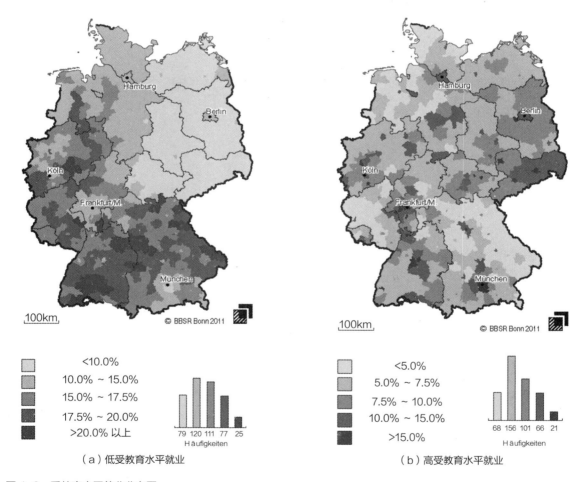

（a）低受教育水平就业　　　　　　　（b）高受教育水平就业

图4-3　受教育水平就业分布图

来源：Raumordnungsbericht 2011. Bundesinstitut für Bau-, Stadt- und Raumforschung im Bundesamt für Bauwesen und Raumordnung.

向德国城市学习
——德国在空间发展中的挑战与对策

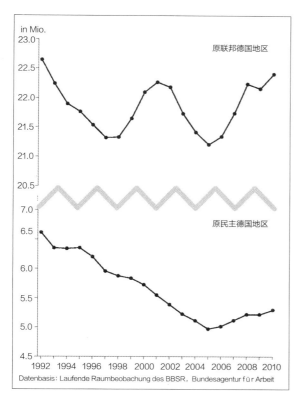

图 4-4　1992 ~ 2010 年的就业发展情况

来源：Raumordnungsbericht 2011. Bundesinstitut für Bau-, Stadt- und Raumforschung im Bundesamt für Bauwesen und Raumordnung.

原民主德国地区城市的再开发成为市长和城市规划师的重大任务。在维护历史悠久建筑（除了原民主德国的德累斯顿）的同时，须对城市中心完全衰败的建筑物重新更新，以满足商务和消费者的需求，并吸引更多的私人投资。大部分中小型城市的国营工业在统一后都关闭了，为了说服市民留下来，就必须通过交流使他们对未来拥有信心，或者吸引居民迁移过来，例如在格尔利茨（Görlitz），政府努力吸引退休的家庭迁移到这个空荡的历史城市中心。

德国重新统一后的一个结果就是在德国国土上军事力量的大量裁减。重新统一前，盟军国家（俄国、美国、加拿大、英国、法国、荷兰和比利时等）在德国大量驻军，再加上原联邦德国和民主德国军队数量，总数约为750000人。2012年这一数字已经从总计500000人减少到北约的80000人，再加上德军的200000人。与其他的因素相结合，裁

军使之前的军事设施转变为住宅或教育设施。

除了城市发展的常规工作外，原联邦德国和一些原民主德国城市面临着4个挑战：第一个挑战是处理颇具争议的大型基础设施和旗舰项目，越来越面临当地居民的反对。规划师和政治家必须学会花费大量时间与所有的利益相关者进行沟通，他们要求规划师能够胜任这种协调的过程。第二个挑战是，向可再生能源的过渡和节能政策对于地方发展的影响，包括继续减少小汽车的机动性和优化公共交通。第三个挑战是城市中住房成本的逐渐升高。再城市化进程、新型的家庭结构、双重居所和新的城市经济使居住在交通便利的市中心愈发具有吸引力，这使得对住房的需求增加，并带动租房和自用住宅成本的升高；这种需求又使得当地政府把存量的保障住房出售给投机的国际投资者，而欧洲金融危机使许多家庭投资房地产，以代替把钱存在银行，这就造成低收入家庭越来越难以找到可负担起的住房。政府现在不得不重新对保障住房进行投资，或者在城市边缘建设更多价格合理、密度更高的住房。第四个挑战是加强城市区域内部的合作，并推动城市和区域的营销（Kunzman，2002）。

4.6　2005 年以来：大都市区的集中和再城市化

21世纪初，随着亚洲和拉美等新兴经济体崛起，并受到主流经济理论的推动，欧洲政策开始追随新自由主义模式并推崇城市竞争力（Begg，2002）。因此城市竞争力写进了所有国家、区域以及地方政府的政策议程，这使得德国的大城市和大都市区域进一步加强了其自身区位因素以巩固它们在欧洲和全球网络中的地位（如国际机场、高铁车站、旗舰项目、重大事件等）。因为市民对这些项目的反对呼声越来越高，城市政府制定和实施相关的政策以减少和降低城市中心的机动性水平，改善环境质量，恢复被摧毁的古老建筑形象，并通过鼓励在市中心和滨水等交通便利的区位发展住宅等方式，来充分利用市中心的工业废弃地。

大量的独居人口（在一些大型城市的比例已

经达到了 50%）、快速老龄化、更多的移民家庭（如柏林、斯图加特和法兰克福）等人口结构方面发生的转变，需要大量新的、更加差异化的城市政策来满足不同目标人群的需求。

其中有一个挑战需要得到市政府和城市规划师的特别重视：被称为再城市化或者城市复兴的趋势。越来越多的市民希望住在市中心，这样即使没有汽车也可以更好地协调工作、居住和娱乐，或者其他类似的地方，这样他们不需要被迫在上下班、回家或休闲时在堵车方面耗费大量时间。各种现象显示出新的城市经济在逐渐形成，价值和时间方面的观念发生了变化，青睐那些建设密度较高，同时土地混合利用，并具有较高的可达性的区位。在超过 50 年甚至更长的功能分离的范式之后，新的具有社会责任并在经济上可行的城市设计理念亟须形成。与这个问题相关的是绅士化问题，这就在政治领域要求更敏感的复兴政策（Brake，2012；Lees，2010a；Lees，2010b）。在柏林、慕尼黑、杜塞尔多夫和法兰克福等城市，经历了 20 世纪早期战争破坏的那些具有吸引力的城市街区，由于租金便宜，吸引了那些称为"创意阶层"的艺术家和学生。后来由于低收入居民无法承担房租的上涨，渐渐从这些区域搬走。随着时间推移，这些市中心地区面目一新，成了引人注目的城市娱乐中心和旅游景点。

这个变化发生在地方政府负债累累之际。城市发展资金非常紧缺，大部分资金花费在立法确定的公共服务领域，如教育、维护当地的基础设施建设和有限的社会福利资金。

经历了几十年的时间，公共部门对城市发展的影响逐渐变弱，而来自私人部门、媒体和民间团体的力量渐渐壮大，治理模式转而依靠公共、私人部门，以及非常分散的民间团体之间的合作进行。因此规划和政策制定需要这三个方面的利益相关者达成三方可接受的共识，也就要求更多的时间、耐心和外部的协调人，尤其是在矛盾尖锐时更需如此。在法兰克福机场建立第五条跑道所遭到的反对就是一个典型情况，协调人必须与各方沟通以找到共识。

随着人口增长停滞、基础设施的物质性建设的结束，国家层面对空间发展的支持告一段落。空间发展在国家层面的角色在协调 16 个州的发展政策方面的作用有限，其工作是提供一个两年一次的国家空间发展报告，讨论相关的信息。对空间发展的政策支持如此之少令人担忧。近期的一个政策决定也可说明这一点。日本福岛（Fukushima）地震造成放射性物质泄漏事件后，德国政府决定用风能、太阳能和水能等可再生能源替代核能。执行这个政策时引发了一个问题：风能产自德国北部，但南部是能源消费越来越集中的地区。因此必须建立南北能源传输线，而这在德国不是个容易解决的问题，因为居民不愿意居住在这些传输线附近，所以极力反对。政府没有把这个任务交给建立的空间规划方面的机构，而是设立了一个新的机构，这意味着忽视空间规划师职业群体的信号。它反映出以下问题：专注于在单一的问题维度方面进行协调的专业性规划由于有独立的预算，因而比专注于空间维度但是没有实施政策项目预算支持的空间规划更加强势。

在规划方面的区域性支柱，以及通过决策所建立起来的区域规划政策也被重新审查，它们在抑制城市蔓延方面的影响力不如从前。在城市区域层面，战略规划得到更多的政策支持。不过战略规划仍然是个模糊的概念，它没有明确界定的法律地位，所以每个城市都在尝试自己的方式，依靠参与规划机构、既得利益者、利益相关者和领导者的权力推动规划。

4.7 展望

如今已跨入 21 世纪的第二个十年，大多数德国城市受益于强大的公共部门、有效的土地利用规划控制建设密度、建筑高度以及城市发展的建筑质量。投机的私人发展商受到监管体系、警惕的民间组织和参与密切监督的当地媒体的约束。随着收入增加以及机动性的增强，郊区化开始在所有大型城市地区发展，就如在各个发展中国家一样。然而，建立在地方和区域的土地利用规划基础上的强大、有效的规划控制对城市的扩张进行着调控，并保护着城市边缘的乡村。但是这个政策推高了各个建成区内部的房地产价格，造成一些人曲解这个问题并借机对绿地进行开发。

德国是个非常适于居住的国家，大多数德国市民都深受其益。即使居民面临暂时的失业和老龄化方面的问题，但是仍然是现有福利体系的受益者。均衡的城镇体系，同时没有巨型都市区，多元化的区域和地方经济，仍然深深植根于地方传统和建立起来的职业教育体系，这些是德国具有良好宜居性的主要原因。分为三个空间层次的强有力的公共部门，以及四个层次的规划和政策制定体系，至今仍是这个具有深刻社会关注度的福利体系的支柱。

本章参考文献

[1] Albers, Gerd. Stadtplanung: Eine illustrierte Geschichte. Darmstadt: Primus-Verlag, 2007.

[2] Albrechts, louis, Healey Patsy and Klaus R. Kunzmann. Strategic Spatial Planning and Regional Governance in Europe Journal of the American Planning Association, 2003, Vol. 69, No.2, 113-129.

[3] Ardach, John. Germany and the Germans. London: Penguin.1991

[4] ARL（=Akademie für Raumforschung und Landesplanung）. Handwörterbuch der Raumplanung. Hannover, 2005

[5] Begg, Iian Urban competitiveness. Policies for dynamic cities. Bristol. The Policy Press, 2002

[6] Brake, Klaus und Günther Herfert（Hrsg）. Reurbanisierung: Materialität und Diskurs in Deutschland. Wiesbaden, Springer VS, 2012.

[7] Fürst, Dietrich. Raumplanung. Herausforderungen des deutschen Institutionensystems. Detmold, Rohn, 2010.

[8] Kunzmann, Klaus R. Deutschland ist keine Insel: das Studium der Raumplanung in Europa, Raumforschung und Raumordnung, Bundesforschungsanstalt für Landeskunde und Raumordnung, Bonn, 1995a, 5（53）, 375-380.

[9] Kunzmann, Klaus R. Schwanberger Modell zur Ausbildung von Raumplanern, Raumforschung und Raumordnung, Bundesforschungsanstalt für Landeskunde und Raumordnung, Bonn, 1995b, 5（53）, 369-374.

[10] Kunzmann, Klaus R. The Ruhr in Germany: A Laboratory for Regional Governance. In: L. Albrechts, J. Alden and A. da Rosa Pires, eds. The Changing Institutional Landscape. Aldershot, London, 2001: 133-158.

[11] Kunzmann, Klaus R. The Future of the European City: Qingdao, Celebration or Las Vegas? In: Th. Henning ed. The Copenhagen Lectures: Future Cities. Fonden Realnia, Copenhagen, 2002: 91-108.

[12] Kunzmann, Klaus R. State Planning: A German Success Story?, Planning international, 2003.

[13] Kunzmann, Klaus R. Creative Brownfield Redevelopment: The Experience of the IBA Emscher Park Initiative in the Ruhr in Germany. In: Greenstein, Roslalind and Yesim Sungu-Eryilmaz, eds, Recycling the City: The Use and Reuse of Urban Land. Lincoln Institute of Land Policy, Cambridge, 2004: 201-217.

[14] Kunzmann, Klaus R. Does Europe really need another ESDP? And if Yes, how should such an ESDP+ look like? In: Pedrazzini, Luisa, ed, 2006, The Process of Territorial Cohesion in Europe. FrancoAngelo/DIAP, Milan, 2006a: 93-102.

[15] Kunzmann, Klaus R. The Europeanization of Spatial Planning In: Adams, Neil, Jeremy Alden and Neil Harris, Eds., Regional Development and Spatial Planning in an Enlarged European Union. Aldershot: Ashgate, 2006b: 58-70.

[16] Kunzmann, Klaus R. The ESDP, The New Territorial Agenda and the Periphery in Europe, in: Farrugia, Nadia, Ed., The ESDP and Spatial. Development of Peripheral Regions. Valetta, Malta University Publishers Limited, 2007a.

[17] Kunzmann, Klaus R. Urban Germany: The Future Will Be Different: In: van den Berg, Leo, Erik Braun and Jan van der Meer, Eds. National Policy Responseto Urban Challenges in Europe, London, Ashgate, 2007: 169-192.

[18] Kunzmann, Klaus R. Spatial Planning for Regions in Germany between Federalism and Localism, in: Mesolella, A., ed, Forme plurime della pianificazione regionale, Alinea Editrice, Firenze, 2008: 235-252.

[19] Kunzmann, Klaus R. Medium-sized Towns, Strategic Planning and Creativity In: Ceretta, Maria., Grazia Concilio and Valeria Monno（eds.）Making Strategies in Spatial Planning Knowledge and Values. Heidelberg, Springer, 2010: 27-46.

[20] Lees, Loretta, Rom Slater and Elvin Wyly. Gentrification. London, Routledge, 2010a.

[21] Lees, Loretta, Rom Slater and Elvin Wyly. The Gentrification Reader. London, Routledge, 2010b.

第 5 章
德国的州域规划与空间秩序规划的发展历程[1]
Historical evolution of regional planning on state and federal levels in Germany

| 易鑫，克里斯蒂安·施奈德
| Yi Xin, Christian Schneider

5.1 20世纪初的实验

5.1.1 1909年大柏林城市发展竞赛的影响

随着1870年前后产业革命在德国的兴起，大量农村人口涌入城市造成城市无组织的扩张，并由此带来了巨大的压力。这个时期社会治理理念逐渐放弃了之前的自由放任思想，转而注重适度的干预，城市规划逐渐发展成为一个独立的专业领域，而规划工作本身获得了各界认可[2]。经过快速城市化的过程，城市的规模迅速扩大，城乡之间、区域内部的城镇之间的关系越发紧密。城市规划工作也相应地超越了传统的城市聚居区内部及其边缘的有限范围，开始关注并引导城市与外部的乡村地区，以及与周边的城镇之间的关系。

在此背景下，在1909年举办了针对大柏林城市发展的竞赛，竞赛的成果反映了当时城市规划所关注的一系列内容，包括对城市地区总体的规划与控制、与内城高密度地区相区别的其他城市建设方式、田园城市或田园郊区、城市内部及外围的绿地与开放空间、城市区域内部的交通机动性等问题（图5-1）。

5.1.2 区域规划机构的出现

在本次竞赛的影响下，德国部分地区出现了专门的公共机构，尝试处理与区域规划有关的问题。1912年柏林成立了德国最早的具有区域规划性质的机构——"大柏林地区协作联合会"（Zweckverband Groß-Berlin）。在同一年，鲁尔区也建立了"鲁尔煤矿区社区联合会"（Siedlungsverband Ruhrkohlenbezirk），其章程中吸收了大柏林地区协作联合会的经验。与其他类似的机构相比，鲁尔煤矿区社区联合会的发展最为成功，除了其面积及人口规模的影响之外，该联合会还建立了其他机构所缺乏的法律制度基础。

作为早期的区域规划机构，该机构所负责的工作内容及被授予的权力还很有限。1920年5月，鲁尔区出台的联合会法没有采取综合性聚居区规划的方式，只是对区域性或者至少是跨地区范围所涉及的部分技术内容（例如交通联系与绿地廊道等问题）做出了规定。该联合会的规划要求主

---

[1] 本文原载于：《城市规划》，2015，Vol.39，No.1，pp.105-112。
[2] 在1910至1920年间，德国出现了"综合性聚居区规划"（Generalsiedlungsplanung），现在人们倾向于称之为"聚居区结构规划"（Siedlungsstrukturplanung）。以此为起点，以后又发展出区域规划和州域规划（Regional- und Landesplanung），在1935年之后产生了空间秩序规划（Raumordnung）。在此之前，城市规划的类型从"城市控制规划"（Stadtregulierungsplan）开始，经过"城市扩建规划"（Stadterweiterungsplan）、"综合性建设规划"（Generalbebauungsplan），最后发展出今天广泛施行的覆盖整个城市行政地区的"土地利用规划"（Flächennutzungsplan）以及针对城市某个地区的"建设规划"（Bebauungsplan）。

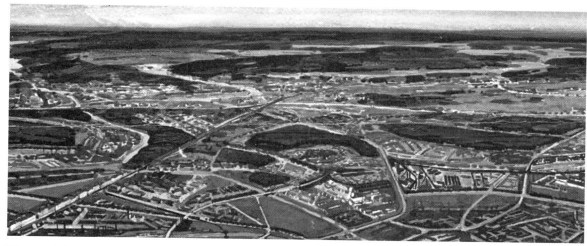

图 5-1　竞赛获奖方案对于塑造区域内部空间秩序的设想

来源：Stadtvisionen 1910/2010. Berlin，2010.

要体现在所确定的相关"红线"中，而这是当时其所能够采用的唯一工具，联合会有权对地方社区所提出的制定或取消相关红线控制的要求予以批准，也可以自己直接颁布这些要求。

此外，联合会还制定了一个整体性的规划作为整个区域的引导性框架，但是该规划本身还不具备法律效力，只是作为区域内部不同政府和部门之间的交流工具。联合会的决策机构中，一半的代表来自城市以及县的政府；另外一半由同样具有决定权的经济界代表组成，其中雇主及雇员代表各占一半。由此，对鲁尔区的区域规划发展最有影响的力量都直接、共同地参与了规划的过程。

联合会提出以整个辖区为对象，以相互联系的规划空间为基础，致力于解决共有的问题，并创造共同福利。其辖区范围不受政治或者行政边界的限制，涉及三个"地区"（下辖若干县、市的行政单元）以及两个州的部分地区。

5.2　区域规划工作的正规化过程（至"二战"结束以前）

5.2.1　区域规划机构的系统化

在柏林和鲁尔区工作成果的影响下，从 1920年代中期开始，区域规划工作逐渐得到了国家层

面的重视，并进行了相关的制度化和组织化的工作，1925 年普鲁士城市建设法草案以及 1931 年帝国城市建设法草案，都对州域规划（Landesplanung）的调控方式作了规定，不过由于当时政治混乱的原因没有继续施行。在纳粹政府的战争准备阶段，建设活动的大量增长急需修订一套新的建设法。为了对州域规划工作进行初步管理，在以前州域规划经验的基础上，1933 年 9 月出台了关于居住性聚居区（Wohnsiedlungsgebiet）开发的法律，并于 1934 年 6 月再次推出了相关法律，以调控德国城镇体系的发展。从城市和区域的整体发展角度，该法要求"内部已经存在或者预计未来将会进行居住性聚居区建设"的相关联地区，可以被纳入居住性聚居区进行统一管理，同时制定相关的"经济规划"。这些规划方案在内容上应当符合当时州域规划部门提出的区域性土地利用规划的要求，不过方案本身没有直接的法律效力。

在通过该法对公共部门的土地需求进行管理的基础上，区域规划的工作在国家政府的领导下实现了组织化与系统化。1935 年 3 月成立了一个直接向希特勒负责的帝国机构，不久之后，希特勒就把该机构更名为帝国空间秩序规划管理机构（Reichsstelle für Raumordnung），负责对于"整个帝国国土上的综合性跨地区规划"进行管理。在

1935 年 12 月又成立了"帝国空间研究工作共同体"（Reichsarbeitsgemeinschaft für Raumforschung），该机构的任务在于"提出规划性的总体分析并集合各学科的力量进行空间问题研究"。

在州级组织结构上，帝国机构将工作任务分成两方面，一方面是贯彻规划强制性要求的规划管理局，另一方面是承担规划技术工作的规划联合会。根据新的规划联合会——州域规划共同体的组织章程，规划共同体的成员遵循共同行动、共同负责的原则进行相关工作。由此，帝国机构中形成了根据功能性原则划分的自治组织，由它来承担空间秩序规划的技术工作。州域规划共同体负责确定各个州级行政单元①的规划区域的具体范围，由政府的主要负责人承担州级政府层面的州域规划管理工作②。

国家层面的帝国空间秩序规划机构是这些机构的上级主管部门。不过在这一层面没有设专门的规划共同体。除了鲁尔煤矿区，其他地区以前存在的区域规划机构被撤销，而这些之前的机构承担了 1935 年以前的区域规划工作，新的空间秩序规划组织改由上级机构统一安排。

作为根据功能性划分的独立性组织，州域规划共同体的独立性受到州域规划当局权力的约束。州域规划共同体超过 50% 的预算来自国家财政，州域规划当局的职责限于监管功能，在规划技术层面则依赖规划共同体的机构及其技术能力。根据这一安排，在帝国空间秩序规划机构层面，也只雇有很少量的规划专业人员。

5.2.2　区域规划与城市规划之间的权属矛盾

为了对国家和地方的城市和区域发展进行调控，根据"纳粹 – 联邦德国技术协会"（NS-Bundes deutscher Technik）的意见，除了需要制定建筑与城市建设法③之外，还应当制定空间秩序规划法作为上位法参与管理。但是这一过程面临不同部委在权属方面的冲突，并且同样的问题一直延续到"二战"后联邦建设法（Bundesbaugesetz）与空间秩序规划法（Raumordnungsgesetz）之间的关系上④。

州域规划工作的核心是对涉及区域和跨地区层面的土地利用和建设活动进行组织与调控，因而与地方社区层面的城市规划工作存在工作领域方面的重叠，并因此反映在当时的帝国劳动部与帝国空间秩序规划机构之间的权力斗争中。在帝国空间秩序规划机构成立之前，由劳动部负责城市建设以及整个帝国和各州的区域规划工作。劳动部在居住性聚居区法的内容里，把该法作为未来管理整个州域规划工作的准备。但是在空间秩序规划机构成立之后，该机构不仅要求负责区域规划，同时也提出对（针对地方社区的）土地利用规划进行管理，理由是"……社区性的空间规划也是空间秩序规划的一部分，而建筑造型方面的法律才是未来建设法的对象"。不过帝国劳动部不仅捍卫了其对于土地利用规划的管辖权，并且还保持了对居住性聚居区内部各社区经济规划的控制权。

权力斗争的结果导致了空间秩序规划被限制在跨地区层面的调控职能，而在社区层面，同样的任务则留给了地方性的城市建设性规划。由于当时的行政结构无法满足这一根据实际发展情况、跨专业、横向协调性规划所提出的新任务和要求，在后来的联邦德国时期，随着城市建设法与空间秩序规划法的进一步发展，这一问题被再次提出，各自的任务限定与权属也被重新调整。

如 1944 年 11 月 27 日帝国机构颁布的一项指令所述，作为州域规划工作承担者的州域规划共同体，于当年年底"在战争期间停止工作"。而帝

---

① 联邦州、"帝国直辖行政区"（Reichsstatthalterbezirk）以及普鲁士各省。
② 在联邦州中，负责规划部门的是帝国行政长官，在普鲁士的省份是大区主席，在政府直辖区是政府主席。
③ 1940 年前后，希特勒授权帝国劳动部起草一部《德意志建设法典》（Deutsches Baugesetzbuch）。但 1942 年该法典的草案被提交给希特勒时却没有获得通过，这是因为希特勒希望得到的仅仅是一套明确组织及权属范围的法律而已。
④ 相应地，一方面由劳动部长（Reichsminister）弗兰茨·赛尔德（Franz Seldte）负责建筑与城市建设法的制定，另一方面由帝国部长汉斯·凯尔（Hanns Kerrl）负责制定空间秩序规划法。但是这种分歧仅仅是纳粹时期党内权力斗争的产物，而且在 1942 年这个问题就已经受到严厉的批判。

国机构自身在 1945 年也随着第二次世界大战的结束而不复存在。

5.3 "二战"后制度变革引起的区域规划制度调整

5.3.1 "二战"后初期对州域规划工作的调整

战后几年的重大任务之一是有计划地安置从德意志帝国东部丧失的土地上被驱逐的几百万人口。安置工作根据各地区的"接收能力"进行组织。在战争期间，当时的空间秩序规划及空间研究机构，曾经针对那些受到空袭威胁较大的大城市及工业区域的人口疏散和安置问题，对这一概念进行过研究，从而有力地支持了这一人口安置计划。

虽然高效的州域规划与空间秩序规划对于战后的重建工作具有重要意义，但是由于之前经历了 12 年的独裁统治和中央集权的计划与战争经济，自上而下推行的规划遭到人们的反感，此外由于这种规划方式本身与自由市场经济存在一定的脱节，州域规划工作被调整由联邦州层面留存下来的规划管理部门承担，并成为新发展的起点。只有鲁尔煤矿区作为例外，其社区联合会继续保留，并一直行使州域规划共同体的职责。不过在战争结束后数年，只有社区及镇的行政管理部门仍然运行，各联邦州的行政管理部门被重新组建，联邦德国于 1949 年颁布了基本法（即宪法）。

1945 年夏天，布伦瑞克工业大学的约翰内斯·哥德里斯（Johannes Göderitz）教授[①]提出对建设法（Aufbaugesetz）草案进行讨论。这个提议在若干联邦州与德国城市代表会议的共同支持和参与下得到发展，并于 1948 年秋天公布相关成果。其"框架草案"在第 2 款第 3 段中提出："社区性规划必须符合上位规划（州域规划）的要求。"所以后来颁布的各个联邦州的建设法都包含有一条意义与之相符的规定。至此，之前由帝国空间秩序规划机构所提出的空间秩序规划与州域规划在跨地区层面上的约束力得到了巩固。

在 1949 年联邦德国基本法第 75 款中，"空间秩序规划"一词被沿用，并在法律框架中确定作为联邦层面的职责范围。由此旧的空间秩序规划概念与联邦立法实现了重要的连接。基本法的第 75 款第 3、4 点规定了该概念在基本法中所处的次序关系："狩猎、自然保护、景观维护、土地划分、空间秩序规划与资源管理"。不过由于采用列举方式，而没有能够体现空间秩序规划具有的跨专业、综合性、横向协调性规划的内涵。在经历了长达 16 年的争论和研究之后，联邦政府才建立起自身在这一领域的法律框架，于 1965 年确定空间秩序规划属于联邦层面，而州域规划则在联邦州的层面展开。

5.3.2 联邦州层面的州域规划立法

自从 1949 年基本法实施以后，由联邦州立法管理的州域规划工作也变得十分必要。

第一个立法的联邦州是北莱茵-威斯特法伦州，早在 1950 年，州域规划法在该州几乎与本州的建设法同时颁布。虽然以前的州域规划共同体从 1945 年开始就继续工作，不过当时还没有明确的法律基础。现有的州域规划共同体此时在法律上得到承认，而州域规划管理部门的职责仅限于许可及监管的范围。在 1962 年法律修订后，州域规划的管理部门获得了为所在州制定相关发展规划的权力，同时该法强调"州域规划是一项国家（州）与地方自治的共同任务"。

第二个联邦州巴伐利亚州于 1957 年制定了州域规划法，不过与北莱茵-威斯特法伦州的相关法律原则存在重要的区别，其立法基础明确："州域规划是国家（州）的任务"，因此州域规划工作由州域规划管理机构与"地区"一级的规划管理机构承担，而不在地方自治的任务范围之内。该法于 1970 年经过修订，继续采用了上述的立法原则。这种州域规划法在不同联邦州规定的差异，也反映出联邦制条件下，州域规划由各联邦州负责的特点。在接下来的 9 年里，联邦德国其余各州均制定了自己的州域规划法，各州的法律也根据之

---

① 《分散与解体的城市》（Die gegliederte und aufgelockerte Stadt）的作者之一。

前几年发生的某些重要转变进行了调整。

5.3.3 国家层面的空间秩序规划立法

在"二战"后重建管理工作中，建立城市建设法律基础的任务更加急迫，因此在国家层面首先开始的是《联邦建设法》的准备工作[①]。1950年公布了相关草案并被讨论，草案涵盖了从空间秩序规划（Raumordnung）、州域规划（Landesplanung）、地方性规划（Ortsplanung）以及建筑物规划设计（Bauwerksplanung）等内容，非常全面地涵盖了城市规划及建设法的各方面内容。

政府各部门领导针对联邦建设法的草案报告，也给州域规划联合会提供了讨论这一问题的机会，后者对草案中关于州域规划的任务领域提出反对意见，结果无法在涉及城市规划的联邦建设法框架内解决区域规划问题，而必须专门为空间秩序规划提供一套特别的法律框架。

随着1960年《联邦建设法》（Bundesbaugesetz）的正式出台，社区层面的建设指导规划与空间秩序规划和州域规划的目标相符合的要求就变得越来越紧迫。因此联邦议院请求联邦政府领导这方面的工作，提出联邦建设法草案的联邦住宅建设部长也希望能够承担联邦空间秩序规划法有关的政府草案工作。在他的影响下，原属于内务部职权的空间秩序规划于1961年被划归他的部门，他所在的部也就更名为住宅、城市建设与空间秩序规划部（Ministerium für Wohnungswesen, Städtebau und Raumordnung），之后再次更名为空间秩序规划、建筑及城市建设部（Ministerium für Raumordnung, Bauwesen und Städtebau）。

1963年3月，联邦空间秩序规划法的政府草案被提交给参议院审议，由于基本法的分权原则与空间秩序规划法的某些条款相抵触，这项草案没有获得通过。随后联邦政府再次将未作修改的草案提交联邦议院进行审议，在经历了联邦议院及参议院的广泛质询，对法律草案进行了一定程度的修改，并获得了各联邦州的支持后，《联邦空间秩序规划法》终于在1965年得以通过[②]。

回顾该法产生的历史，可以清楚地看到联邦立法过程中受到的限制及其任务范围的限制边界，为此该法放弃了对"空间秩序规划"一词进行法律定义。由于基本法的制约，当联邦与联邦州在空间秩序规划工作中出现意见分歧时，该法也无法提供具有约束力的合作程序，不过该法第2款关于"空间秩序规划原则"的规定部分弥补了该缺陷。该原则适用于"具有重要空间意义"的规划、措施以及联邦管理机构与直接负责联邦规划的机构的投资（第3款第1条）以及联邦州内部的州域规划。

5.3.4 空间秩序规划与州域规划法律体系的完成

随着《联邦空间秩序规划法》、《联邦建设法》以及后来《联邦城市建设促进法》的颁布，联邦德国终于完成了整个空间规划体系的基本制度构建工作，确保了以下各个规划工具的法律基础（图5-2）：

（1）联邦层面的空间秩序规划；

（2）联邦州层面的州域规划；

（3）州下属各地区的区域规划；

（4）针对地方社区的城市规划层面的建设指导规划（分为涵盖整个社区的土地利用规划以及针对部分街区的建设规划）。

（5）近年来随着欧盟的成立，在联邦层级的

[①] 这项法律发展过程经历很长时间：早在1931年，德国劳动部就已经颁布了一项帝国城市建设法的纲要草案，然而由于那个时代政治上的混乱，该草案没有得到进一步发展。1942年草案的同一批负责人在"二战"后提出了一项关于柏林的建设法草案，并且在联邦住宅建设部长的委托下起草了联邦建设法的草案。

[②] 1955年9月，由108名来自各党派的联邦议员作为发起者提出了空间秩序规划框架法草案。草案的一个主要诉求点在于，确保在联邦与联邦之间或者不同联邦州之间的具体规划事务中，能够提供一个有约束力的程序促使联邦与联邦州的空间秩序规划能够合理结合在一起。但是在这项议案的质询过程中，涉及是否违宪的困难问题，结果质询被迫中止，而且在后来的联邦议院中也没有再被采纳。1955年11月，联邦政府决定采取以行政规章代替法律的方式，通过联邦层面的行政部门推进相关工作，以此来赢得联邦州的合作。与此相联系，诞生了作为联邦及联邦州咨询委员会的"空间秩序规划会议"，在会议上联邦和各联邦州将就空间秩序规划的目标设定充分沟通，并对一系列实施工作进行沟通与协调。

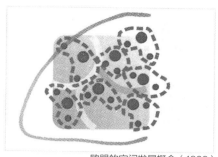

欧盟的空间发展概念（1999）

波恩地区的区域规划（1986）

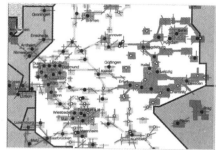

德国的空间秩序展望框架（1993）

波恩市的土地利用规划（1990）

德国北莱茵－威斯特法伦州的州域发展规划（1995）

波恩市内部某街区的建设规划（1994）

图 5-2　德国不同空间层级的规划工具示例

来源：Bundesinstitut für Bau-, Stadt- und Raumforschung（BBSR），2000.

空间秩序规划之上，又出现了欧盟层面的相关空间发展政策。

根据已经实行的法律，空间秩序规划仅适用于跨地区规划的范围，与之相对的社区性的土地利用规划则属于城市建设性规划的领域[①]。由于根据联邦法律，空间秩序规划与州域规划仅限于跨地区性规划的职责范围，这实际上也就限定了联邦空间秩序规划的法律框架。上文提到的评估报告也导致以下结果："如果接受空间秩序规划是现代国家的一项必要任务的观点，就需要在最大空间范围内对整个国家范围内的空间进行调控和塑造，因此空间秩序规划并不受各联邦州边界的限制。"

此外《联邦建设法》明确指出，当州域规划的结果与城市建设性规划出现冲突时，建设指导规划（Bauleitplanung）应当与空间秩序规划和州域规划的目标相适应。为了体现这些原则并保证

① 与 15 年前的情形一样，在随后几个不同的委员会的激烈讨论中，关于州域规划与地方性规划之间协作关系的问题再次出现，而讨论的重点在于土地利用规划的监管职能所涉及的权力归属问题。由于所有妥协的尝试都失败了，因此 1954 年联邦宪法法庭的法律评估报告给出了相关的态度。它从法律定义的角度把城市建设性规划（die städtebauliche Planung）定义为整个规划工作中以土地所有权为基础的规划活动，因此联邦层面对建设法立法的权限被限制在依据基本法规定的土地权的相关范畴。

有约束力，空间秩序规划及州域规划的目标必须包含在由联邦州制定的相关项目及规划方案中。联邦与联邦州的管理机构在工作中必须考虑这些目标（第4款第5条）。区域规划的制定授权给联邦州进行（第5款）。依据此法，联邦德国的空间秩序规划与州域规划的立法工作基本完成。1960年代的规划热情也由此达到了高潮。

5.4 州域规划与空间秩序规划支持下的"二战"后空间发展

5.4.1 空间规划体系的运行

在《联邦空间秩序规划法》生效后数年间，各联邦州修改其州域规划法以与联邦法律相适应[①]，并且根据第5款的要求调整了规划编制程序。此后，联邦州有义务为其所在的地区制定总体和综合性的区域发展计划与规划。基本上，这种正式制定的整体性规划是保证州域规划目标约束力的唯一渠道。"空间规划与州域规划的目标"以及它们对于相关专业管理部门和社区政府制定与空间相关的规划和措施的约束力，成为实现跨专业、横向协调性规划的一项基础性和专门性的工具。建设指导规划由社区政府在其同样由基本法保证的规划主权性职权框架中制定，并根据其自身的协调得到执行。空间秩序规划与州域规划的原则与目标的实现，并不是通过其自身的直接措施，而是根据法律规定，间接地通过影响和要求那些具有重要空间影响的规划与措施的承担者以及承担社区义务的主体尊重这些总体性目标，让建设指导规划与这些目标相符合。而这是将"上位的"横向协调性规划与民主社会的行政管理方式进行平衡的本质性前提。

作为一项跨专业规划，州域规划的目标和论据需要通过对跨专业和大范围综合关系的考察才能够确定。规划的工作程序上首先需要通过一般

的准备性调研和研究，逐渐向具体化的方向落实，并最终发展成为有约束力的规划。这一工作流程同样应用于城市发展规划（Stadtentwicklungsplan）中，作为确定发展定位和基本框架的工具，城市发展规划虽然并不具备法律约束力，但是其工作成果将落实到行政部门内部具有约束力的土地利用规划（Flächennutzungsplan）中，后者是制定建设规划（Bebauungsplan）的上位规划，而建设规划则对公共和私人部门均具有完全的法律效力。

基于联邦和州的权力分配，《联邦空间秩序规划法》的第5款规定，州域规划和空间秩序规划的操作方式与城市规划的程序刚好相反：在行政部门内部具有约束力的州域规划目标与州一级的州域发展计划相联系，作为州域规划上位规划的空间秩序规划实际上仅具有评价性的作用。这种与一般的规划过程相反的做法，实际上增加了州域规划在实施程序方面的困难。

1962年，这套程序第一次被引入北莱茵－威斯特法伦州的州域规划法修订版中。《联邦空间秩序规划法》接受了这种方式，由此在所有其他的州域规划法中也以同样的方式施行。至此，推动制定优先的整体性规划的目标得到了实现。尽管《联邦空间秩序规划法》没有对空间秩序规划的程序进行界定，各联邦州还是将其作为具有基础性的重要工具发展起来。从1960年起，这个工具在应用中颇具成效，其基本特征也被各个州域规划法的修订版所接纳，目前有效的版本是1984年之后制定的。

由于其问题导向的特点，州域规划的程序不仅需要参与者，还需要公众的赞同，在很多情况下由参与者自己申请实行该程序。这种从"上面"制定的整体性规划程序产生的约束力，得到了从"下面"由实际需求产生程序的补充，从而使得该规划程序能够随时保持时效性与政治影响力。

---

① 在巴伐利亚州，根据1970年修订的州域规划法，在规划的对应区域，区域规划联合会作为社区与镇的联合体被组建起来。该机构制定区域规划，同时对内部成员所做的具有重要空间影响的规划拥有投票权。在制定区域规划的过程中，该机构接受所在地区政府首脑的领导，并为所在的区域规划管理机构服务。相关的区域规划应当与州域发展计划的框架相联系，并接受政府首脑的专业性监督。最高层的州域规划部门保留对区域规划约束力的解释权。而州域发展计划在实施的过程中，其内容仅限于具有州域范围意义的事务，针对某个特定区域的事务则交给下一级的区域规划。这种分工关系一直保持到现在。

5.4.2 致力于多中心的空间发展格局

战后重建于1960年代结束后，德国的城市与区域发展又经历了4个历史时期：城市扩张（1960～1975年），停滞和城市复兴（1975～1990年），两德统一及其发展（1990～2005年），以及大都市区的集中和再城市化（2005年以来）；空间秩序规划与州域规划对国家的空间发展均起到了广泛的作用，从而有力地保障了德国城市的宜居水平。无论是在城市扩张阶段，还是后来的城市复兴以及转型过程中，通过空间秩序规划与州域规划的共同引导，城市与区域的交通基础设施、城市的发展方向以及自然保护区均得以保障，从而对大规模的发展建设投资起到重要的引导和调控作用。

空间秩序规划与州域规划以中心地理论为依据，全国范围内的城镇按照等级划分（上级中心、中级中心、下级中心等），不同等级的中心得以分配不同的职能及其设施，从而有力地推动了均衡发展的空间格局（图5-3）。在基础设施领域特别是公共服务设施投资的引导，进一步加强了德国在历史

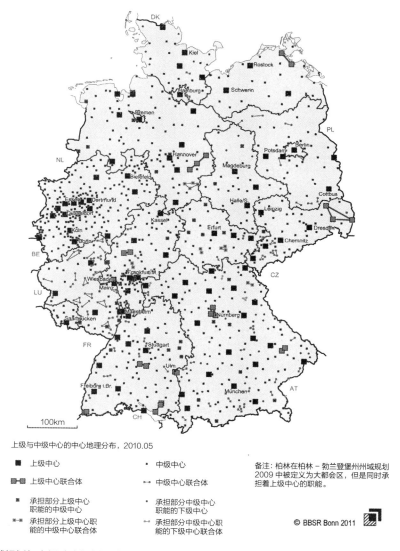

上级与中级中心的中心地理分布，2010.05

■ 上级中心　　　　　　　　· 中级中心
■—■ 上级中心联合体　　　　·—· 中级中心联合体
▪ 承担部分上级中心　　　　· 承担部分中级中心
　职能的下级中心　　　　　　职能的下级中心
▪—▪ 承担部分上级中心职　　·—· 承担部分中级中心职
　能的中级中心联合体　　　　能的下级中心联合体

备注：柏林在柏林－勃兰登堡州域规划2009中被定义为大都会区，但是同时承担上级中心的职能。

© BBSR Bonn 2011

图5-3　州域规划与空间秩序规划所确定的上级与中级中心分布

来源：Raumordnungsbericht 2011. Bundesinstitut für Bau-, Stadt- und Raumforschung im Bundesamt für Bauwesen und Raumordnung.

上形成的多中心的空间格局。特别是在1970年代以后，德国各地的中型城市纷纷建立大学，除了满足年轻人接受高等教育的需求之外，也帮助大城市以外的地区培训了大量高素质的劳动力，吸引和维持了当地大量重要的企业，反过来极大地加强了德国的多中心的城镇体系（图5-4）。

近年来，在欧盟一体化、两德统一以及全球化影响下的空间发展过程中，空间秩序规划与州域规划在面对不同条件下的人口发展、地区间发展不平衡、城市与区域的分化、应对全球竞争的知识经济发展战略等方面，都起到了重要的作用。

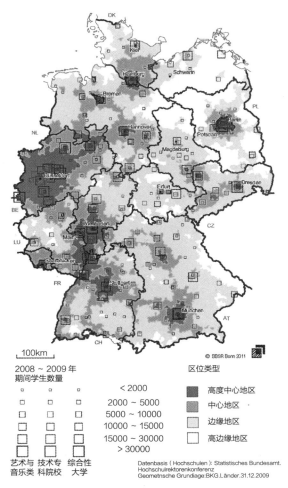

图5-4 德国高等院校的空间分布

来源：Raumordnungsbericht 2011. Bundesinstitut für Bau-, Stadt- und Raumforschung im Bundesamt für Bauwesen und Raumordnung.

5.5 结论与启示

通过以上对于德国的区域规划工具（州域规划与空间秩序规划）的发展历程及其对德国空间发展影响的考察，可以深刻体会到区域规划体系建立以及运行过程的复杂性。相比城市规划工具及其制度建设来说，州域规划与空间秩序规划的这一过程要复杂得多，这也充分体现了空间规划必须处理好不同空间层级之间的相互协调问题。

根据德国的历史发展情况，城市规划的制度、工具和组织建设的完成要早于区域规划工作。由于涉及的相关者和工作领域的内容不同，作为跨地区规划的州域规划与空间秩序规划在很大程度上与地方性的城市规划形成了平行发展的关系。除了在技术内容上存在土地利用方面的重叠之外，区域规划与城市规划也不可避免地涉及中央与地方在权力方面的竞争，地方政府坚决维护自身在地方性规划方面的主导地位等问题。长期争论的结果，是在法律层面确立了跨地区与地方性规划之间的划分，并分别产生了《空间秩序法》和《建设法典》（《联邦建设法》与《联邦城市建设促进法》合并的产物），这种制度设定还曾经一度引起联邦政府不同主管部门之间的矛盾。

州域规划与空间秩序规划分别属于联邦州政府和联邦政府的空间发展工具，也反映出制定各个层次跨地区规划的联邦政府与州以及其他区域相关者之间关系的复杂性。由于特殊的历史原因，属于州的州域规划在战后获得了比国家层面的空间秩序规划更强的影响力。一方面，州层面拥有更多的自主权增加了维持国家总体的空间发展格局的复杂性，迫使联邦政府更多采取协商的方式，以取得各方的支持和共识；另一方面，相对多元的决策和相关者格局，与全国范围的多中心格局相结合，产生了高度的多样性，决策主体集中在联邦州及其下属的次区域层面，则有利于解决由于发展不平衡所导致的各个州所面临的不同问题，以区域为整体参与到全球层面的整合与竞争战略中。

此外，只有在处理好跨地区的区域规划与地方性的城市规划之间以及不同空间层次规划之间的关系之后，才有可能建立真正意义上的空间规划体系。德国近年来由于人口发展停滞导致基础设施投资基本结束，来自公共部门的影响下降，同时私人部门、媒体和民间团体的力量逐渐扩大，因此政府将更多的精力投入到协调不同空间层级相关者的工作中。

综上所述，从德国的州域规划与空间秩序规划的形成及其运行的效果可以看到，区域规划工作无论是在规划体系的形成过程还是之后的运行过程，其核心的基石就在于不同空间层次之间的协调性工作，既包括不同空间层次相关者之间的权力划分，也涉及规划工具技术性任务的划分和沟通。

中国当前区域规划工作总体上仍然处于探索性的阶段，操作性的控制和管理工具、整个工作的组织建设以及从区域规划到空间规划体系的制度建设，都还有很长的路要走。相比德国的联邦制，中国作为单一制国家，中央政府对于包括地方层面在内的不同空间层级的部门有着更大的影响力，但是不同省份、各个次区域之间发展水平的极大不平衡，也意味着需要重视多样性，要明确以问题为导向的原则，构建完善而有活力的空间规划体系，制度的建设必须为当前和未来的协调留有充分的余地，以有效地服务于社会、经济和空间方面的综合发展。

本章参考文献

[1] Albers G. Ziele der Raumplanung. München, 1985.

[2] Bayerischer Landtag. Bayerisches Landesplanungsgesetz vom 6. Febr（GVBl.）. München, 1970: 9.

[3] Blöcker W. Raumforschung und Raumordnung. Hanover, 1936.

[4] Bodenschatz H, Gräwe C, Kegler H, et al. Stadtvisionen 1910/2010: Berlin, Paris, London, Chicago / 100 Jahre Allgemeine Städtebau-Austellungen in Berlin. Berlin, 2010.

[5] Bundesinstitut für Bau-, Stadt- und Raumforschung（BBSR）. Stadtentwicklung und Städtebau in Deutschland - ein Überblick. Bonn, 2000.

[6] Bundesinstitut für Bau-, Stadt- und Raumforschung（BBSR）. Raumordnungsbericht 2011. Bonn, 2011.

[7] Dittus W. Entwurf zu einem Baugesetz für die Bundesrepublik Deutschland. Bonn, 1950.

[8] Reichstag. Erste Verordnung zur Durchführung der Reichs- und Landesplanung vom 15. Febr（RGBl. I）. Berlin, 1936: 104.

[9] Gaus J. Regional Planning and Development. Cambridge Mass, 1951.

[10] Reichstag. Gesetz betr Verbandsordnung für den Siedlungsverband Ruhrkohlenbezirk vom 5. Mai 1920（Preußische GS.）. Berlin, 1920: 286.

[11] Reichstag. Gesetz über die Regelung des Landbedarfs der öffentlichen Hand vom 29. März 1935（RGBl. I）. Berlin, 1935: 468.

[12] Isenberg G. Zur Geschichte der Raumordnung aus politischer Sicht. in: Raumordnung und Landesplanung im 20. Jahrhundrt, Band 63. Hannover, 1971.

[13] Isenberg G. Wandlungen der räumlichen Ordnung in Deutschland von 1950-1975 in: Seminarbericht 14 der Gesellschaft für Regionalforschung. Heidelberg, 1979.

[14] Schneider C. Stadtgründung im Dritten Reich. München, 1978.

[15] Schmidt R. Denkschrift betreffend Grundsätze zur Aufstellung eines General-Siedlungsplanes für den Regierungsbezirk Düsseldorf. Essen, 1912.

[16] Umlauf J. Wesen und Organisation der Landesplanung. Essen, 1958.

[17] 昆兹曼 K, 易鑫. 为空间发展进行规划：德国会是中国的榜样吗？. 城市空间设计, 2013, 24（1）: 9-15. Kunzmann K, Yi Xin. Planning for Spatial Development: Germany, a Model for China?. Urban Flux, 2013, 24（1）: 9-15.

[18] 昆兹曼 K. 废墟中重生的德国：从战争的毁坏到宜居城市. 城市空间设计, 2013, 24（1）: 16-21. Kunzmann K. Germany out of Ash: From War Demolition to Liveable Cities. Urban Flux, 2013, 24（1）: 16-21.

[19] 易鑫. 德国的乡村规划及其法规建设. 国际城市规划, 2010, 25（2）: 11-16. Yi Xin. Rural Renewal Planning and Related Planning Laws and Regulations in Germany. Urban Planning International, 2010, 25（2）: 11-16.

第 6 章

联邦德国的城市发展与城市更新资助政策

Urban development and urban regeneration policies in Germany

乌尔里希·哈茨费尔特
Ulrich Hatzfeld
李双志　译　易鑫　审校

德意志联邦共和国按照去中心化的方式来管理城市发展与城市设计工作。德国宪法中确立了城市和社区的自治原则，因此各个社区政府有权负责自己的城市发展与城市设计事务。对于全国层面而言，联邦政府只能基于法律框架和某些特定目标，采取项目关联的资助政策和有选择的规划资助措施，对社区政府加以扶持。

德国城市发展政策核心的战略出发点是致力于整合性的城市发展，希望人们在进行空间规划的同时，能够平等地考虑社会、经济、生态和文化方面的重要性。一般来说，这种追求整合性的城市发展构想是社区政府项目寻求获得联邦政府和州政府资助的前提。

在德国的城市发展战略中，所涉及的内容早已超越单纯的建筑空间维度，相关措施已经把经济、社会、教育政策、文化和生态领域都涵盖进来。这种战略基于"整体的视角"来对城市进行调控，这就要求与城市发展有关的所有利益相关者，特别是城市居民，都能够参与规划过程。联邦政府在一份原则性文件（BVMBS 2000）中阐述了全国的城市发展政策。这项政策是依据同一年由德国政府倡议，并得到欧洲众多国家签署支持的《莱比锡宪章》（Leipzig Charta 2000）制定的。

6.1　相关法律工具

城市发展政策涉及的最重要法律基础是关于城市设计和建筑的各种公法方面的规定。

联邦政府颁布的城市建设法（Städtebaurecht）从法律上明确了土地本身及其可使用性的法律性质，人们以此为依据对某项建设计划涉及的土地属性进行规范。城市设计法的法律来源包括《建设法典》（Baugesetzbuch）本身和基于建设法典的相关法律规范：建设用地使用规范（Baunutzungsverordnung）、规划符号标识规范（Planzeichenverordnung）和不动产价值评估规范（Wertermittlungsverordnung）。城市设计法的目标是对土地上的规划和决策过程进行准备和指导，以确保城市设计工作的有序发展；其核心要素是建设指导规划（Bauleitplanung）。根据这些内容，城市设计法对建设用地或其他类型的土地利用进行规范。

（1）"一般的城市建设法"（Das allgemeine Städtebaurecht）主要的任务是：从城市建设的角度，判断地块是否应当被用于建设目的，应以何种方式加以利用。

（2）"特殊的城市建设法"（Das besondere Städtebaurecht）针对的是城市建设的更新、整治和开发措施，社区政府利用这些措施来改善或者重构城市片区内部在城市设计方面存在的各种不足，以便对决策和实施等工作进行安排。

公共建筑法（öffentliches Baurecht）的目的是从公法方面对土地上的各种建设活动及其资助所涉及各种规定的总体。除了以上内容之外，相关规定还涉及一系列的特殊规定，包括建设项目的批准、项目的兴建、功能利用、变更、拆除及其必要的建设要求等。

在联邦州的层面，各联邦州政府还分别颁布各自的州建筑规范（Landesbauordnungen）。在这些建筑规范中还包含了为了使建设计划与所在地区相适应而提出的特殊建筑与技术要求。规范中首要关注的内容致力于克服建设项目在施工、维护和使用中存在的危险。

6.2　联邦层面的资金扶持

城市发展属于社区政府自身负责的核心事务之一，不过事实上存在大量的城市发展项目，超过了社区政府单靠自己的规划和投资能力，无法承担某些类型或规模的项目。为了缓解城市设计中此类问题不断增加的局面，德国 40 多年以来一直在实施"城市更新资助项目"（Städtebauförderung）（图 6-1）。在此类项目中，联邦政府 1971 ~ 2013年共投入约 150 亿欧元的资金，参与承担此类资助项目的成员包括联邦政府、16 个联邦州和大约 13000 个社区政府，相关项目的资金由这三类成员平摊（"三分之一资助"）。实施该资助的主体是联邦州政府（确定扶持措施、联系社区政府、资金下放等）。通过把扶持城市设计的资金与具体目标联系起来，联邦政府就可以实现对支持的内容重点施加影响。

2013 项目年度联邦政府层面拨付了 5.65 亿欧元资金，考虑到其他追加的公共和私人投资，投资总量将会达到 66 亿欧元。该资金将分配给 4500个城市地区和 5 个针对城市重点问题的独立项目：

（1）"城市设计性的历史保护"项目：用于维护建筑文化遗产（2013 年获得联邦政府 9600 万欧元资助）。资金将用于维护和复兴历史内城地区和历史古迹。

（2）"社会城市——向街区进行投资"项目：该项目的目标是采用城市设计性措施，帮助那些存在空间结构缺陷、在社会和经济方面受到忽视的城区和地区保持稳定，同时提升当地的品质（图6-2）。项目应当有助于提高当地的居住质量和功能利用的多样性，改善当地居民相互之间的社会生活，提高社会融合状况，构建适合多代居民及家庭生活的街区。其中的关键要素是基于当地情况，采取整合性的措施。这就要求社区政府确定一个

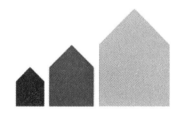

图 6-1　城市更新资助项目的标志

来源：Deutsches Institut für Urbanistik. Bundestransferstelle Soziale Stadt，Soziale Stadt – Investitionen im Quartier：Gute Beispiele aus der Praxis vor Ort. 2013.

图 6-2　"社会城市"项目：路德维希堡（Ludwigsburg）的整合性城市发展管理系统

来源：Deutsches Institut für Urbanistik. Bundestransferstelle Soziale Stadt，Soziale Stadt – Investitionen im Quartier：Gute Beispiele aus der Praxis vor Ort. 2013.

资助区域的空间范围，实施社会城市的相关措施，并把这些措施与其他比如社会公益项目和其他资助项目相互联系起来。预计联邦政府将在 2014 年为此项目投入 1.5 亿欧元。按照德国在城市设计资助措施中常见的情况，这一资助额度将会得到州政府和社区政府同等规模的资金投入，其资助总额可以达到 4.5 亿欧元。

（3）城市改建项目：帮助缓解德国东部城市和社区中大量以预制工业化方式建设的居住区所面临的空置问题。该项目致力于提升相关城市街区的品质，将其发展成为未来具有发展前景的居住地，帮助居民克服放弃并搬离这些地区的问题。城市和社区政府也可以将该项目资金用于那些明显受到产业结构转变或军事基地再开发影响的城市街区（2013 年获得联邦政府 1.67 亿欧元资助）。

（4）"有活力的城市与片区中心"计划：用于继续发展内城和受到忽视的城市片区中心（2013 年获得联邦政府 9700 万欧元资助）。

（5）"小型城市与社区——跨区域合作及网络"：用于资助提供日常生活供应（特别是服务乡村地区）的中小型城市和社区（2013 年获得联邦政府 5500 万欧元资助）。

6.3 交流平台：国家的城市发展政策与建筑文化

国家层面的城市发展政策首先集中在交流政策方面。2008 年出台了《国家城市发展政策》（Nationale Stadtentwicklungspolitik），希望在空间、社会和价值方面发展欧洲城市的模式，联邦政府、州政府和社区将共同承担和实施该政策，为来自政界、行政机构、规划专业、经济界和学术界的所有责任方提供了一个机会，使他们能够就"城市""城市中的共同生活""城市的品质"和"好的治理"等主题发表意见。大量关注城市及区域未来的组织参与到了这个平台当中。国家城市发展政策也希望并呼吁各种市民社会团体（工会、教会、公共利益社团和媒体）也参与到关于城市未来的讨论中来。以城市作为主题，这项政策将行动主体与感兴趣的各方聚集在一起，讨论当前

城市在社会和城市设计方面的发展趋势，探索具有示范性的行动策略和解决方案。

在这些倡议的协助下，法律工具和资助项目将更快地适应新的挑战，公众舆论也会对城市相关的问题和机遇更加敏感，由此帮助找到新的合作伙伴。此外，相关政策还出台了"支持城市与城市性的系列项目"作为补充，联邦政府在该框架下资助了 150 个"示范项目"，它们都体现了创新性、示范性和合作性的特点。

近年来，城市发展政策关注的核心逐渐转移到发展更好的建筑和城市设计品质（建筑文化）方面。建筑文化始终包含两个方面内容：一方面，它涉及在城市、社区、区域和作为整体的文化景观中去构造优越的建筑空间环境；另一方面，它还与建造和规划的过程有关，人们需要采用恰当而必要的程序和工具，例如可以采用规划竞赛的方式，在维护既有品质的同时创造出新的品质。

在德国，越来越多的市民开始关注城市和社区在体验和功能利用的多样性等问题，同时他们也极为关心具有欧洲城市历史传统的建筑空间品质。在这方面，价值判断的出发点和评价标准是基于建筑文化遗产。不过建筑文化遗产不仅包括那些卓越的单个历史古迹、历史上发展而来的城市结构和广场空间，也包括那些"二战"后建立的、帮助构建身份认同的建筑物和建筑群。今天，优秀的新建筑、有启发意义的城市设计组群和良好的公共空间越来越成为公众讨论的话题。

6.4 城市发展政策的研究

城市和城市发展向来就是学术界的研究对象之一。在这方面，人们可以通过相关研究计划了解国家层面对于未来发展方向的态度。联邦政府交通、建筑及城市发展部负责资助各种在城市发展领域的应用研究项目：

（1）"一般性的职能部门研究"项目用于资助联邦政府在空间管理、住房和城市设计方面的政策研究。该项目的目标是明确政治行动的需求，为继续开发相关政治工具与措施提供坚实的科研基础。

（2）通过"实验性的住房与城市设计"这一研究项目，联邦政府通过研究领域、专项研究、倡议与示范性计划等形式资助那些与城市设计和住房政策有关的创新性规划与措施。从这些示范性计划提供的经验中，研究人员应当能够提炼出城市设计与住房政策进一步发展的指导性意见，并能够支持知识的转移。另一方面，城市规划师、建筑师、政府主管部门和所有感兴趣的社会群体都可以了解到与成功的项目、合作形式、融资手段和分析程序有关的各种信息。

（3）"城市交通研究项目"的目标是服务于城市和区域交通的决策者，以实用为导向发展应用科学和实用方面的各种知识。

参与制定研究计划的各方也包括感兴趣的联邦政府各部委、联邦州政府、社区政府以及来自学术界和实践领域的专业人士。此外，联邦政府还资助空间规划、建筑、住房与聚居学领域以及城市设计领域的众多研究机构，这些机构位于德国各个不同的地区。

对于德意志联邦共和国的 13 个联邦州和 3 个城市州来说，他们对城市发展与城市设计的资助都是在各自的区域政策与发展战略框架下进行的。它们的目标和计划源于各地不同的政策框架。举例来说，在巴伐利亚州的情况就和较落后的东部各州或 3 个城市州（柏林、汉堡和不来梅）不同。北莱茵 - 威斯特法伦联邦州是德国人口最多的联邦州，它过去一直是推动具有未来导向并极具创新性的城市发展政策的先锋，该州也因此而从中受益匪浅。

在德国大约 13000 座城市和社区政府当中，一般来说都有高水平的城市规划师为其服务，这些城市在发展过程中积极应对当地面临的挑战，并制定和落实当地制定的工作目标。城市发展的相关项目是在民众的大力参与下实施的，他们是由公共及私人合作伙伴在一起共同进行，并受到公共部门和媒体的持续监督。

第 7 章
德国的住房政策
Housing policy in Germany

托尔斯腾·海特坎普
Thorsten Heitkamp
邱芳　译　易鑫　审校

7.1　简介

德国的住房政策在最近又进入了政治议程，但是以前却并非总是如此。在很多年以前，国际上房地产市场的持续繁荣、房地产价格与租金的快速上涨对德国的房地产市场几乎没有影响，住房价格波动很小。对于那些"业余业主"来说，通过小额的购买、出售和出租房屋等方式是很难在德国房地产市场上赚到钱的。尽管如此，这些私人业主群体所提供的公寓占德国整个租赁公寓市场差不多 60% 的份额，这算得上是德国房地产市场比较特殊的方面。

然而近年来整体情况发生了变化，现在"住房问题的回归"（Holm，2014）已经被当作是城市和区域发展过程中亟待解决又充满挑战的话题。自 2010 年以来，德国房地产市场在租金和住房价格方面出现了剧烈的涨幅，在经济繁荣的慕尼黑、法兰克福和汉堡等大都市区尤其如此。此外，房地产市场同时还存在可负担住房短缺的问题。而经济欠发达的区域和社区的人口乃至家庭数量都在下降，人口负增长往往伴随着住房和商业用房空置率的上升，这又导致了空间隔离和绅士化的问题（Brake，2012）。正是在这个背景下，"邻里和存量住房持续发生变化"，而且"在德国住房市场上，住房需求高的区位与位于边缘或者住房需求较低的区域之间的差距变得越来越明显"

（Müther，2014）。此外，即使是在人员流动性不是很高的城市，国际移民以及难民等寻求庇护人士的数量也正在急剧上升，他们对住房有迫切的需求，城市政府已经把住房问题（以及公共福利分配）列入了政治议程当中。

德国人生活方式的改变根植于"后现代生活方式的转变"（Hannemann，2014）。不仅如此，它也会影响社会对住房问题的看法。在充满个人主义倾向和老龄化的社会，"城市生活方式的回归"有时候会让人们选择在多个地方生活，它也因此改变了人们对住房和城市的整体看法。像多代人共同生活、小型房屋合作社、建造合作社等新的生活方式虽然仍然属于少数，但是与其相关的住房形式已经得到了讨论、探索和支持。不过时代一直在变：德国的住房政策以及社区政府的日常工作需要从供给和需求两方面总结所面临的人口和社会挑战，现在可能需要寻求以需求为导向的新方法和新工具。这是一个相当复杂的任务，因为它涉及住房立法、相关计划和项目等多方面的努力；最难的一点在于，如何在财政和人力资源持续减少的情况下贯彻实施这一任务。

本文首先描述了德国战后住房紧缺，人们在 20 世纪 60 ~ 90 年代期间大量供应福利性的租赁住房并推行自有住房的情况，然后探讨了目前房地产市场面临的挑战，最后分析了住房用地供给对德国可持续城市发展的重要性和独特意义。

7.2　1945 年以后的住房政策

德国目前住房政策的源头可以追溯到第二次世界大战结束时期，它标志着房地产市场的一个重要转折点。在"二战"期间，1939 年登记的住房存量中有超过 1/5 的住房被摧毁（1939 年共有 1060 万套住房，其中有 230 万套到 1945 年的时候被摧毁）。战争结束后，以前属于德国的部分领土被并入苏联和波兰，当地的人口不得不转移，造成大约 1200 万人流离失所，这也是当时另外一个主要挑战。在这一背景下，据估计 1946 年德国的住房短缺量达到 550 ～ 750 万套（Statistisches，1953；Enger，2014），因此那时的主要目标就是在美国马歇尔计划①的支持下尽快恢复住房数量。德国的工业和基础设施在"二战"期间也受到了严重破坏，除了重建工业和基础设施以外，住房重建项目也是构成德国战后"经济奇迹"的支柱之一。

7.2.1　《住房法 I》（1950 ～ 1959 年）

很明显，在战后狂热的建设活动中，有必要通过全面立法为住房部门制定工作框架。在"二战"刚结束的时候，德国的住房部门受到法国、英国和美国这三个西方国家的控制。直到 1950 年通过《住房法 I 》（I.WoBauG）以后，严重的住房短缺问题才得以解决。这项法律为恢复住房数量提供了必要的整体规范框架。到 1959 年的时候，联邦政府出资建造了大约 330 万套相当简易的租屋公寓楼，同时私营部门也提供了 270 万套公寓（Enger，2014）。通过公共部门和私营部门的大规模干预举措，住房短缺问题得到了大幅缓解，但这同时也在某种程度上解释了为什么租赁住房（54%）在德国比自有住房（46%）的地位更为重要。到今天为止，这一现象仍然是德国住房市场的主要特点之一。

7.2.2　《住房法 II》（1959 ～ 2011 年）

随着新居住区开发取得成功，1956 年德国政府又通过了《住房法 II》（II.WoBauG），对住房政策的目标进行了快速调整，进一步扩大了国家住房政策的目标。在这之后，住房政策的重点强调通过大力推广租赁住房和鼓励自有的"家庭住房"，从而确保大部分人口都有足够的可负担住房。在接下来的几十年直到 21 世纪初，促进这些目标的关键手段主要是依靠向房地产供应方和需求方提供间接的补贴。

供应方补贴主要为了服务两个目标：推广自有住房，同时为在租赁市场上找不到可负担住房的人群提供支持，这在德国通常被称为"社会住房"计划。这一补贴主要是通过给投资者提供低利率贷款，为此这些投资者也需要接受限制租金或租客群体方面的协议。社会住房计划扶持的人群范围比较广泛：根据《住房法 II》设定的收入界限，据估计有大约 60% 的人群都有资格申请国家补贴的社会住房。事实上，许多家庭利用了这个机会，住房供应确实满足了人们的需求：1950 ～ 2001 年这段时间属于德国社会住房活动的"核心时段"，这段时间共提供了 875 万套住房，其中约 550 万套都投入到租赁市场。获得公共资助的公租房在这段时间大量出现，因此租赁住房在德国的住房市场占据主导地位。由此我们也可以发现，持久的联邦住房政策会对住房市场的结构造成了相当大的影响。

鼓励自有住房的措施首先是根据《所得税法》中著名的第 7b 款所采取的税收优惠措施。从 1996 年开始，又通过发放"自有住房津贴"来推广。首次买房的人在签订购买协议后的 7 年时间里可以收到住房津贴。不过这些"自有住房津贴"在 2006 年被废除，最后一次发放是在 2013 年。"自有住房津贴"很快就成了一个非常重要的财政手段，在 1996 年这些税收优惠达到 128 亿欧元，创造了历史新高（Enger，2014）。

---

① "欧洲复兴计划"（European Recovery Program，ERP）主要是为 18 个欧洲国家提供拨款，在经济上支持在"二战"期间被破坏的区域。

需求方补贴是通过直接财政支持的形式，几乎只发放给租房者。如今仍在发放这种住房补贴，作为一项法律赋予的权利，由城市住房管理部门向租房者直接发放。这些补贴旨在降低每个家庭在住房方面的花费，使其不要超过家庭净收入的 30%。不过这一目标并不总能实现，在房价较高的法兰克福、汉堡、慕尼黑等城市的市场尤其如此。为了防止出现非法滥用分配住房补贴的情况，每年都会对补贴进行审查，一旦发现住房补贴超过一定的家庭收入水平，住房补贴就会自动停止发放。

在这里我们可以发现，德国的住房补贴体系的影响相当广泛并且几十年来非常有效，上文简要讨论的内容是住房补贴体系中非常相关的一部分。不出意外的话，德国住房政策多年以来一直是在应对几乎持续且反复出现的挑战：如何缩小可负担住房市场在需求与供给之间的差距。在 1990 年代早期，人们非常及时地提出了这个目标，当时正值两德统一的时候。特别是 1990 年代这段时间，大量的住房投资都用在原民主德国地区，现在该地区已经变成了新德国的"联邦州"。以前留下来的住房都得到了现代化改造，所谓的"预制房"（使用预制混凝土技术建设的住房，主要是那些位于城市边缘的大片高层居住区）尤其如此。除此之外，人们在以前的绿地和农田上面也新建了无数的房屋，主要是独立式和半独立式的住房。然而到了 1990 年代后期，由于人口数量下降，住房供给明显多于需求，在德国东部地区尤其如此，住房闲置率急剧上升，租金下降，私营业主的投资也相应减少，结果就是政府提供补贴的新建住房越来越少。此外，得到政府资助的住房数量也在减少，每年几乎减少 10 万套。这主要是以前的租金管制协议①逐渐到期，之后这些住房单位就会成为可自由买卖的住房。如今，这一因素给那些比较富裕的城市和高租金地区带来了不少麻烦。

7.2.3　2001 年住房法

2001 年生效的新住房法取代 1956 年的《住房法 II》，这意味着国家住房政策的法律框架和目标发生了重大转变，2001 年住房法希望对住房领域进行根本改革。总体上，住房政策的重心将从以供应方为导向过渡到以需求方为导向。具体而言，这意味着会逐渐改变供应新住房单元等强调供应的做法，改为向现有住房进行投资，同时进行结构性的改革。面对这一转变，人们感到需要获得更多的数据和见解，了解间接投资和不同业主（尤其是外国投资者）的投资过程，同时重点关注官方和半官方的建设数据。目前能够反映存量住房在社会和经济方面重要性的数据指标还不够，只有几个指标可以用来评估存量住房自身的发展趋势。唯一例外的资料来自那些从 1990 年代就开始自己建立住房监控系统的城市（Heitkamp，2002；Statistisches，1953）。

这里需要提到的是责任方面的变化。根据新住房法规定和 2006 年德国联邦结构改革的要求，住房领域的职责被重新分配，由国家一级转交给联邦州一级负责。此后，住房领域的首要原则调整为：由联邦政府（基于新的住房法）来调节未来政府资助房屋发展的整体目标；在此基础上，16 个德国联邦州负责制定自己的住房政策目标，同时可以选择灵活的资助方式。通过责任的重新分配，在某种程度上可以使负责住房管理的各联邦州的部门和地方政府之间更加密切的合作，同时在地方一级也引入了新的住房管理手段。《住房法》（WoFG）第四款（"社区的参与"）规定："联邦州应考虑地方政府及其协会在提供社会住房援助时对于住房政策方面的要求，特别是如果他们为联邦州的援助提供了自己资源的时候更应该如此。如果地方政府及其协会在行动方案中解释自己的政策，联邦州应该考虑这些方案及其措施所产生的影响。"此后，许多城市开始制定自己的住房行

---

① 租金管制协议在房屋建成后 15 年或 20 年后到期。法律规定收入较低并且能出示居住权利证明（Wohnberechtigungsschein）的人才有权入住政府资助的住房。居住权利证明由城市住房管理部门根据收入证明发出的官方证明。此外，分配的公寓最大面积标准与这个家庭的人数相关。因此，某些拥有住房产权的业主如果收入很低，并且具有居住权利证明，那么他也可以使用公寓。

动方案。本文作者目前正在负责为鲁尔区的一个城市制定相关方案，该地区以前一直以工业为主。政策调整后不久，人们就已经发现住房问题不能与城市发展的其他话题隔离开来，相反它在城市发展中发挥着至关重要的作用。城市发展政策需要意识到这一事实并将住房问题提到一个新的政治高度。除此之外，住房市场与土地市场和资本市场等问题密切相关，一些"软技能"也与住房政策密切相关，比如城市政府的合作与沟通。某些技术和方法也起着重要作用，包括对邻里和城市街区进行空间分析，以便更好把握城市住房市场的各种动态变化，同时对开放空间的开发加以控制。

不过目前也有一个问题：很多联邦州无法提供足够的财政支持，只有北莱茵-威斯特伐利亚、巴伐利亚和汉堡可以较大规模地资助自己的住房项目。其他 13 个德国的联邦州都要借助地方政府的力量，为此这些地方政府就要掌握更多可供开发的土地，同时还是让自己的住房公司在社会住房上有更多的投入。因此，住房市场需要很久才能实现转变，比如切实增加住房供应量。许多与住房管理有关的政客仍然支持"过滤理论"（Ipsen，1981；Westphal，1978），他们希望开发新的高价住房，通过鼓励人们入住高价新房，来提高当地住房市场中低价住房的供应量。不过，这个理论从来没有在住房市场的调查中得到证明（Von. Einem，2014）。

7.3 目前的挑战——重视住房市场的重要性

多年以来，德国对房地产的需求（尤其是在大城市）一直都在快速上升，建房数量虽然也有所增长，但是长远来看依然满足不了需求。不过，整体情况还算乐观："低廉的利率，再加上缺乏其他的投资机会，使人们对房地产的需求上升。虽然住宅的价格近年来已经大幅上升，人们购置房产所欠的债务水平却达到了历史新低，这主要是多亏了融资方面的有利条款"（Association of German Pfandbrief Banks，2013：15）。实际上，2013 年以提供融资为目的的新借贷数额分配呈现

出了明显的倾向：在新的借贷中，58% 用于购买现有住房，21% 用于建造新住房，还有 21% 是向那些已经借贷的人再次提供融资。对住宅房地产（尤其是乡村地区）的高需求使得面向自有公寓的融资业务增长了 7.8%，这也是一个比较有趣的现象。与此相反的是，针对单户型和双户型住房的融资增长幅度相对较小，只有 2.2%（Association of German Pfandbrief Banks，2013：15）。这也能够反映出，与位于边缘的区位相比，城市和内城地段的吸引力正在逐渐上升（图 7-1）。

由于某些城市和大都市区具备了"新的吸引

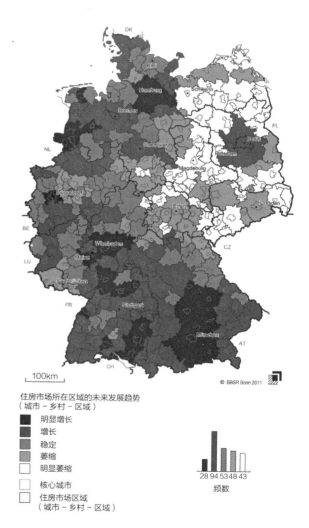

图 7-1　德国不同区域的住房市场发展趋势

来源：Raumordnungsbericht 2011. Bundesinstitut für Bau-, Stadt- und Raumforschung im Bundesamt für Bauwesen und Raumordnung.

力"，在一些房价历来较高的城市和大都市区出现了可负担住房短缺的现象。在慕尼黑、汉堡、法兰克福和杜塞尔多夫等地区，新建的住房往往不能满足现有的需求；而在那些位于边缘或者人口减少的地区，比如鲁尔区，住房供给又严重超过需求。此外，还出现了一个明显的悖论，虽然这些地区的住房供给过剩，但是许多闲置建筑和住房的质量并不总能满足今天人们的质量要求。在这种情况下，闲置住房并没有得到充分利用，这有可能转化为城市发展的一个问题，如果闲置的住房都聚集在同一个邻里的话，情况就会更加严峻。在杜伊斯堡或多特蒙德这些社区可以清楚地发现这方面的问题。与此同时，通常会出现对高品质或者"其他类型"住房的需求。这种"对品质的需求"很独立，与现有或闲置住房的数量没有关系。因此，虽然在德国的住房研究中长期存在"过滤动力学"的观点，而且有人试图对其理论化，但是在实际情况中这种"过滤"过程并不明显。德国的住房研究表明，总体来说在人口因素导致较高住房需求的地区，人们对住房质量的要求相对较低。不过在人口不断减少的地区情况刚好相反。因此我们必须认识到，在应对高度多样的住房市场动态时，并没有简单的解决方案——在面临人口增长压力的城市尤其如此。我们很快就发现这些问题不能仅靠市场解决，"没有政治控制的住房市场不能产生令社会满意的结果"（Enger，2014）。

因此，近几十年来城市住房政策的作用出现了显著变化。住房政策不再仅仅局限于提供充足的可负担住房并对其进行管理，它开始越来越多地扮演协调者的角色，协调住房领域里的各种利益关系。这意味着住房政策必须妥善对待住房市场中那些新的参与者，这些人当中就包括小型物业的业主，他们在当地住房市场中所占比例高达70%。面对这种所有权结构高度分散的局面，政府也就更难对当地住房市场进行全面的政策干预。结果许多城市发现，很难为住房市场制定出清晰一致的战略来引导其未来的发展。政府资助了许多措施和计划（例如"住房改善地区"），希望鼓励个体业主参与住房和城市发展进程，但是到目前为止尚未取得显著的成功。

在这种背景下，具有较多公共资助住房的社区政府拥有明显的优势，他们由此拥有了一个有效的工具，可以对住房市场高度管控。不过也有人认为住房属于商品，而非"社会福利事业"，因此有必要采取政策干预。对慕尼黑这个德国"最负担不起"的城市，在本书第18章"社会公平的土地开发——慕尼黑经验"，作者对于城市政府干预住房市场的策略进行了详细说明。在德国规划体系有一个突出特点，就是地方层级在城市增长的调控中有较强的自主性，住房领域就属于其中一部分。法路迪（Faludi，2004：1355）把德国的做法称为"全面而整合的规划"。不过住房用地开发对于可持续的城市发展意味着什么？下文会提出一些批判性的思考。

7.4　住房用地的重要性

在德国联邦制的结构下，德国的空间规划体系呈现出高度分权的特点。在辅助性原则的基础上，地方社区几乎具有完全的规划自主权，这使得它们可以违背区域规划提出的目标。不过，这种特权也使它们能够不断地与临近的社区相互竞争。"它们不得不保持自身的竞争力，以便在社区之间围绕居民、劳动力和公司的竞争中获得优势。从这方面来看，提供建设用地对于社区政府来说具有非常必要的作用"（Einig，2003：111）。

克雷默（2003）指出，在区域机构的"空间规划"和地方社区的"土地利用规划"共同作用下，行政权力高度下放以及辅助性原则的真正意义得到了充分体现。"根据土地的供给和需求，调控工作从综合性方式转变为简单的土地利用区划，后者的依据是当地对于土地开发的估计和需求"（Einig，2003：165）。在这一体系下，城市增长压力较大的城市及其边缘地区的地方政府就要承担相当大的责任。

7.5　住房用地的可获得性——神话与现实

虽然在过去20年，主要是通过自由市场提供住房，但是住房用地的供给则是由联邦州来进行调控的，同时当地政府也一直参与其中。在这个过程中，耕地或空地被转换为居民的住房用地。由于融资机制和既得利益的影响，将土地用于建造住房自然会与可持续城市发展的总体原则发生冲突，这一原则强调保护开放空间和提高供给服务和公用设施的经济性。

2009～2010 年这段时间，德国每天对住房用地的需求平均为 77hm²（BBSR/BBR，2010：194），大量耕地被转换为住宅用地。与几年前相比，土地消耗的相关数据低了很多，这主要是因为在近几年里的住房开发相对较少，例如 2003～2006 年这段时间每天消耗 113hm² 土地。尽管整体形势比较乐观，但是联邦政府在近期来也很难实现在 2020 年将土地使用控制在每天 30hm² 以下的目标。因为随着家庭规模的不断减小，个人财富又不断增加，人们对住房占地面积的要求也越来越高（Leibniz-Institut für Ökologische Raumentwicklung，2012：185）。

尽管总人口数量基本保持不变，截至 2020 年德国人均消耗的土地面积将从现在的 41m² 进一步增长到 50m²（图 7-2）。联邦建设和区域规划办公室（Bundesamt für Bauwesen und Raumordnung，BBR）下属的德国联邦建设、城市事务和空间发展研究院（Bundesinstitut für Bau-，Stadt- und Raumforschung im Bundesamt für Bauwesen und Raumordnung，BBSR）预计，截至 2025 年居民对占地面积的需求将增加 6% 左右（达到 31 亿 m²）（BBSR/BBR，2010：5）。这一趋势与可持续发展的规划目标相违背，因而让人比较担忧，但是在实际规划方面后者的目标几乎没有取得成功。

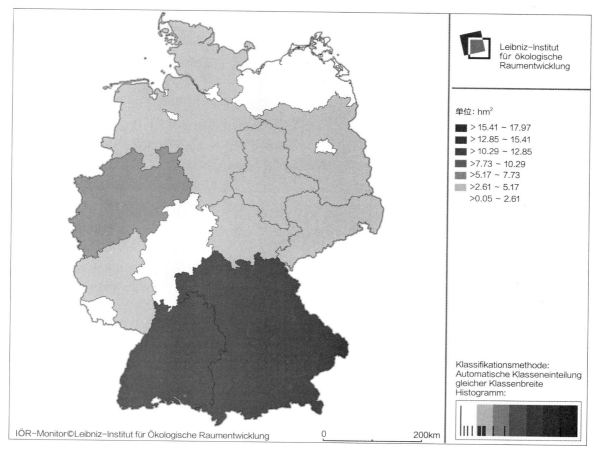

图 7-2　德国不同联邦州的土地消耗情况

来源：IÖR-Monitor. Lebniz-Institut für ökologische Raumentwicklung

在过去的几十年时间里，居民们希望的社区政府能够落实区划的内容，为独户住宅（首选的住房类型）提供足够的建设用地，这种类型住宅的占地面积在 200～600m² 之间。虽然目标群体主要是来自当地社区的年轻夫妇（"本地需求"），社区政府往往想要通过开发当地的土地市场以吸引新的居民，从而扩大社区政府的税基、增加收入。特别是大都市区边缘的社区政府经常利用它们的区划特权使当地的建设用地市场符合社区政府的目的，希望把出让建筑用地中获得的收益用于基础设施的开发。这种特权组合变成了边缘城市的"增长引擎"，它一方面帮助提供高质量的生活，但另一方面也使地方政府不得不通过销售新的建筑用地来资助基础设施的建设，结果一直处于压力之中。另一个不利于可持续发展的因素是区域规划的执行不力，准自治的地方当局与区域机构之间存在激烈的竞争。几乎没有什么机制来促进地方政府之间的合作，但是区域内竞争将是一个零和游戏，如今的短期收益日后可能会带来高额成本，尤其是缺乏协调的城市蔓延会导致目前高品质生活的恶化。

7.6 结论

住房问题又回到了德国的政治议程当中。德国的房地产市场近年来在租金和房屋价格方面出现了剧烈的涨幅，同时还伴随着可负担住房短缺现象，在经济发达的慕尼黑、法兰克福和汉堡大都市区尤其如此。此外还值得注意的是，在住房需求大的区域与住房需求小的区域之间的差距也在加大。这些都对城市发展政策提出挑战。考虑

到城市政府之间一直围绕居民、工作场所和税收而不断地相互竞争，由此导致的住房用地比例失调则意味着城市可持续发展可能受到威胁。

回顾"二战"以来德国的住房政策，我们会发现德国的住房政策非常有效率，为民众开发建设了数百万套住房。由于公共资助的住房（社会住宅）主要集中在租赁公寓方面，这可以部分解释为什么租赁房屋在德国住房市场占据主导地位。

不过，近年来德国城市住房政策的影响已经出现了显著改变，现在它更像是不同既定利益的协调者而不仅仅只是公共资助住房的提供者和管理者。自 21 世纪初以来，德国的住房政策开始强调两个新的目标：与之前相比，它把目光集中在更加弱势的群体方面；面对老龄化社会和许多社区人口减少的挑战，它将重点放在干预和投资现存的住房储备上面。比如多代住房项目、小型住房合作社或者"建造合作社"[①]这些"新的住房类型"也得到了支持，但是目前它们在市场上只是少数现象。

简单来说，如今住房问题在德国重新被视为城市发展工作的一部分。这意味着当地的住房部门和房屋公司都进入了新的行动领域，这些领域超越了住房本身，需要从区域、地方尤其是社区层面获得有关住房动态的详细信息。为此，有必要开发新的工具用于评估和监控住房市场。如今住房在德国的城市发展工作中属于高度动态活跃的一个领域。应面对德国社会目前和未来发展所衍生而来的住房需求，有必要寻找新的方法使住房供给满足需要，这是一个重大且激动人心的任务，它将对整个城市发展带来深远影响。

---

① "建造合作社"是一种新型的私人合资企业，最早于 1990 年代中期在德国的弗莱堡和蒂宾根兴起。建造合作社指的是由几个人或几个家庭集体购买土地，并由他们合作以比较划算的方式建造自己的公寓住宅。通过（与建筑师一起）参与房屋的设计和建造过程，建造合作社的成员在入住之前就可以很好地了解彼此，而且他们可以实现一些房地产市场无法提供的特殊居住构想（例如强调可持续性、社交导向的街区、特殊设计或需要等）。通常情况下，合作的成员会成立一个（民法意义上的）私营建筑公司，然后在合同中明确规定合作的各种细节（融资、个人和共有财产、义务和权利）。近几年，建造合作社的做法已经在德国得到广泛传播，这种模式被认为是家庭以及其他团体在城市内获得可负担住房的重要途径。此外城市规划师也强调，建造合作社对改善城市环境和加强邻里凝聚力也有好处。在德国部分城市的住房市场上，建造合作社虽然占比有限，但已经形成了很稳定的客户群。

本章参考文献

[1] Association of German Pfandbrief Banks.Facts and Figures 2013. Berlin, 2013.

[2] Bundesinstitut für Bau-, Stadt- und Raumforschung im Bundesamt für Bauwesen und Raumordnung (BBSR/BBR). Wohnungsmärkte im Wandel. Zentrale Ergebnisse der Wohnungsmarktprognose 2025. BBSR-Berichte kompakt 1/2010, p. 5.

[3] Brake, K., Herfert, G. (eds.). Reurbanisierung: Materialität und Diskurs in Deutschland. Springer VS, Wiesbaden, 2012.

[4] Bundesregierung. Nationale Nachhaltigkeitsstrategie. Fortschrittsbericht 2012. Berlin, 2012.

[5] Enger, B. Wohnungspolitik seit 1945. In: Aus Politik und Zeitgeschichte, 64. Jg., 20-21/2014, pp. 13-19.

[6] Einig, K. Baulandpolitik und Siedlungsflächenentwicklung durch regionales Flächenmanagement, in: Bundesamt für Bauwesen und Raumordnung. Bauland- und Immobilienbericht 2003. Selbstverlag des Bundesamtes für Bauwesen und Raumordnung, Bonn, 2003: 111 - 140.

[7] Faludi, A. Territorial cohesion: Old (French) wine in new bottles? Urban Studies 2004, 41 (7), pp. 1349 - 1365.

[8] Hannemann, Ch. Zum Wandel des Wohnens. In: Aus Politik und Zeitgeschichte, 64. Jg., 20-21/2014, pp. 36-43.

[9] Heitkamp, Th. Kommunale Wohnungsmarktbeobachtung. Endbericht. Düsseldorf, 2002.

[10] Heitkamp, Th. Der Modellversuch 'Kommunale Wohnungsmarktbeobachtung' (KomWoB). In: Infomationen zur Raumentwicklung (IzR), 1999 (2): 117-125.

[11] Holm, A. Wiederkehr der Wohnungsfrage. In: Aus Politik und Zeitgeschichte, 64. Jg., 20-21/2014, pp. 25-30.

[12] Ipsen, D. Segregation, Mobilität und die Chancen auf dem Wohnungsmarkt. Eine empirische Untersuchung in Mannheim. In: Zeitschrift für Soziologie, Jg. 10, Heft 3, Juli 1981, pp. 256-272.

[13] Kraemer, C. Germany–urban growth regulation with strong local autonomy, in: Bertrand, N.; Kreibich, V. (eds) Europe's city-regions competitiveness: Growth regulation and peri-urban land management, Assen N.L: van Gorcum, 2006: 153-175.

[14] Leibniz-Institut für Okologische Raumentwicklung. Flächennutzungsmonitoring IV. Genauere Daten-informierte Akteure–praktisches Handeln. Berlin, 2012.

[15] Müther, Anna Maria; Waltersbacher, Mathias (Eds.). Housing markets and housing policy: how the transformation of neighbourhoods is influenced. In: Between preservation, upgrading and gentrification-neighbourhoods and housing stocks in the process of change. Informationen zur Raumentwicklung (IzR) 4.2014, Federal Institute for Research on Building, Urban Affairs and Spatial Development (BBSR), Bonn, 2014.

[16] Statistisches Bundesamt. Statistisches Jahrbuch 1953: 298.

[17] Von Einem, E. Der Wohnungsmarkt in sozialer Schieflage. Thesenpapier. DASL IV. Hochschultag 21.-22. Nov. 2014, Berlin.

[18] Westphal, H. Die Filtering-Theorie des Wohnungsmarktes und aktuelle Probleme der Wohnungsmarktpolitik. In: Leviathan, Jg. 6, H. 4, 1978: 536-557.

第8章

国际建筑展：德国实现创新性城市发展的工具[①]

International Building Exhibition (IBA): a German instrument to innovate urban development

克劳斯·昆兹曼
Klaus R. Kunzmann

丁凡　徐肖薇　译　易鑫　审校

近几十年来，越来越多的德国城市致力于推出国际建筑展（Internationale Bauaustellung，IBA），成为一种时尚，希望能够帮助解决城市，甚至区域的发展出现停滞的困境，帮助建筑师和规划师发展未来城市和区域发展的愿景。地方和区域政府希望通过建筑展来说服公众支持城市发展实验，或者用于采取特别努力改善当地的特殊问题。在发起者的心目中，国际建筑展并不是传统意义上的建筑展览。因为在传统的建筑展览中，主要是知名建筑师展示他们的创造力和才能，再由开发商来销售建筑，或者是建筑公司展示自己的创新能力和管理竞争力。相比之下，国际建筑展（IBA）的内涵包含得更多，它是一种应对特定的城市或区域挑战的战略。尽管有"国际化"的标签，但是应对特定的城市或区域的挑战是一个非常本土化的事业。根据规则，建筑、城市设计、城市和景观规划领域的国际专家被邀请参与到事件中来。这个工具已经成功地证明了是城市与区域发展的创新方法，并得到了媒体的大量报道，也为建筑及规划期刊所关注。近年来，国际建筑展已经成为联邦德国政府为地方发展机构提供财政支持的重要工具。随着地方财政灵活性的缺失，

国际建筑展成为一把神奇的钥匙，打开通往当地或区域有限的预算之门，帮助说服议员批准那些创新和富有远见的城市发展实验。事实上，考虑到国家的人口停滞和市民社会对任何较大规模的城市发展的抵制，在德国只有极少数城市，有条件实现示范性和创新性的城市发展项目。因此国际建筑展，是克服地方当局的局限、逃离僵化不堪的地方或区域规划和决策过程的希望，同时利用媒体的关注以加强城市或城市区域的形象。

国际建筑展战略成功的秘密在于德国拥有长期举办国际建筑展的良好传统，这一传统可以追溯到1901年在达姆施塔特举行的活动。从那时起，大量的国际建筑展推动了城市或区域获得了全新的形象。另一个成功的因素是迷人建筑和新的生活空间令人印象深刻的巨大力量，这种影响通过当地媒体、世界各地的会议等学术、职业及生活类杂志传达出来。第三个原因可能是，一旦地方议会批准举办国际建筑展，它将吸引公共和私营部门的利益相关者乃至私人投资者的关注。

虽然欧洲的其他地方也存在或大或小更雄心勃勃的类似项目，但是德国的国际建筑展与这些想法没有重合之处，它们之间的历史完全不同（Reicher，

---

① 注：本文原载于：《城市·空间·设计》，2013，Vol.29，No.1，pp.48-53。

2011；Kunzmann，2001；Kunzmann，2007）。这些项目中，值得深入研究的城市发展项目包括苏黎世的"Zurich –West"、南特的"Ile-de Nantes"、赫尔辛基的"Arabianranta"、马尔默的"Bo01"、巴黎的"Rive Gauche"和伦敦 2012 年的奥运会场地。在一定程度上，最近在上海举办的世界博览会（2010），确实是一个关于建筑物的展览。

8.1 德国国际建筑展简史

在德国举行建筑展有 100 多年的历史，通常是由个人的建筑师和规划师发动，并且依赖热情的市长、部长、城市管理者和建筑师协会的支持。

这一传统开始于达姆施塔特这个法兰克福城市区域的一个中等城镇，在那里黑森大公爵发起建设一个艺术家聚居地的倡议，希望把艺术和贸易结合在一起，促进区域经济创新发展。1901 年完成了艺术家聚居地的第一座建筑物，由当时著名建筑师（其中包括约瑟夫·M·奥尔布里奇，Joseph M. Olbrich）设计，并在达姆施塔特有重要影响力的玛蒂尔德高地（Mathildenhöhe）展出（图 8-1）。本次活动吸引了区域之外的广泛兴趣，并推动该城市在 1904 年和 1908 年举办了另外两次关于艺术家的展览。

1927 年斯图加特魏森霍夫住宅区（Weissenho-fsiedlung）（图 8-2）建成之前，莱比锡（1903）、柏林（1910）和杜塞尔多夫（1910）举办了一系列展示创新建筑、城市设计和城市发展的国际展览。这个世界闻名的住宅区成为德国新发展起来的功能性建筑的典范。在希特勒掌权以前，人们又在柏林（1931）和科隆（1932）举办了两次德国的建筑展。希特勒自己和他的建筑师发明了法西斯城市的复古设计（柏林、纽伦堡、慕尼黑和林茨），并开始实施他们的模式，战争的失败结束了他们的法西斯的梦想，并且留下了全国各地被战争摧毁的城市。

战争结束后，第一个建筑展"Constructa"出现在汉诺威工业博览会期间，它主要是表现创新的建筑及建筑材料。6 年后，柏林的 INTERBAU 展览（1957）提出了城市发展的新方法，因而广受称赞。在"光线、空气和太阳"（Licht, Luft und Sonne）

图 8-1 奥尔布里奇在玛蒂尔德高地设计的建筑物
来源：易鑫 摄，2007

图 8-2 斯图加特魏森霍夫住宅区
来源：http://misfitsarchitecture.com/2012/11/24/the-new-objectivity/.

的口号下，人们主要参考斯堪的纳维亚的城市发展模式，在战争期间被摧毁的街区整个得到重建。

在 20 年之后，由西柏林市政府发起的柏林国际建筑展（1979～1987 年），旨在促进内城城市生活质量提高，采取了两种完全不同的试验方法：新建筑展（IBA-New）或重建的建筑展、旧建筑展（IBA-Old）或修缮的建筑展。新建筑展证明了，

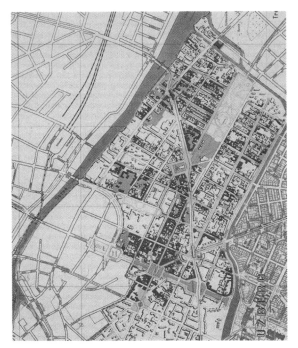

图 8-3　柏林国际建筑展发展的"谨慎的城市更新"模式

来源：Dieter Frick（2011）.Theorie des Städtebaus. Dritte veränderte Auflage, Ernst Wasmuth Verlag Tübingen. Brlin.

通过采取填充具有吸引力的现代建筑的重建方式，能够在保存街道的同时提供有吸引力的内城住宅。旧建筑展反过来又促进了对被忽视街区破败房屋的现代化改造，证明了可以使用一种柔和的方式，在公共部门的协调下将房子的所有者和租户组织在一起。这种方法被称为"谨慎的城市更新"

（Behutsame Stadterneuerung），成为德国后来城市更新中经常应用的模式（图 8-3）。

鲁尔区的埃姆歇园国际建筑展（IBA Emscher Park）在世界上广泛传播且备受称赞（1989–1999年）。这是一个为期 10 年的项目由北莱茵 - 威斯特伐利亚州政府进行规划和组织，旨在振兴一个 1000 平方英里的工业衰退地区，其位于仍然高度工业化地区的中心，拥有 5000 英亩以上的工业废弃地。在 1980 年代末，北莱茵 - 威斯特法伦州城市规划与交通部，通过其年轻且雄心勃勃的部长克里斯托弗·崔培尔（Christoph Zöpel）及其创新性的顾问卡尔·甘瑟（Karl Ganser），发起了一个针对莱茵河以东的 15 英里宽、50 英里长的工业带走廊的区域发展设想（图 8-4）。与以往的区域发展计划不同，倡导者的目的主要是改变鲁尔区的实体环境和该地区给人的负面形象。作为一个州推动的倡议，这个雄心勃勃的项目被称为"塑造未来工业区域的工作坊"（IBA，1988）。该项目绕过了当地业已建立的机构设置，人们专门成立了一个精简的开发机构来完成此项工作。作为该区域传统的特例，这个开发机构由一个来自于当地政治环境以外的经理领导，由北莱茵 - 威斯特法伦政府直接任命，并且被授权能够与州内其他涉及区域和城市政策问题相关部门进行交涉。这个精简开发机构由 4 个委员会组成，其成员包括各相关部委、区域机构和地方政府的成员、

图 8-4　IBA 埃姆歇园项目分布图

来源：ARL（2007）Metropolitan Regions：Innovation，Competition，Capacity for Action. Hannover：ARL

地方代表、职业及学术方面的专家。

第二个战略政策的决定和第一个有着同等重要的意义。除了自身的运作和沟通成本、提供一些建筑、设计比赛和启动创新项目的种子资金以外，新成立的机构没有任何投资预算的直接控制权。这样做是为了远离避免宪法上的问题，也避免地方政府或私人投资者将他们寻求投资的习惯转移到这个新的机构上来。

最初的项目备忘录中确定了国际建筑展倡议的目标和行动领域（IBA Emscher Park，1988）：

（1）废弃景观的生态转型和结构振兴；

（2）埃姆歇河的重新自然化；

（3）废弃的工业用地转换（棕地再开发）；

（4）工业遗产保护；

（5）可支付住宅范例计划的建设；

（6）推动在建筑及相关方面的良好工作环境"在公园中工作"（Arbeiten im Park）；

（7）促进文化产业和艺术，提升区域的文化环境和创造新的就业机会。

在筛选当地项目的过程中，人们应用了一系列在环境、社会和文化方面的原则，包括高品质的建筑，节约能源、富有想象力的景观，公共交通的可达性，敏感的微生态系统的保护，地方责任，伙伴关系，自组织，根据程序执行和低的维护成本等。相应的，委员会制定了一系列雄心勃勃的指标清单，并列举了在可持续性和质量方面的标准，用来评价每个单独的项目，并指导其实施。

州政府的财政支持为应用上述标准提供了便利。一旦标准得到采纳，并获得国际建筑展委员会的批准，项目就得到了官方的发展许可。此外，来自北莱茵-威斯特法伦州总理方面的关键政治支持帮助建筑展机构克服了任何官僚和意识形态的限制，同时也排除了地方的本位主义和裙带关系影响。为了保证这些原则的应用，IBA埃姆歇公园倡议进行了以下的一系列行动：

（1）作为项目组织的基本原则，组织者发起了面向建筑师、城市设计师和景观建筑师的国际竞赛，以找到最有创意的棕地解决方案。实施的成本由建筑展的组织机构承担。

（2）在公共部门中文物保护专家和工业历史学家的帮助下，优秀的工业建筑物被列为历史纪念物，这就保证了当它们在失去使用价值的时候，不会被其所有者拆除。

（3）棕地（工业废弃地）被认为是人们采取渐进性创造性活动的空间，因此组织者没有预先设定所谓的最后阶段，所以也就没有制定蓝图或任何可行性研究工作的委托。

（4）地方的民间社会团体自愿参与棕地再利用和维护工作中，他们由此也获得了一种作为所有者和责任人的感受。

（5）为了避免公共补贴无限增加，工业用地改造成工业遗产博物馆的项目数量被限制在有限的水平，主要针对那些具有较高建筑艺术价值的场地。工业结构的保护也被整合到经济和文化利用的整体概念之中。同时组织者也考虑到场地只是用作过渡功能，不排除最终清除的可能性（"……仍然有时间来清除设施"）。

（6）通过媒体的广泛报道，灯光设施和放映活动、节日、露天音乐会以及艺术展览，使这些场地具有吸引力，在区域内享有知名度。由于区域内部缺乏教堂和钟楼，所以在当地人们无法从鸟瞰的角度享受任何区域景观。随着工业设施对外开放，使人有可能登上这些设施来感受区域内部令人兴奋的视野。通过三维上的变化，建筑展中的旗舰项目也作出了很大的贡献。

（7）人们非常重视安全问题，尽管保险问题被故意忽略。从创造就业的想法出发，人们特别考虑如何使场地具有可达性和安全性，同时把维护成本降到最低。

（8）互助性房产基金帮助州开发公司购买了一系列的工业设施，同时为工业遗产的保护成立了一个公私合营的联合基金，大家按照公私合作的伙伴关系，为那些暂时没有确定新的用途的结构进行维护。

通常人们是以公私合作的方式实施项目，而州的开发机构一般都会作为主要的合作伙伴和资金支持者。北莱茵-威斯特法伦州政府在十年的时间里，从税金中拿出了约20亿美元，向范围很广的活动和项目投资，对工业废弃地进行再开发，同时发展公园等设施，希望改变鲁尔区的形象，同时创造就业机会（IBA Emscher Park，1999）。

事实上，近年来在德国的规划成果中几乎没有任何项目能够像 IBA 埃姆歇园一样，吸引了德国以外如此多的兴趣，只有柏林重新成为首都的雄心勃勃重建计划能够与它相提并论的。不过在美国，相关专业领域的反响热情比较有限。在专业领域和政治领域的参观者，无论他们来自底特律、匹兹堡，还是布法罗，他们最初看到建筑展倡议那些令人印象深刻的旗舰项目时很兴奋。然而，经过进一步考虑，他们则以一种怀疑的态度，担心这种有远见的、渐进的方式是否符合美国法规的要求，能否被美国的保险公司所接受，是否能够吸引美国着眼于短期利润的私人发展商等问题。不过他们基本上承认，对建筑展倡议的许多项目以及实施过程的研究，确实成为创造性棕地再开发方式的源泉，在没有市场的压力情况下，这些在大型城市集聚区中的棕地，确实需要不寻常的想法和措施。

受到鲁尔地区建筑展展的启发，原民主德国的两个区域和作为城市州的汉堡在 21 世纪的头十年里举办了各自的国际建筑展。"菲斯特·皮克勒兰德"（Fürst Pückler-Land）国际景观展（2000～2010 年）展示了景观受到褐煤采矿业所破坏的地区在面对人口和经济衰退打击时，如何寻求再生的应对策略（图 8-5）。

图 8-5　Fürst Pückler-Land 国际景观展中的项目

来 源：http://www.senftenberg.de/index.php?object=tx%7C2055.21.1&ModID=7&FID=1704.2476.1&NavID=2055.132&La=1&kat=1704.93.

图 8-6　萨克森－安哈尔特州建筑中发展城市景观绿楔

来源：Bauwelt 17–18 | 2010 IBA Stadtumbau Sachsen-Anhalt Thema IBAStadtumbau，Jürgen Hohmuth 摄影

萨克森-安哈尔特州的国际建筑展（2002～2010 年）处理了类似的挑战并展示出：在德国最贫穷的州，小城市是如何推动地方的发展，加强地方认同，并给这些萎缩中城市的市民带来新的希望（图 8-6）。

在"跨越易北河的汉堡国际景观展"（2007～2013 年）中，作为城市州的汉堡探讨了各种方法和手段，来发展一片处于边缘、处于易北河两个支流之间的岛屿上的城市片区。考虑到区位方面的弱点，决策者选择了柔性的城市发展战略，寻求更好的方法来整合不同族群的社区，改善城市边缘地区的宜居性，同时推动建立在可再生能源基础上的城市发展。

巴塞尔国际建筑展（2009～2020 年）是一个位于德国西南端、跨三国的项目，其中位于莱茵河边上的瑞士城市巴塞尔是地区的主要驱动力，项目第三方是位于法国一侧的米卢斯（Mulhouse）。巴塞尔国际建筑展确定了 6 个欧洲区（包含 226 个乡镇和地方政府）的行动区域，致力于提高不同城市地区之间的空间质量，关注机动性、建筑质量、知识经济发展等问题，希望通过行动使来自于 3 个不同国家的居民能够会聚在一起（图 8-7）。

最后，位于原民主德国的图林根州最近推出了未来十年（2013～2023 年）的图林根州国际建筑展，依靠州的城市发展政策的品牌，来关注于

图 8-7 "巴塞尔国际建筑展 2020" 海报

来源: http://www.swiss-architects.com/it/agendas/details/3401

州内中的区位、网络和开放空间等方面的问题。

另一在柏林的国际建筑展正在酝酿之中,首都城市的政府选择了前东柏林市区的一部分——马尔赞(Marzahn)作为 2017 年国际建筑展的基地和实验场地。这个地区一直是原民主德国的社会主义城市发展的样板。这是一个有预制多层住房的区域,其经济性住宅能够容纳超过 10 万的人口。这一未来的事件将与 2017 年同时举办的德国景观展同时举行,而德国景观展则是另一个具有德国特色的发展工具,集中于发展德国城市建设中有吸引力的公园建设。

不过,在法兰克福举办建筑展的连续努力从来没有得到过政治上的支持。由于城市在国际机场扩建过程中引起了很大的负面效应,当地的政治力量不希望冒险承担又一个大型项目。他们也没有看到城市区域对于此类项目的特别需求,因此并不热衷对这一新的城市发展问题进行辩论。

通过简要回顾德国国际建筑展的历史能够看出,这一概念已几乎成为一种常规的做法,用来推动德国创新性的城市发展。该方法已经从在城市某个街区之中展示范例性的建筑,逐渐转化为一个综合性的区域发展战略,以应对城市发展和

城市再生中的挑战,解决其中的结构变化、人口下降、公共预算萎缩的问题,同时平衡私人部门和公共部门的利益,应对市民社会不断增长的参与要求。

人们在德国战后举办的不同类型的国际建筑展的各种经验的基础上,已制定了一份备忘录,讨论了在未来德国举办国际建筑展所需做出的努力。它包含了 10 项建议,讨论的范围包括从确保未来导向到产生可复制模式的解决方案,还有从过程导向到国际交流方面的问题(Reicher et al, 2011)。然而在结果上,这个备忘录是一个令人失望的纸老虎。

鉴于在国际建筑展的标签下产生了不断增加的综合性城市和区域开发项目,也就不足为奇,德国的国家性城市发展政策,得到了多样的 IBA 项目的启发,并受益于这些不同项目所取得的经验(Hatzfeld, 2011)。

8.2 国际建筑展概念中的空间维度

基于德国各个国际建筑展的经验,特别是从 IBA 埃姆歇园的概念提供了 8 个空间性维度。国际建筑展(IBA)是一个学习性空间、灵感性空间、

示范性空间、反思性空间、投射性空间、鼓励性空间和希望性空间，有时它甚至可以当作和用来塑造成一种煽动性空间（Kunzmann，2011）。

（1）学习性空间（Lernraum）：IBA 的过程是一个精彩的地方或区域的学习性空间，在这里城市的所有利益相关者了解城市发展愿景的要领和原则，他们学习如何讨论和交流，与如何捍卫其行为，包括妥协、接受不同的价值观，并听取市民的意见。

（2）灵感性空间（Inspirationsraum）：国际建筑展是一个舞台，刺激僵化的城市发展政策的灵感。它可以为那些往往被常规过程和政治认识、被市民团体或者是胆怯和犹豫管理部门所阻碍的思想提供新的行动机会。它为创新性的城市发展项目和进程，提供创造性的想法。

（3）示范性空间（Demonstrationsraum）：国际建筑展展示了只要有政治意愿和专业推动城市发展的项目，生活空间就能够得到改善。每个国际建筑展都提供一个可见机会的目录，以解决当地的挑战，加强当地的认同，依靠项目和方法来发展或更新生活性和可持续的空间。

（4）反思性空间（Reflektionsraum）：对国际建筑展场地的访问，能够强制来访者反思他或她在自己家乡的场所所看到的事物，是否过程和项目、投入与产出具有可比性，什么可以借鉴，有什么肯定不能，以及在启动一个类似的尝试时哪些障碍将必须被去除。

（5）投射性空间（Projektionsraum）：一个国际建筑展，无论事件在哪里进行，都是一个精彩的用于投影的屏幕。通过个别的项目，以及许多丰富多彩和精心设计的文件带来的深刻印象，使人们的心灵漫游超越了在当地的体验，并将在别的地方创建一个充满潜力项目的奇幻世界。

（6）鼓励性空间（Ermutigungsraum）：国际建筑展显示出，城市或区域的任何一个空间都能够得以改善，成功地解决本地的挑战。事实证明，即使在困难的当地条件下，创新的想法和项目也能够实现；通过表明事情的处理可以超越传统的解决方案，甚至可以对抗当地居民的反对，它可以

鼓励其他城市仿效其榜样，并从经验中获益。

（7）煽动性空间（Provokationsraum）：一旦确立和广泛接受，国际建筑展也可能是城市煽动性的舞台。煽动性，这可能会引发关于有争议的目标和价值观，对可持续的城市发展的未来路径与发展方向的辩论。

（8）希望性空间（Hoffnungsraum）：最后，每一个国际建筑展是一个充满希望的空间。那些项目的倡导者，希望他们的时间、努力和承诺能够得到回报。其他希望在其他地方开始这样的事件的人们，可以梦想他们也可以成功地说服地方议会、委员会和赞助商，支持这项活动。显然，市民们希望他们的生活空间得到改善。

国际建筑展的多重空间维度，从一个简单的建筑展览到复杂的城市发展策略，已经演化了一个世纪，展示了那些适应当地或区域条件而精心成形的概念，而不仅仅是被滥用来作为建筑师和规划师的游戏场，是一个面向未来的城市与区域发展的完美工具。

8.3 可移植性

国际建筑展概念的经验能否移植到其他国家？它能转移到中国吗？像所有复杂的城市发展战略一样，其中涉及许多机构和利益相关者的参与，国际建筑展（IBA）概念能激发建筑师、规划师和政治家，来探索开展复杂的城市发展设想的可能性。然而，由于每个国家的规划和决策文化不同，不同国家之间经验移植的潜力是有限的。路径依赖问题，并且存在很高的概念误读的风险。例如德国的景观展概念就经常被误解，人们开创了将一个被忽视的城市景观地区转变为可持续公园的方法，通过组织这项活动，在获得政治家认可的同时还吸引游客来参观。类似的节事活动已经在世界其他地区得到推广（包括在中国），尽管已经不是概念本身的哲学。

因此，国际建筑展概念不仅仅是，对于一个可见结果的肤浅理解。德国的国际建筑展已经发展了相关的模型，以其来接纳有创造性的行动者，并构建相关的网络，同时运用柔性的手段和事件

来改变公众的态度和提高公共意识。这很明显是城市发展和区域再生的根本办法，它结合了区域更新自上而下与自下而上的方法，这个过程激发并培养了创造力和幻想。需要明确的是，例如国际建筑展还并没有使鲁尔区成功得到再生，并把它带回了昔日作为德国经济重镇的状态。单一的国际建筑展永远不可能解决一个城市或城市区域所有的社会、交通和能源问题。

然而，在德国国际建筑展项目已经表明，与强烈的审美、社会和生态质量控制相结合的创造力和幻想，并结合与开明的利益相关者之间密集的沟通过程，能够使得被忽视的城市区域和内城棕地变为空间上富有灵感和创新的汇集地，并超越传统的土地利用方面的控制和管理。它可以超越通常的表面辞令，来促进城市的可持续发展。城市街区沉闷的形象和被忽视的城市区域能够得到改变。

国际建筑展概念移植的范围，需要在联合和开放的研讨会上进行讨论，其中德国是经验丰富并参与其策略执行的推动者，以及在另一种文化背景下的积极推动该项目的规划者，可以当面交流他们在各自的社会和政治环境中的城市发展战略的实质内容。这样的研讨会将能够帮助探索，合作伙伴间是否能够确定基本的原则和目标。对于相关范例的研究当然是值得的，对其运用能够用来为了市民的利益改进城市发展。

8.4 补充案例：海德堡国际建筑展（2012～2020年）①

最近开始的海德堡国际建筑展（2012～2020年）将关注于知识和城市发展的关系。世界著名的大学城将变成为期10年的实验室，来探索知识社会对欧洲城市的影响。国际建筑展将由地方机构管理，获得资金支持，但是在组织关系和政治关系上独立于当地政府。该机构将邀请相关机构和个人提供建议，在知识和城市之间构建桥梁。整个项目中，将选择对前美军驻德国总部的军事基地和对于一个位于内城的铁路货场的改造项目，作为国际建筑展策略和过程的基石（图8-8）。

8.4.1 知识社会中的城市

到现在为止，我们谈论从工业社会向以知识为基础的社会转型已经有一段时间。通常这来自

图8-8 海德堡城市鸟瞰
来源：Christian Buck 摄

---

① 文献来源：Stadt Heidelberg. IBA Heidelberg 2012-2020 Summary of the Memorandum. 该部分章节由徐肖薇译出，易鑫审校。

于科学逐渐渗透到生活的方方面面，以及通信和信息技术对我们的生活和工作的广泛影响。这些变化影响深远，而且距离完成还有一段很长的路程。历史上，只有19世纪工业社会替代农业社会的过程才能够与这种社会变革的过程相媲美。

关于世界的新知识意味着新的可能性和技术机遇，同时也可能是不确定性和疑虑。向知识社会转型的讨论很大程度上涉及以城市为重点，来进行相关的协商和塑造空间方面的工作。在城市中，社会中的变革产生了直接的影响。同时也是在城市中，实现了对新规则的协商，并同时逐渐确立了未来长期性的空间结构。

在全球性网络化的机遇与人和社会的空间关系之间的张力作用过程中，交往、认同和附带形成的新形式将得到进一步发展。发展活跃的市民社会，将许多国际居民整合进当地的社会，将不仅是一个城市的文化成就，同时其本身也是一片社会性的试验场。作为结果，一种特殊的与地方保持联系的世界主义和公民责任被发展出来。

8.4.2　建设好的城市

虽然以知识为基础的社会似乎越来越多地在全球范围内被组织起来，但是知识和教育则是与人相关，并进而与场所联系在一起的。知识需要密集的交流：既是经常性和按照计划的，也需要意外和偶然的情形。尽管有互联网和移动电话，这种密集的交流的基础仍然依靠空间距离的临近性。在知识的生成和城市的空间结构这两方面之间存在着联结。如同过去的农业社会和工业社会，知识社会也将产生特定的城市结构并从中受益。知识创造着城市，城市也创造着知识。

欧洲城市的模式可以在这方面提供良好的基础。为了适应未来的要求，其基本的城市特征，如具有高质量生活的聚居区与较高的密度、小尺度的功能混合使用，以及安全和充满活力的公共空间，需要得到进一步加强。显而易见的城市特征表现在陌生人之间在公共场所相互会面，而这能够促进理解和创新。

建筑文化存在于很多平衡和协商的方面。建筑物能够以可见的方式对社会方面的内容加以安排，并为未来构建起一个框架。建筑文化也因此不只是反映在我们处理城市景观和公共空间的方式上，是城市空间建立起所需的关系，即成为对所有人可见的共同的文脉，这一文脉来自于各个场所和项目，并通过住房、科学、文化、教育、旅游和其他的功能创造出了城市的认同。

8.4.3　海德堡：城市认同的机遇

城市与大学之间625年的关系，塑造了深刻的文化体验，并成为海德堡城市认同的关键性部分（图8-9）。海德堡的城市发展和建筑文化有时候强烈地受到知识性文化，以及探寻相应合适城市空间的影响。这种探寻过程体现在完整的知识性城市街区的系列模式之中，通过这一模式建立起了今天海德堡城市平面的基本结构。连续数个世纪以来，海德堡独特的责任和机遇存在于其知识性文化和建筑文化遗产当中。

在德国的城市体系中，城市成功地塑造出自身规模较小但是具有重要影响的普遍形象。特别的是，这一形象在相当程度上适合了欧洲文化成就的两个突出特点：欧洲都市的"短距离城市"，以及集研究与教学于一体的大学，它们构成了海德堡作为"小但是重要城市"的全球吸引力的历史基础。

海德堡特征的国际性方面，除了部分来自旅游业，首先是科学领域的国际性网络。海德堡的移民主要是来自欧洲和亚洲的"知识型工人"。他

图8-9　大学老建筑的街景
来源：Henning Krug 摄

图 8-10　建筑展标志：知识 – 创造 – 城市（Wissen schaft Stadt）

来源：Stadt Heidelberg. IBA Heidelberg 2012-2020 Summary of the Memorandum

们对海德堡的品质具有多样性的感受：城市景观与区域景观融为一体，城市易于管理，内部空间相互临近，城市集中了优秀的科研机构，公共区域的安全性以及在城市街区和文化、教育和社会机构方面的多样性（图 8-10）。

海德堡依靠新的动力成长和发展。新的城区部分 "铁路城"（Bahnstadt）不仅反映出该地区内部的多样性变化，也预示着一个新的知识型城区的出现。未来几年对该地区军事用地用途的转变，将释放出更大的发展潜力。在这种动态发展过程中，海德堡正面临着城市认同持续发展的重大挑战和机遇。

本章参考文献

[1] Hien E. Bemerkungen zum städtebaulichen Vertrag In: Planung und Plankontrolle, Entwicklungen im Bau- und Fachplanungsrecht, Köln, 1995.

[2] Bradke, Markus and Heinz-Jürgen Löwer. Brachflächenreaktivierung durch kulturelle Nutzungen. Unpublished PhD Dissertation School of Planning, University of Dortmund, 2000.

[3] Benz, Arthur, Dietrich Fürst, Heiderose Kilper and Dieter Rehfeld. Regionalisation: Theory, Practice and Prospects in Germany. Stockholm: Swedish Institute for Regional Research, 2000.

[4] Cliche, Danielle, Ritva Mitchell and Andreas Wiesand Creative Europe: On Governance and Management of Artistic Creativity in Europe. ERICarts, Bonn, 2002.

[5] Kunzmann, Klaus R. The Ruhr in Germany: A Laboratory for Regional Governance. In: The Changing Institutional Landscape in Europe. Albrechts, Louis, Jeremy Alden and Rosa da Pires, eds. London: Aldershot, 2000.

[6] RASSEGNA . Trimestrale, Anno XII, 42/2, 1990.

[7] BMVBS（= Bundesministerium für Verkehr, Bau und Stadtentwicklung）Die Zukunft Internationaler Bauausstellungen. Bonn: Werkstatt Praxis Heft 74, 2011.

[8] Grohé, Thomas , Kunzmann, Klaus R. The International Building Exhibition Emscher Park: Another Approch to Sustainable Development. In: N. Lutzky, et al. eds. Strategies for Sustainable Development of European Metropolitan Regions. European Metropolitan Regions Project. Evaluation Report. Urban 21: Global Conference on the Urban Future. (Enclosed CD), 1996.

[9] Hatzfeld, Ulrich. Von der IBA zur Nationalen Stadtemtwicklungspolitik. In: Reicher, Christ, Lars Niemann und Angela Uttke, Hrsg. Internationale Bauausstellung Emscher Park: Impulse, lokal, regional, national, international. Essen, Klartext, 2011.

[10] Höber, Andrea and Karl Ganser, eds. Indu-striekultur. Mythos und Moderne im Ruhrgebiet. Essen: Klartext, 1999.

[11] IBA Emscher Park, ed. Werkstatt für die Zukunft von Industrieregionen. Memorandum der internationalen Bauausstellung Emscher Park, 1988.

[12] IBA Emscher Park. Memorandum III. Erfahrungen der IBA Emscher Park. Programmbausteine für die Zukunft. Gelsenkirchen, 1999.

[13] Kuhn, Rolf, Internationale Bauausstellung Fürst-Pückler-Land- Eine Werkstatt für neue Landschaften. In: ARGE Stadterneuerung, Ed., Jahrbuch Stadterneuerung 2000. Institut für Stadt- und Regionalplanung TU Berlin. Berlin, 2000: 285-296.

[14] Kunzmann, Klaus R. Das Ruhrgebiet: alte Lasten und neue Chancen in: Akademie für Raumforschung und Landesplanung Hg. Agglomerationsräume in Deutschland -Ansichten, Einsichten, Aussichten, Forschungs-und Sitzungsbericht, ARL, Bd. 199, Hannover, 1996: 112-153.

[15] Kunzmann, Klaus R. The Ruhr in Germany: A Laboratory for Regional Governance. In: L. Albrechts, J. Alden and A. da Rosa Pires, eds. The Changing

Institutional Landscape. Aldershot, London, 2001: 133-158.

[16] Kunzmann, Klaus R. Creative Brownfield Redevelopment: The Experience of the IBA Emscher Park Initiative in the Ruhr in Germany. In: Greenstein, Rosalind and Yesim Sungu-Eryilmaz, eds, Recycling the City: The Use and Reuse of Urban Land. Lincoln Institute of Land Policy, Cambridge, 2004: 201-217.

[17] Kunzmann, Klaus R. The Ruhr and IBA: Revitalizing an Old Industrial Region. (Guest editor, together with Wang Fang and Liu Jian), Urban Planning International Vol. 22, Nr.3. Beijing. With several articles in Chinese) on the achievements of regeneration policies in the Ruhr/Germany, 2007.

[18] Kunzmann, Klaus R. and Mervi Ilmonen. Culture, Creativity and Urban Regeneration In: Kangasoja, Jonna and Harry Schulman, eds. Arabiaranta: Rethinking Urban Living. City of Helsinki Urban Facts, Helsinki (both in English and Finish language), 2007: 278-284.

[19] Kunzmann, Klaus R. Die Internationale Wirkung der IBA Emscher Park. In: Reicher, Christa, Lars Niemann und Angela Uttke, Hrsg. , Internationale Bauausstellung Emsper Park: Impulse, lokal,

regional, national, international.Essen, Klartext. 2011: 168-183

[20] Matthiessen Ulf and Toralf Gonzalez with Ingrid Breckner and Klaus R. Kunzmann. Memorandum Wissenschaftsstadt Heidelberg: „Wissen schafft Stadt ". Unpublished report to the City of Heidelberg, 2008.

[21] Netzwerk. IBA meets IBA Zur Zukunft internationaler Bauausstellungen. Berlin: Jovis. (with English Summaries), 2011.

[22] Reicher, Christ, Lars Niemann und Angela Uttke, Hrsg. Internationale Bauausstellung Emscher Park: Impulse, lokal, regional, national, international. Essen, Klartext. 2011: 168-183

[23] Sack, Manfred. Siebzig Kilometer Hoffnung. Die IBA Emscher Park. Erneuerung eines Industriegebiets. Stuttgart: DVA, 1999.

[24] Stadt Heidelberg. IBA Heidelberg 2012-2020 Summary of the Memorandum.

[25] Wachten, Kunibert, Ed. Chance without Growth? Sustainable Urban Development for the 21st Century. V! Architecture Biennale Venice. Federal Minister for Regional Planning, Building and Urban Development. Bonn/Berlin, 1996.

第 9 章

德国的乡村规划及其法规建设①

Rural renewal planning and related planning laws and regulations in Germany

易鑫
Yi Xin

9.1 导言

德国作为重要的西方发达国家，具有"法治国家"的称号。与英国早期城市规划起源于关注解决城市公共卫生等技术问题不同，德国的城市规划则起源于公共部门对于城建事务中执法管理的关注。其特色在于围绕土地利用问题，以法典化的形式建立一套尽量详细的法律框架系统，针对各项相关的城市建设与开发活动，从内容到形式都做出明确规定。这种处理方式一方面能够削弱行政人员在规划执行过程中自由裁量权的作用，防止其带来过多的额外影响；另一方面成文法的客观化特点也在协调公共部门的内部关系，以及管理私人有产者方面，增加了透明度，保障了法律的权威，使空间发展更加具有稳定性。

本文主要探讨了以下 4 个方面内容：首先从社会制度和管理责任安排的角度，说明乡村地区在德国规划法规体系中的定位及其原因；其次，介绍德国当前针对自身需求开展的乡村更新规划工作，并对规划的制定和实施所涉及的各项法规以及公众参与的内容进行说明，由于在乡村地区还存在着大量非建设性农业用地，还将介绍属于土地管理法领域的《田地重划法》作为对乡村地

区规划法规的补充；再次，则根据乡村的空间环境特点，介绍规划法规中如何围绕土地利用的相关规定来保障乡村地区空间发展的基本格局；最后，结合上述经验，从制度安排和具体法规内容两个方面，对我国乡村规划管理的工作提出一些建议。

9.2 乡村地区在德国空间规划法规体系的定位

9.2.1 规划法规中对乡村地区的定义

乡村地区本身是隶属于整个国土空间发展体系的一部分，伴随着德国工业化和城市化进程，乡村地区不再仅仅处于工业社会的边缘地带，而是发展成为与城市地区在经济、社会各个方面高度关联的地区。相应的在规划的技术内容中，乡村地区也就不再被视为城市地区建设问题的附属物，而是获得了与城市地区更加平等的地位。在行政体制方面，德国也不存在我国受到上级市、县行政机关管辖的乡和村的行政管理层，小的乡村社区与其附近的大城市的地方政府之间是平级而非上下级的关系。

---

① 本文原载于：《国际城市规划》，2010，Vol.25，No.2，pp. 11-16。

基于这种相对平等的政治地位和规划工作对城乡统筹处理的认识，1965 年在指导空间整体发展的《空间秩序法》中，不再使用城市这一概念，而是改用"密集型空间"和"乡村型空间"对整个国土空间进行划分。

（1）密集型空间是由中心城市及其周边"城市化"的小城镇群所组成的地区。在形式上，密集型空间是指大规模"城市的"，或者至少是"近郊的"建成区。

（2）在"密集型空间"之外是被称为"乡村型空间"中的聚落这样的地区。这些地区的农业经济地位大大降低，同时已经与工业化和后工业化的城市地区关系越发紧密。

9.2.2　德国的空间规划法规体系

德国是具有分权传统的联邦制国家，有着 3 个具有不同管理权限的公共行政管理层级，即：联邦、州和社区（地方的城市 / 乡村层级），这 3 个层次共同引导着德国的空间发展方向。另外，由于作为公法的城市规划法规除了要约束公共部门的活动之外，还不可避免地与涉及私法领域居民财产权的建设开发活动发生广泛联系，综合这两个基本方面的法律要求，德国的空间规划法规体系具体由《建设法典》和《空间秩序法》两部法律组成，并体现在规划法规的不同层次中。

与我国社会主义性质、单一制政体国家的情况不同，作为德国空间规划体系基石的城市规划部门具有双重的法律地位，一方面基于德国《联邦基本法》（宪法），德国的城市规划事务首先属于地方自治的范畴，联邦、州政府不能直接干预其具体事务；另一方面又通过授权方式使城市规划的管理部门，成为受联邦、州政府委托的派出机关并受其监督。作为地方自治原则的体现，德国的城市规划又称为"地方性规划"，其法律基础是《建设法典》（Baugesetzbuch，BauGB）。《建设法典》强调了城市规划作为地方自治事务的属性，并对联邦、州政府行使监督权进行了严格的限制。《建设法典》规定，各个城市地方政府有权根据自身需要独立负责制定规划，并根据严格

的公众参与程序来保障规划在未来实施过程中的合法性；上级机关仅能对规划制定的程序，而无权就内容进行审查，审查的期限一般在 3 周以内，最多不能超过 3 个月。

为了平衡联邦、州和地方政府之间的权力，并协调不同地区在空间发展中的关系，在城市规划之上存在着被称为"跨地区规划"的一系列区域层面上的规划以协调各个地区空间发展的规划，其法律依据主要是联邦制定的《空间秩序法》（Raumordnungsgesetz，ROG）以及各州制定的《州域规划法》（Landesplanungsgesetz，LplG）。首先是以整个联邦的国土发展为对象、具有纲要性质的"空间秩序规划"，由联邦政府和各州政府依据国家的总体经济、社会发展政策，共同制定相应空间发展方面的一些原则性要求。依据这些原则性要求，各个州负责制定自身的"州域发展规划"，协调州行政范围内的具体空间发展问题。州内部又被划分为若干不同的地区，以州域发展规划为基础，每个地区编制"区域规划"（Regionalplanung）。

除了《建设法典》和《空间秩序法》两部联邦的城市规划法之外，另外，还有其他相关法律，对各项专业规划、环境保护等工作作出规定，其中包括《田地重划法》（Flurbereinigungsgesetz，FlurbG）、《环境保护法》（Umweltschutzgesetz，USG）、《联邦公路法》、《联邦铁路法》等；依据两部联邦的城市规划法制定的行政规范，例如，关于土地利用的《建设用地分类规范》和关于征用土地补偿的《价值评估规范》，以及由各个州制定的关于建筑单体的《建筑规范》。

9.2.3　规划法规中针对乡村地区的特殊规定

在当今处于后工业化的德国，除了那些远离中心城市、人口稳定甚至不断减少的乡村地区之外，在密集型空间周边的广大乡村地区，随着不断加强的郊区化过程，正面临着城市居民外迁以及度假休闲活动带来的发展压力。地方规划管理工作的重点就是在利用这个发展机遇的同时对其进行合理的控制和引导。

面对这种情况，土地利用管理的技术性层面上，在《建设用地分类规范》中就专门增加了2类与乡村地区有关的建设用地类型：

第5条 村庄区：村庄区主要用于安置农业、林业生产单位，其中包括居住，也包括其他居住用地。

第10条 用于休息的特殊区：可以分为3种主要类型：①周末度假住宅区；②度假住宅区；③野营地地区。

对旅游地区的土地利用和建筑许可，《建设法典》也规定，"整体……或者其某些部分主要以旅游为特点的城乡社区，可以在建设规划或者通过另外的法令"对按照《建设用地分类规范》规定的旅游用途的用地进行分类。同时规定，在此地区"住宅产权或者部分产权的创立或者分离"应该按照"旅游功能区域的现有的用途规定，或者规划的用途规定"，与有序的城市建设发展相协调。

9.3 当前德国乡村地区规划的概况

9.3.1 乡村地区空间发展的特点

与我国处于快速工业化和城市化阶段，农村人口仍然占全部人口半数以上的情况不同，德国乡村地区人口所占比例很低且持续下降（低于2%），农业生产对于整个国民经济的意义也不断降低。但是与此同时，乡村地区在环境、文化等涉及全社会福利方面的地位却在不断上升。在郊区化进程中，居民的机动化水平大幅提高，除了大量居民迁居至小城镇甚至乡村之外，城市居民到周围乡村地区的休闲活动也不断增加，这使得乡村地区承担起与休闲娱乐活动相关的城市职能。同时受可持续发展观念的影响，环境受到了前所未有的重视，因此，在服务于休闲娱乐活动的同时，维护当地的景观和文化认同就成为当前乡村地区规划发展的核心工作。

9.3.2 乡村更新规划的兴起

基于这一空间发展的新情况，在德国乃至欧盟都发起了专门的乡村更新运动对其进行引导，并为之成立了专门的机构。按照欧盟农业、农村发展与渔业局专员弗兰茨·费诗勒（Franz Fischler）的话来说，当前的农村更新并不是单纯美学意义上的装饰性工作，而是一项全面的，基于经济问题，并以未来为导向的战略性工作，通过改善居住条件，创造有吸引力的城市型生活空间来加强地方小型团体的经济力量，在不忽视当地特殊的历史和文化认同的基础上，通过提高现代的基础设施水平，改善全部国民的收入和生活条件。

从这一目的出发，从1980年代开始，德国的乡村地区开始通过自上而下与自下而上相结合的方式开展乡村更新规划，在从外部引入专业技术人员的同时，坚持鼓励社区同当地居民和有关团体广泛参与。

9.4 乡村更新规划的法规建设与公众参与活动

9.4.1 乡村更新规划涉及的相关法规

作为一项战略性的空间发展任务，乡村更新规划的制定和实施是以相应的法规为基础的。其核心内容是《建设法典》和《田地重划法》。其中，《建设法典》的任务是对规划范围内建设用地和农业用地上的各种建设活动进行约束，并保障由规划引起的建设用地产权关系得到相应调整；而《田地重划法》的作用，是在相关农业用地上按照规划的要求，对产权关系进行必要的调整。

《建设法典》主要以土地利用问题为核心来规范各方的建设活动。《建设法典》管辖的主要内容包括：保障用于公共目的的建设用地及其征购；将公共和私人建设项目纳入城市功能结构的整体设想；将公共和私人建设项目纳入城市形式的基本框架。这些要求反映在法定的"建设指导规划"中。

建设指导规划由城乡社区自己负责制定，规划分为2个层次，第一个层次是"土地利用规划"，主要是根据地方公共部门对于当地发展的设想，将全部行政区域纳入规划范围，并对土地利用的各种类型作出初步规定。按照要求，在乡村地区政府行政范围内的居民点内部与外围的各项建设用地，以及其他的农业用地，都要通过土地利用规划进行全覆盖的统一管理。但是在土地利用规划中对用地类型提出的要求，还不具备私法意义上约束私人财产者建设活动的法律效力。只有在第二层次的"建设规划"中的规定，才会产生影响私人财产者利益的强制性效力。因此，建设规划是一种在法律层面上精确落实规划意图的手段，它依据土地利用规划的基本原则和要求，对建设用地上的各项建设指标给出非常详细的规定。这些规定也就能够成为当地规划管理部门进行建设项目审批的重要依据，在发生法律纠纷时，也作为法庭作出判决的重要判别标准。

《田地重划法》的主要任务，是致力于有计划地重新组合乡村地区农业生产用地的空间结构，对所涉及区域内部的道路、水资源管理、相关的景观维护、自然保护以及一系列其他设施的新建与改建任务，与有关部门进行广泛协调。而其最初的目的仅集中于农业生产自身，通过合并农业生产用地，来改善农业机械化生产的基本耕作条件，更好地布置安排农业生产企业的经营场所；在必要情况下，也可以将生产设施迁出村庄，或者剔出新的乡村建设地块，因而与建设用地的调整有密切关系，影响到整个乡村型空间的发展。

不同于城市规划作为地方性规划强调地方自治的原则，田地重划规划的实施是由各州以自上而下方式加以推动的。一般来说田地重划的管理机关分为3级，最高一级为州的相关管理部门，以下为区一级负责监督具体项目的管理部门，然后是最下一级的专门成立的执行部门，负责项目的实施。由于田地重划工作常常超出单一行政区域的范围，往往通过相关行政区域的区级管理部门之间协商确定具体的执行部门及其上级管理部门。

从1960年代起，德国通过这两部法律以及其他联邦和各州制定的相关法规，使得建设指导规划和田地重划规划之间相互合作，服务于村庄更新建设的要求：一方面，通过新建或者改建生产用房以改善农业生产的场院，改善村镇道路和集体设施以便于为农业生产的机械化服务；另一方面，

改善一般的生活条件、交通条件和村庄的外貌形式，比如，建设休闲活动设施，重新利用已经荒弃的农业生产建筑，或者重新改造过去过于偏重道路通行而建设的过境道路。

除了上述2部法律之外，基于《空间秩序法》和《州域规划法》的州域规划和区域规划也会对规划产生重要影响；各项基础设施的建设活动（例如，道路、水利设施、废弃物处理设施等），往往促使规划范围内的用地形状和设施分布发生重大变化。乡村更新规划必须对这些影响作出反应，对产权关系、用地类型和相应的建设活动进行调整，以保障当地生产、生活的顺利进行。另外，各州颁布的规范单体建筑物的《建筑规范》，也会对规划产生一定的影响。

9.4.2 乡村更新规划的法定程序与公众参与问题

上述各项法规除了从内容上对乡村更新规划作出基本规定之外，规划的制定和实施还要符合这些法规在程序上的要求。这方面主要涉及引入公众参与方面的内容。

对于公众参与问题，《建设法典》和《田地重划法》的要求是不同的。《建设法典》中对建设指导规划制定过程中进行公众参与的程序有着非常严格的规定，从决定制定规划，到具体制定、介绍和修改规划方案，以及最后立法通过，每个阶段都要通过公示、召开代表会议等方式开展公众参与，接受各方质询，并按照当地惯例公布。相邻的城乡社区的建设指导规划，也必须彼此之间相互协调。

相比之下，《田地重划法》对公众参与的要求则要低一些，由于田地重划工作直接服务于公共部门和参加规划的个人利益相关者，规划不需要面向全体社区居民，而是在公共部门和有关的个人参与者内部进行相应的公示和信息沟通即可。

由于乡村更新规划工作是一个整体性的工作，建设用地和非建设用地关系的调整往往相互关联，所以在规划制定和实施过程中的公众参与，基本是按照《建设法典》中的要求进行，只有在涉及某些单一农业用地调整的局部问题上，遵照《田

地重划法》的程序要求。相对于一般在城市地区的建设指导规划，乡村更新规划对地方优先性的要求更高，这是由于乡村地区居民人数有限，规划涉及的技术问题也没有城市地区那么复杂，这就使得更高程度的公众参与成为可能。

因此，在整个规划过程中，呈现出法定规划同非法定规划相互支撑，共同保障乡村更新规划的局面。社区政府成立由各方代表组成的乡村更新办公室负责协调规划的制定、实施和各方面的意见。非法定规划有助于在政治上提高公众的支持度，并把社区政府同当地居民和有关团体取得的共识确定为乡村空间发展的基本目标，并在相应的法定规划中予以确认。同时，广泛的参与也有利于规划的实施，从而更好地从乡村居民自身的角度出发，改善居住条件，创造有吸引力的生活环境，提供现代化的基础设施，并且保护历史文化遗产和地方特色。

以巴伐利亚州的乡村更新规划为例，其规划的实施程序和相关负责机构如下：

（1）决定开始乡村更新规划。

社区建立有关乡村更新办公室负责乡村更新。

（2）向社区议会和居民进行公示。

由乡村更新办公室负责执行。

（3）筹备阶段。

训练工作团队，在乡村更新办公室的帮助下由居民和社区政府的代表一起共同制定整个计划的基本模型和初步规划。

（4）制定整个计划的具体目标、关键手段以及落实到项目的具体工作。

由乡村更新办公室负责制定。

（5）介绍乡村更新规划方案。

由乡村更新办公室与社区相关者共同负责。

（6）建立由社区相关者组成的执行委员会。

在乡村更新办公室的引导下建立。

（7）准备最终的实施规划和融资手段。

由社区相关者和社区政府负责。

（8）执行具体措施。

由社区相关者、社区政府和居民共同负责。

（9）土地管理。

土地转让，制定、标记并踏勘有关地块的边界，划分出新的地块并进行地籍簿登记，并通过社区相关者转让相关所有权。

（10）最终清理工作。

由社区相关者和社区政府负责。

（11）对整个工作进行总结。

由乡村更新办公室负责。

9.5 乡村更新规划中关于用地调整的法规规定

9.5.1 "规划权利区"的建立

乡村更新规划的核心是土地利用问题，如何引导和控制建设活动的发展方向、节约土地资源，成为社区政府必须处理的首要问题。不同于英国主要通过经济手段，例如补偿（Compensation）和改良（Betterment）原则，协调城市规划中公共利益与个人利益之间的矛盾，德国城市规划部门的活动属于主权性地位(Hoheitliche Stellung)的范畴，这一地位决定了公共部门对与土地利用相关的各项建设活动进行管理的法律基础，因而，也对私人有产者的建设活动具有更强的限制能力。除了规定社区政府有购买土地的优先权、规范土地征购以及与私人共同分摊开发费用等权力外，《建设法典》还特别引入了对保障城乡空间发展格局具有重要意义的"规划权利区"的概念。《建设法典》规定了全覆盖的土地利用规划中要确定的 3 类规划权利区及其建设行为要求：

（1）"建设规划地区（城市建设区）"（Geplantes unbebautes Gebietet，Innenbereich）：建设规划地区是新的建设指导规划生效的开发地区。开发项目必须严格依据建设规划的各项要求才能得到许可，并且还要确保提供地方性的公共基础设施，这一地区是受到社区政府认可甚至得到鼓励的发展地区。

（2）"相互关联地区（城市建设区）"（Im Zusammenhang bebauten Ortsteile，Innenbereich，）：相互关联地区是历史上已经进行了开发的地区，其内部已经存在大量建筑和设施，新项目实际上是在已有的建筑之间的空地上建设的。所以新项目的建筑类型、建筑方式只有在与附近的环境特点相协调，并且不破坏这些现存建筑和设施的条件下，才能得到许可。

（3）"外围地区"（Außenbereich）：在城市建设区之外的地区称为"外围地区"，一般不允许进行城市建设活动。只有那些"具有优先权的"建设项目是准许的，这主要包括农业生产建筑，属于遗产继承下来的乡村住房和农业生产用房以及那些由于自身原因不便在建成区内建设的项目，如变电站、蓄水站、废弃物处理站或电站等。

9.5.2 《建设法典》对居民点内部土地产权关系的调整

在实施建设指导规划的过程中，当进行道路建设、重新整合公共绿地等工作，需要对有关属于公共和私人的地块进行调整时，《建设法典》提供了2个解决办法，即："土地重划"和"地界调整"。

通过土地重划能够重新调整"特定地区中已建或者未建建设用地的交通联系和空间形式，以形成符合建设或者其他功能利用要求，具有恰当大小、形状和位置的建设用地"。进行土地重划，首先需要有一份建设规划，所有列入新的建设规划中的建设基地组成"用地调整的主体"，"根据建设规划从这些主体中裁取地区建设需要的交通和绿化用地，划给镇、区或开发者"，余下的用地作为"分配的主体"，按照参加土地重划的份额（要么是土地数量的份额，要么是地产价值的份额），重新分配给所有参加土地重划的房地产所有者。与参与调整的份额相比，重新调整后房基地的地块面积也许不那么精确，由此造成的有利或不利情况，可以通过相应的金额按照征地的标准进行补偿。

相对来说，地界调整要更简单一些，地界调整允许：当这种调整主要是为了公共的利益，相互交换相邻的地块，或者相邻地块的某一部分，以及当这种调整被公共利益所驱动，单方面地分割相邻的地块，尤其是相邻地块的某一部分或者碎块，从而裁直两个相邻地块之间犬牙交错的边界，

或者改变与街道斜向交叉的建设基地边界，使得至少在规划建设的用地范围内，建设基地边界能够与街道垂直。

9.5.3 《田地重划法》在外围地区作为推动乡村空间发展的工具

与密集型空间相比，乡村型空间实际上更多受到外围地区的影响，虽然在外围地区没有什么工商业或者居住类的城市建设活动，但是各项农业基础设施建设与农田、林地地块的调整，都会反过来影响乡村居民点内部的建设活动。因此，乡村地区一方面受《建设法典》对城市建设活动的约束，另一方面还受到《田地重划法》的影响。

《田地重划法》对外围地区的农田、林地等非建设用地及其基础设施建设加以管理和调整。田地重划规划可以对有关地产的形状进行调整，并可以在相关者认可的情况下予以置换。《田地重划法》与《建设法典》都要求双方密切合作，当由于建设指导规划而侵占了原先作为农业和林业用地的时候，社区有义务负责对相关企业或个人的损失进行补偿。《田地重划法》也要求，在外围地区，重新合并土地必须要与在《自然保护法》基础之上制定的景观规划的目标相结合。

9.6 结论

通过以上对德国乡村规划法规及其建设经验的总结，结合我国乡村建设的实际情况，提出以下关于乡村规划法规制度建设的5点建议。

1. 规划管理的行政组织形式强调围绕以地方需求为核心的区域性合作

相对于我国行政部门长期存在的"条块分割"问题，德国的乡村规划与管理十分强调地方自身需求的优先性，以建设指导规划为核心开展社区的规划建设，在超越社区职权范围的领域，通过逐级引入各个层次的区域规划措施，使社区自身发展与区域的整体空间发展目标相协调。

2. 注重法定规划与非法定的公众参与规划相结合

根据我国乡村地区以集体所有制为基础的特

点，乡村地区与城市地区在规划法规体系中的首要区别就是当地居民依靠集体土地所有制获得的主体性地位，这一基本法律地位应当在规划制定和实施中通过公众参与得到体现，实际上这一要求已经在《城乡规划法》中得到了初步确认。这就为乡村地区开展公众参与活动提供了基本的法律前提。

以乡村更新规划为例，社区的具体目标都是通过非法定规划的公众参与方式制定出来的，地方政府、社团和居民在专家的指导下共同制定战略性的规划，一方面适应州域规划等区域规划对自身所在地区的定位，另一方面以此为依据选择适合自身发展需求的具体目标。我国各地的发展水平差异极大，仅仅就内容设立一些硬性的指标可能根本无法适应各地经济、社会发展的需求。先通过公众参与确定乡村发展战略目标，之后通过法定规划形成未来落实的基础，再通过《城乡规划法》对具体程序予以约束，不失为推动地方依法寻求自身发展方向的合理途径。

3.注重村庄发展规划的战略性功能，促进城乡协调发展

随着我国经济发展水平的提高，逐步消除城乡二元差距成为十分紧迫的任务。消除城乡差距，不仅仅是在建设层面将乡村看作获取城市建设用地的经济增长点，而是应当逐步将乡村的空间发展同所在区域的整体空间发展战略相结合。引入战略规划工具，依靠自上而下引入专家队伍，和自下而上参与确定具体的发展需求，做到因地制宜并使乡村地区发展更好地融入城乡协调发展的轨道，并促进城乡关系向着相对平等的方向发展。

4.城市规划部门与土地管理部门的合作

乡村与城市地区空间环境的重大区别之一就是对居民点建设有着重要影响的周边非建设用地。因此，乡村地区的规划管理就不能仅仅依靠规划建设部门对村庄居民点内部建设行为的管理，而是将非农建设行为和居民点以外的广泛农业生产活动以及基础设施、景观和旅游的发展有效结合起来。

德国在2方面协调的经验具体体现在《建设

法典》与《田地重划法》的合作中。2部法律都在各自的章节中首先强调合作的必要性，并对合作的具体情况以及程序进行了规定：

（1）受到一方具体工作在空间上的影响，另一方对管理边界、用地性质或者其他设施方面进行相应调整；

（2）规划和行政管理在规划制定中进行合作，例如，田地重划规划早期工作阶段涉及向包括地方政府和部门在内的各方面征集要求，在执行委员会中引入各方人员，并相互明确各自关注或者已经实施的规划工作，保持衔接，并借鉴有关方面的规划与研究成果；

（3）规划和行政管理在执行的组织方面进行合作，例如田地重划规划在完成之后，大量公共设施的运行维护可以委托社区政府负责。

5.对土地利用进行全覆盖管理，并确定允许和禁止建设活动的基本区域

《建设法典》对土地利用与城市建设活动的各项程序作出了详细规定。在土地利用与管理方面，土地利用规划以全覆盖的方式对行政范围内的每一块土地的基本用途进行了规定。此外对建设活动在空间上进行了基本的分类——建设规划地区、建成区与外围地区，在外围地区的建设只能以特许的方式进行，除了农业、林业以及基础设施之外，其他建设活动均不予批准。这两方面的法律规定，有力地保证了土地利用和建设活动都被约束在相应的框架之中，不会出现过度混乱的情况。

本章参考文献

[1] Akademie für Raumforschung und Landesplanung（Hrsg.）. Grundriß der Stadtplanung. Hanover: 1983.

[2] Selle K. Was? Wer? Wie? Wo? – Voraussetzungen und Möglichkeit einer nachhaltigen Kommunikation. Dortmund: 2000.

[3] G. 阿尔伯斯. 城市规划理论与实践概论. 吴唯佳译. 薛钟灵校. 北京: 科学出版社, 2000.

第 10 章
德国的整合性乡村发展规划与地方文化认同构建[①]
Integrated rural development strategy and cultural identity cultivation in Germany

易鑫，克里斯蒂安·施奈德
Yi Xin, Christian Schneider

10.1 乡村地区发展面临的挑战

随着全球化和去工业化过程的深化，德国的城市与区域发展面对着越发复杂的局面。在总体上，围绕投资、声望、就业岗位以及高素质劳动力的竞争，不同区域之间竞争加剧，各区域内部不同地区的职能与分工也发生相应调整，带来内部空间结构发生较大变化。这一背景下，原先相对独立的乡村地区也逐渐被融入这一深刻变化的发展进程之中。

当前德国乡村地区首先面临着农业在国民经济中意义不断降低的问题，从事农业生产的人口也不断减少，至 1999 年底农业与林业占国内生产总值的比例降至 1.1%，就业人口比例降至 2.6%。因此需要在区域职能重构过程中，为乡村地区发展寻求新的角色与定位，从而与区域整体的转型和发展相协调。除了农业发展问题之外，随着郊区化的不断发展，机动化和信息技术水平不断提高，人口在区域之间的流动速度明显加快。乡村地区的发展已经越发与外部的城市地区联系起来，其职能已经由原先相对简单而独立地负责农业生产、景观与环境保护，开始随着区域整体的功能调整与空间重组，承担更加多样化的职能。

10.2 乡村地区文化认同的构建

面对社会、经济大环境的深刻变革，乡村地区的更新与发展工作，需要在对自身未来发展趋势和规划工作内容进行再认识的基础上采取行动。在寻求承担新的角色的同时，也需要采取适当的措施稳定自身的发展格局，同时与区域的整体发展结合起来，强化和改善自身的区位条件。在这一过程中，文化认同的构建将与乡村地区追求社会稳定和新的发展方向紧密结合在一起。

欧盟的农业专员弗兰茨·费诗勒（Franz Fischler）指出："（现代的乡村发展）不只是简单的乡村美化政策，而是一个整体性的，以经济活动为基础的，同时根据适合战略设定的目标，通过改善居住关系，加强地方空间形象，提供现代化的基础设施，来改善全体居民的收入和生活条件，并加强各个地区内部的经济活力，如果没有这些工作，则就会忽视文化认同、历史关联，以及特有的文化独立性。"

从提高居民的生活水平和质量的角度出发，乡村地区的文化认同构建涉及 2 个方面内容：

（1）乡村地区文化景观的塑造与维护，构建促进区域认同感的整体形象。

---

① 本文原载于：《现代城市研究》，2013，Vol.27，No.6，pp. 51-59。

（2）基于乡村地区发展的整体情况，推动具有未来导向，以满足乡村地区居民政治、经济和文化交往各方面需求为目标的更新与发展策略，加强社会参与，构建文化认同。

在德国所处的后工业社会中，社会内部结构的多元化和异质化特征十分明显，公共部门不再能够像在传统的工业社会那样，采取相对标准化的服务满足大众的需求，特别是机动性水平提高带来的人口不断迁移，导致社会内部个人化倾向不断加强，不利于社会的稳定和进一步发展。在这个意义上，文化认同的构建也有助于加强社会凝聚力，对维护地方社区的稳定性有着实质性意义。从发展角度出发，文化认同构建与推动公众参与的工作具有紧密的联系，有助于动员当地居民参与并支持地区的发展工作。考虑到当前乡村地区社会结构的异质化特点，从空间角度构建所在地区不同居民能够共同接纳的认同，就成为社会和文化政策的重要组成部分（图10-1）。

10.2.1 乡村地区文化景观的维护

文化景观概念源于19世纪末的德国，被作为与自然景观相对的概念，描述由于人们的活动改变，而被人类文明转化的景观。文化景观与景观生态学有紧密的联系，涉及相关区域的植被、土地利用、气候、地形、土地构成等方面的内容，关注人类活动引起自然景观向文化景观转化的机制和过程，并直接涉及自然与环境保护方面的工作。此外从20世纪开始，文化景观的分析也关注人类聚居区的地理、形态，以及人类定居活动的过程。因此文化景观概念除了涉及生态学领域以外，也与由人类活动参与景观构建的历史与美学因素有关。

对于文化景观的发展来说，包括民族、人口密度、语言、宗教、传统、经济生产方式、科学技术发展水平等因素都有重要的影响。在德国所处的中欧地区，经过历史上的城市化和工业化，传统的自然景观普遍被人类活动影响下的文化景观所替代。为了维持人类社会和自然景观的稳定，需要通过一系列的措施加以合理引导。文化景观也涉及从国家到区域层面在社会、经济、文化等

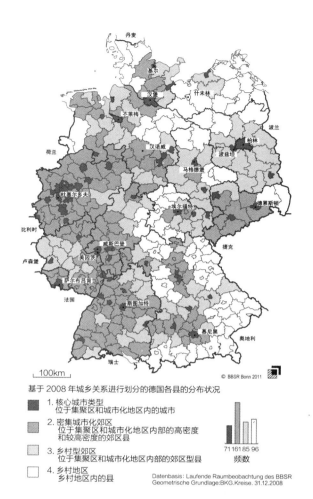

基于2008年城乡关系进行划分的德国各县的分布状况

- ■ 1. 核心城市类型
  位于集聚区和城市化地区内的城市
- ▨ 2. 密集城市化郊区
  位于集聚区和城市化地区内部的高密度和较高密度的郊区县
- ▧ 3. 乡村型郊区
  位于集聚区和城市化地区内部的郊区型县
- □ 4. 乡村地区
  乡村地区内的县

71 161 85 96 频数

Datenbasis: Laufende Raumbeobachtung des BBSR
Geometrische Grundlage:BKG.Kreise. 31.12.2008

图10-1　目前德国城乡关系发展情况

来　源：Raumordnungsbericht 2011. Bundesinstitut für Bau-, Stadt- und Raumforschung im Bundesamt für Bauwesen und Raumordnung, 2011.

广泛领域的因素，因此需要采取相关措施推动不同领域之间的协调，以减少相互间的矛盾。

对于文化景观的维护工作来说，一方面涉及人类的经济活动与自然环境保护相协调的问题，另一方面往往与历史和美学因素有关。由于乡村地区的发展规划直接涉及对当地空间结构进行调整，对于文化景观的影响首先涉及历史上形成的田地与聚居区的形态，以及当地农民的建设方式这两方面的内容，其他的影响因素还包括当地村落共同体的分布、区域基础设施的建设（公路、铁路）、乡村聚居区形态、田地划分结构、土地的交易与租赁、个人和集体各自的土地利用方式等

问题。因此对于乡村地区的发展与规划来说，需要根据与当地自然条件相协调的方式采取各自不同的策略，同时结合不同的规划目标选择相关的方法和措施，推动农业生产结构、自然环境保护、景观空间维护等方面的工作结合在一起。

10.2.2 历史上的相关工作

事实上，人们对于乡村地区的态度从来都不是单纯从经济角度出发，著名的古典经济学家约翰·穆勒（John Stuart Mill）在其 1848 年出版的《政治经济学原理》中曾写道："如果人们设想世界上不再保留自然的随机性，社会的每一个村镇都被经济开发所独占，那绝不是令人满意的。"

德国的乡村更新工作有着长期的历史渊源。在早期主要是重视乡村地区所具有的美学价值。在巴伐利亚，早在 19 世纪初期，就开展了所谓"乡村美化"（Landesverschönerung）运动，该运动受到更早时期英国相关运动的影响（图 10-2）。在 18 世纪，受到东方园林的启发，英国产生了以模仿自然形态为主旨的自然主义园林。在德国，推广自然景观美学的实践工作，主要是依靠马提亚斯·夏尔（Matthias Sckell）、彼得·约瑟夫·雷纳（Peter Joseph Lenné）和海尔曼·冯·皮克勒-慕斯考侯爵（Hermann von Pückler-Muskau，简称皮克勒侯爵）等知名景园建筑师的推动。慕尼黑的建筑总监古斯塔夫·福海尔（Gustav Vorherr）甚至运用景观园林发展的思想，推动乡村文化同建筑设计等相关学科结合在一起，致力于通过乡村美化运动将乡村地区在整体上塑造成为伟大的艺术品。

除了美学方面的思考，在当时乡村文化的发展过程中，也已经出现了大量关于社会革新的尝试。一方面是从卫生等技术问题的角度推动村庄本身的现代化，致力于改善当地微气候，通过采光、通风等措施为当地居民提供更好的生产和生活条件。另一方面则涉及乡村地区的自由与解放运动，推进废除历史上的旧制度所规定的各种义务与约束，解放被土地束缚住的农民，从而奠定了现代农业生产关系的基础。

图 10-2　19 世纪艺术作品对于乡村地区的理想化描绘

来源：Däumel, Gerd. Über die Landesverschönerung. Geisenheim, Debus, 1961.

10.3 整合性乡村发展策略

10.3.1 发展历程

在战后德国城市和区域发展的不同时期，对于乡村更新规划工作的价值体系和工作内容的认识也在不断转变。总体上，乡村更新工作共经历了4个历史时期。

1."二战"结束至70年代中期

到20世纪60年代之前，乡村地区的整治仍然围绕农业生产的土地结构和设施建设出发。直至20世纪60年代的《联邦建设法》和70年代的《城市建设促进法》出台，系统提出了"城市与乡村地区的城市建设性更新"的问题，学术界才开始对乡村地区建筑和基础设施的更新进行广泛讨论。但是这一时期也是现代主义规划主导的时期，因此更新工作主要是大拆大建的方式，也就造成了很多传统村落的历史肌理和遗产的消失。

2.20世纪70年代中期至80年代初期

1975年，全欧洲范围的文化遗产保护运动兴起。这一背景下，乡村更新和规划工作开始重视遗产保护问题，因此保护历史文化遗产成为当时乡村更新的哲学。1977～1980年，德国还进一步提出了"未来投资计划"，提出了针对全国范围的"农业结构和海岸地区保护议程"。这一时期，乡村地区的更新建设也开始同社会和文化工作广泛结合起来。保护和塑造乡村地区的特色形象成为工作重点，各个地区制定了相应的具体章程，不同的联邦州也分别制定了各自的工作议程。

3.1980年代至1990年代

这一时期的工作开始从乡村地区整体发展的角度，重视乡村更新和开发。1984年，乡村更新被确定作为"农业结构和海岸地区保护议程"中的独立内容。乡村规划因此逐渐从单纯重视乡村地区历史方面的内容，进一步发展到从整体上思考村落与整个乡村地区的发展相结合，同时积极推动乡村居民的参与。

4.从1990年代末至今

面对全球化等问题的挑战，同时为了与欧盟的相关农业政策和区域政策相结合，当前的乡村更新规划正从区域整体发展的角度，重新构建乡村地区在区域内部的角色和意义。

10.3.2 整合性乡村发展策略的提出

为了应对各方面的挑战，2004年的"农业结构和海岸地区保护议程"确定建立专门的"整合性乡村地区发展框架"（Integrierte ländlihce Entwicklung，ILE），将乡村更新、田地重划和农业结构发展规划等内容整合在一起，以便与欧盟、联邦、联邦州到各区域层面的政策相协调。

整合性的乡村规划策略以及由此构建的工作框架，就成为包括区域、地方社区政府、其他利益相关者，以及公众相互沟通协调的平台。通过启动整合性乡村规划的工作框架，除了需要制定规划的整体发展概念之外，还要通过区域管理和投资措施等步骤推动整个计划的具体实施，支持以下5个方面内容的开展：

（1）根据《建设法典》推动乡村更新建设与土地利用结构的调整；

（2）根据《田地重划法》以及土地所有者自愿交换的方式，塑造乡村空间；

（3）推动与乡村地区未来发展相适应的基础设施建设；

（4）保护植被与环境；

（5）促进乡村地区的土地所有者与其他相关者之间的合作。

10.3.2.1 工作内容

自从1984年开展乡村更新工作以来，相关工作的重点集中于2个方面：一方面着眼于村庄内部的物质性建设，特别是重视内向型发展，提高各类设施的利用效率；另一方面重视乡村更新规划过程的形式和程序，推动当地居民对乡村更新规划的参与程度，以解决乡村地区在生产和生活方面所面临的各类问题。

在农业生产方面：需要对原先用于农业生产，但是由于功能变化而荒废的建筑与设施进行改造，进行再利用或转化为其他功能；同时也要为仍然存在的农业企业提供具有合适形式和规模、适合其发展的建筑和配套设施。

此外，针对乡村地区在社会和人口结构方面的变化，特别是对经济水平较高和旅游业发展繁荣的地区，需要发展合适的乡村基础设施，调整土地利用结构，同时加强当地社区在社会文化方面的联系，在整体上改善地区的工作和生活条件。具体的工作内容涉及居住、工作、市政设施、教育设施、休闲娱乐、通信与交流以及交通等7个方面内容的协调（图10-3）。

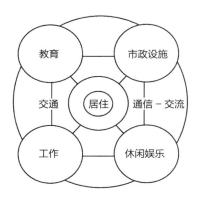

图10-3 乡村更新规划中的工作内容
来源：易鑫 绘

10.3.2.2 制度基础

整合性乡村规划涉及区域规划层面的政策定位、居民点等内部的土地利用与建设管理，以及为了农业生产对于乡村地区非建设用地的土地结构和设施进行协调等3方面问题：

1. 跨地区规划（区域规划）（Überörtliche Planung）

根据《空间秩序法》（Raumordnungsgesetz）以及各联邦州的《州域规划法》（Landesplanungs-gesetz），各联邦州及其下属部门制定以各州为整体的州域发展计划（Landesentwicklungsprogramm），以及针对内部各次区域的区域规划（Regionalplan）。整合性乡村规划的总体定位为反映区域规划层面的相关政策和目标。跨地区规划属于各级政府部门的内部职责，采取自上而下的原则，根据《空间秩序法》，不需要进行公众参与的程序。

2. 地方性规划（针对建设用地的城市建设性规划）（Örtliche Planung）

德国在制度上不存在城乡二元化问题，因此依据《建设法典》（Baugesetzbuch）以及各联邦州制定的《建筑规范》（Bauordnung）可以对各村镇内部的建设用地和建设活动制定相关的规划和管理内容，明确建设区和非建设区，规定对各类建设的具体要求。该规划属于城市规划范畴，涉及复杂的各方利益，根据《建设法典》，需要在包括从决定编制规划、具体编制到规划实施在内的各个环节，进行严格的、面向社会各界的公众参与程序。

3. 田地重划规划（Flurbereinigungsplanung）

基于农业生产的需要，对乡村居民点周边的农田、林地等地块加以管理和调整，同时对相关的水利、农业生产、环境保护等各方面的设施建设进行规划。该规划是通过上级田地重划管理部门牵头，引导乡村地区的土地所有者及其他相关者之间进行协调，因此根据《田地重划法》（Flurbereinigungsgesetz），在草案完成后须举办有相关参加者以及地方有关组织参加的听证会，以及公示等程序，并将方案呈送至上级管理机关备案才能实施，但是不需要施行面向全社会的公众参与程序。

10.3.2.3 工作程序

在整合性乡村规划的实施程序方面主要存在4个层面（图10-4）：

（1）决策层面：在开始阶段确定整合性乡村规划的总体概念。通过成立政策性的工作组，与来自区域管理部门以及作为地方政府代表的市长等人员协商。从而保证区域性的决策和调控能够与各地方的需求相协调。

（2）调控和协调层面：作为整合性乡村规划的枢纽部分，该环节将把整合性乡村规划的总体概念转化为具体的行动内容，制定中期成果的监控计划，以及筹备和总结具体的工作步骤。

（3）发展层面：处理各专业领域的具体内容，根据具体的问题制定相关的技术内容和发展措施，同时根据整合性乡村规划框架各部分构建各自的平台。

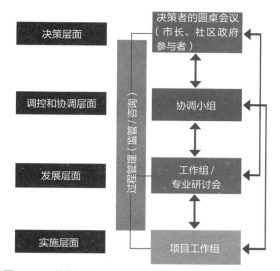

图 10-4 整合性乡村规划的实施程序

来源：Amt für Ländliche Entwicklung. Zwischen Lech und Wertach.

图中文字：
决策层面
调控和协调层面
发展层面
实施层面
决策者的圆桌会议（市长、社区政府参与者）
协调小组
工作组/专业研讨会
项目工作组
过程管理（监督/咨询）

（4）实施层面：针对各具体措施进行实施的组织工作，根据目标设定和实施者，运用项目工作组、联合会、工作共同体等不同的形式，围绕设定的目标进行乡村更新和田地重划工作，以保证跨区域和地方层面的问题和任务得到解决。

10.4 实例："在莱西河与维尔塔克河之间"

10.4.1 项目背景

经过上述对整合性乡村规划的目标、制度基础和程序进行简要分析，此处将进一步通过对获得"2010年巴伐利亚州乡村与村镇发展·特别奖"的"在莱西河与维尔塔克河之间"（Zwischen Lech und Wertach）规划案例作进一步的介绍（图 10-5）。

该项目的牵头单位为巴伐利亚州主管农业的部门——农业发展署（Amt für Ländliche Entwicklung），该部门致力于在整体上可持续的推动乡村地区的发展，其具体工作内容包括 4 方面内容：

（1）支持农业与林业的未来发展；

（2）加强社区的可持续发展并由此确保多样的生活空间质量；

（3）实施与公共财政相协调的发展计划；

（4）保护地区内部的基本自然条件与塑造文化景观。

图 10-5 "在莱西河与维尔塔克河之间"地区的景观（Zwischen Lech und Wertach）

来源：Amt für Ländliche Entwicklung. Zwischen Lech und Wertach.

"在莱西河与维尔塔克河之间"项目位于德国巴伐利亚州中部,规划地区位于莱西河与维尔塔克河之间,也是项目名称的由来。该地区处于不同的行政区交界的地区,受到不同的行政区管辖,包括4个县(奥格斯堡、慕尼黑、阿尔戈伊、多瑙-伊勒)及其下辖的8个自治社区,在区域规划层面和农业发展事务方面分属巴伐利亚州下辖的2个大区(施瓦本地区和上拜仁地区)管理(图10-6)。

10.4.2 整合性乡村发展规划的制定

通过其区位情况可以了解到,该地区处于周边重要城市地区的中间地带,因此与周边保持着相当密切的经济、社会联系,具有较强的经济活力。但是由于处于各周边城市区域的边缘,该地区也面临着一系列的问题,在人口发展方面,地区内部呈现出人口逐年下降的趋势,另外作为重要的农业地区,地区内部的农业企业数量也面临逐年减少的问题(图10-7、图10-8)。

该地区开展整合性乡村发展规划工作,目标在于除了农业之外,为该地区发展寻求新的角色与职能,促进区域整体的协调发展。在巴伐利亚州的州域发展计划中,该地区的主要经济职能包括农业(70%为耕地)、休闲、景观保护、黄铁矿开采以及作为周边城市的供水区。除了莱西河与维尔塔克河之外,该地区还有格纳赫河(Gennach)与斯考德河(Singold)等多条河流。

该项目整合性乡村规划的整体目标包括:
(1)构建涵盖各个社区的总体发展理念;
(2)建立整体的调控手段以联系区域的各个

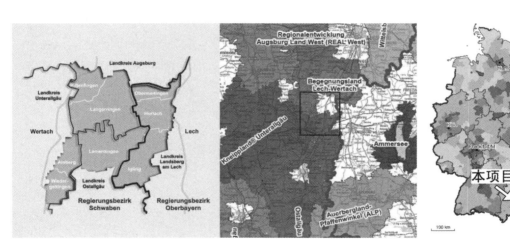

图10-6 项目区位
来源:Amt für Ländliche Entwicklung. Zwischen Lech und Wertach.

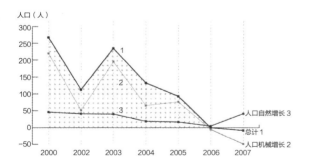

图10-7 地区人口发展情况
来源:Amt für Ländliche Entwicklung. Zwischen Lech und Wertach.

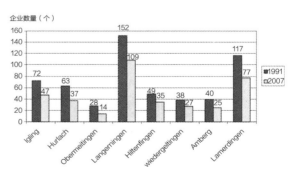

图10-8 1991～2007年各社区的农业企业数量比较
来源:Amt für Ländliche Entwicklung. Zwischen Lech und Wertach.

相关者，明确工作重点；

（3）通过独立的规划咨询部门编制相关规划，并对各专业情况进行调研；

（4）通过进行优势、劣势分析，以及公众参与的过程，确定具体的工作目标以及实施手段；

（5）准备针对乡村发展的相关措施和资金。

如图 10-9 所示，整合性乡村规划作为合作框架，一方面为跨地区的合作提供了重要的组织条件，制定共同有约束力的整合性乡村规划概念；另一方面也预留了地方社区和相关者的行动自由，允许包括乡村更新、田地结构调整和乡村基础设施建设等多种单一类型工作分头展开，以促进各个社区和私人投资者的参与。

在巴伐利亚州，整合性乡村规划概念（ILEK）涉及（表 10-1）：

（1）确定跨地区的问题，制定相关决议，以推动问题得到系统性解决；

（2）明确州和区域层面部门的任务和工具，从而保障区域整体层面的问题解决；

（3）明确地方政府层面的任务，从而保障相关的具体工作任务和问题解决。

在此基础上，确定具体开发建设活动计划，同时进一步明确整合性乡村规划的具体概念内容：

（1）准备乡村规划的具体内容（乡村更新、田地重划调整、土地管理）；

（2）考虑社区的发展活动；

（3）以及要求其他行政部门需要采取的相关措施和发展活动。

图 10-9 整合性乡村发展的内涵

来源：Amt für Ländliche Entwicklung. Zwischen Lech und Wertach.

优势	劣势
1. 具有吸引力的村庄	1. 地区内部缺乏相互之间的联系（公共交通、休闲道路、土地利用与信息流）
2. 临近各个周边城市中心	2. 人口发展问题
3. 较高的居住质量	3. 农业企业减少，同时影响到村庄与文化景观
4. 充满吸引力的自然和文化景观	4. 在农业生产与可再生能源之间的用地冲突问题
5. 较高的休闲活动价值	5. 大量的过境交通
6. 丰富的协会生活	6. 缺乏就近的市政设施
7. 有经营中的乡村度假设施	7. 缺乏针对年轻人和老人的社会服务设施
	8. 当地工作机会不足 / 大量的通勤人流
	9. 缺少地区整体形象

10.4.3 目标设定

整合性乡村规划概念制定了以下的发展目标（图 10-10）。

1. 构建服务于家庭和有利于代际交往的空间和设施

（1）制定共同的质量目标体系（任务表）；

（2）创造合适的居住空间；

（3）改善公共交通（弹性公交）；

（4）日常服务网络；

（5）共同讨论创造建立生活和经济空间；

（6）优化休闲娱乐活动的可能性："我们的空间：积极的公园"（Unser Raum：ein Aktiv-Park）。

2. 合作利用农作物原料生产可再生能源

（1）共同和独立的太阳能和风力发电设施的建设；

（2）优化和利用现有的沼气设施；

（3）共同确定优先建设地区；

（4）积极与投资者接触；

（5）通过调研和研究，实现差异化的土地利用。

3. 基于功能概念提升和确保自然和景观的价值

（1）接近自然和目标导向的休闲和度假设施；

（2）确定建设自行车和散步道；

（3）网络化的河谷地带的概念；

（4）体验滨水景观；

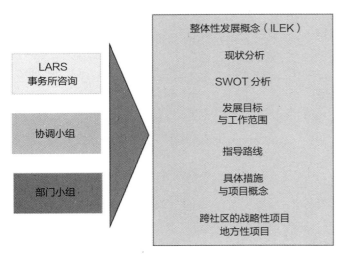

	SDL 研讨会：2007 年 4 月
	签署合作协议：2007 年 11 月
LARS 事务所咨询	区域整体考察：2008 年 6 月
	开幕式：2008 年 9 月
	市长圆桌会议：2008 年 10 月
协调小组	各工作组讨论会：2008 年 10 月
	市长圆桌会议：2008 年 11 月
	各工作组讨论会：2009 年 1 月
部门小组	市长圆桌会议：2009 年 3 月
	市长圆桌会议：2009 年 6 月
	项目讨论会：2009 年 7 月 /9 月
	市长圆桌会议：2009 年 10 月
	结束社区参与程序：2009 年 11 月

整体性发展概念（ILEK）

现状分析

SWOT 分析

发展目标
与工作范围

指导路线

具体措施
与项目概念

跨社区的战略性项目
地方性项目

图 10-10　整合性乡村规划的具体内容及程序

来源：Amt für Ländliche Entwicklung. Zwischen Lech und Wertach.

（5）分析可能的分散化蓄水空间；

（6）平衡土地开发概念。

4. 拓宽农业收入来源的开发配套设施

（1）区域性的营销概念：以"在莱西河与维尔塔克河之间"作为共同的品牌；

（2）农村妇女的聚餐；

（3）直接的经营设施（市场、当地的餐馆）；

（4）社区型的业务外包给当地私人土地所有者。

5. 协作的经济发展，交通基础设施的确定

（1）共同策划"在莱西河与维尔塔克河之间"的空间（因特网、宣传册、手工业展览）；

（2）对当地社区内部的交通进行限制与管理的项目；

（3）每个村庄一个商店。

10.4.4　目前的成果、具体内容

由于出色反映了整合性乡村规划推动区域内部相互合作，并改善生产和生活水平的要求，该规划项目获得了由巴伐利亚州农业发展署颁发的"2010 年巴伐利亚州乡村与村镇发展·特别奖"，用以表彰相关工作的成果。

到目前为止，该项目已经完成了整合性乡村

规划的概念制定，同时开始了初步的项目实施工作，一部分服务于区域整体层面，另一部分则由个别的社区政府和私人部门完成。目前所开展的跨地区层面的工作包括：

1）建立地区整体的共同网站，介绍并推广相关的项目。

2）地区整体的能源与土地利用的发展概念：

（1）在开发可再生能源领域，进行土地利用调整和区位分析（光伏和风力发电、热电联产系统）；（图 10-11、图 10-12）

（2）制定整体的能源开发预算，分析各内部地区的能源和采暖需求；

（3）通过公共交流活动推进公众的认可与支持（市民会议、项目工作组等）；

（4）具体的项目实施。

3）提供弹性公交等符合当地需要的公共交通。

4）设立共同的老人服务中心。

5）建立共同的自行车路网。

6）推动森林、河滩地以及草原之间的网络化。

7）制定共同的经济发展框架规划。

8）地区整体的农产品营销概念，并发展"在莱西河与维尔塔克河之间"的品牌。

图 10-11　规划的风力发电设施用地（黑色）

来源：Amt für Ländliche Entwicklung. Zwischen Lech und Wertach.

图 10-12　规划的光伏发电用地（白色）

来源：Amt für Ländliche Entwicklung. Zwischen Lech und Wertach.

10.5　结论与启示

基于以上对于德国乡村地区更新的发展历程，以及当前整合性乡村规划工具的目标、内容，以及程序的讨论可以认识到，乡村更新规划工作本身是一项高度依赖公众参与、注重实施导向的工作。乡村地区加强文化认同工作的目的也不仅是关注乡村地区的美学价值，而是要从注重满足当地居民的经济、社会与文化需求出发，将促进居民的文化认同与稳定当地的社会关系和促进居民整体的生活水平提高结合起来。

对于受到外部环境变化，处于深刻变革过程中的乡村地区来说，推动包括文化认同构建在内的大量工作，是稳定自身发展，在区域发展过程中获得新的角色和职能的重要举措。推动包括维护乡村地区的文化景观在内的各项工作，除了重视其文化及美学意义之外，本质上围绕改善乡村地区的生产和生活条件，在尊重历史发展过程的基础上，保证乡村地区根据可持续发展的要求获得新的发展空间和必要条件。

面对乡村地区涉及的广泛问题，整合性乡村

发展规划作为一项重要的政策工具，实际上承担了将不同层级和不同领域的公共与私人部门联系在一起的作用，促进影响乡村地区整体发展的各方能够在一个共同的工作框架中讨论和推动相关的发展策略和具体措施，以提出符合当地发展需要的具体策略和行动纲领。在这一过程中，在重视乡村地区发展问题多样性的同时，推动地方社会结构的稳定性，同时重视选择具体而有效的发展措施，有助于相关问题的展开。

如果将德国在历史上和当前所做的在乡村更新与发展工作与我国的工作相比较则可以发现，我国目前处于快速工业化过程中的乡村地区发展还有非常多的工作尚待开发。无论是对于乡村地区的历史和美学价值，还是乡村地区在区域发展过程中所面临的角色调整，在我国目前的区域研究和规划实践考虑的都还很有限。随着我国经济结构转型升级，乡村地区宝贵的文化和景观资源将成为区域进一步发展的重要支撑，因此必须将乡村地区的可持续发展提高战略高度上来。

在明确相关认识的基础上，应当促进在国家

和各级地方政府为代表，在加强和稳定农业生产的同时，以多元化的视角看待乡村地区的发展问题，制定国家和地方层面的行动计划。除此之外，应当继续完善涉及乡村地区发展的区域规划和城市规划的制度准备，推动不同规划之间的协调，破除条块分割的负面影响，推动城市规划、土地管理和农业发展部门之间的相互协调。

本章参考文献

[1] Akademie für Raumforschung und Landesp-lanung（Eds.）. Grundriß der Stadtplanung. Hannover，Vincentz，1983

[2] BMWS – Bundeministerium für Wohnungswesen und Städtebau（Eds.）. Raumordnungsbericht .Bonn，2011.

[3] Däumel，Gerd. Über die Landesverschönerung. Geisenheim，Debus，1961.

[4] Krambach，K. Nationale Doraktionsbewegungen und ländliche Parlamente in europäischen Landern. Dortmund，Dortmunder Vertrieb für Bau-und Planungsliteratur，2004.

[5] Schenk，W. „Landschaft " und „Kulturlandschaft "–„getönte " Leitbegriffe für aktuelle Konzepte Geographischer Forschung und räumlihcer Planung . In：Petermanns Geographische Mitteilungen H. 146，Gotha，S.6-13.

[6] Selle K. Was?Wer?Wie?Wo?-Voraussetzungen und Möglichkeit einer nachhaltigen Kommuni-kation. Dortmund，Dortmunder Vertrieb für Bau- und Planungsliteratur，2000.

[7] Xin Yi. Urban Transition via Olympics - Der Einfluß der Olympiade Beijing auf Chinas Urban Transition vor dem Hintergrund der europäischen Olympiastädte München，Barcelona und London. München：2011.

[8] G. 阿尔伯斯 . 城市规划理论与实践概论. 吴唯佳译. 薛钟灵校 . 科学出版社：2000.

[9] 易鑫 . 德国的乡村规划及其法规建设. 国际城市规划，2010，25（2）.

第 11 章
德国的乡村治理及其对于规划工作的启示[①]
Rural governance in Germany and the related requirements for urban planning practice

| 易鑫
| Yi Xin

11.1 德国乡村地区空间发展面临的主要特征

11.1.1 郊区化与"景观破碎化"

近些年来，德国乃至欧洲的乡村地区经历了深刻而广泛的变迁。随着经济和社会结构的转型，乡村地区在郊区化过程中逐步与区域内的城市空间融合在一起，城市生活方式的广泛普及，乡村地区发展的内涵和方向也就从根本上得到了改变。相比之下，以前乡村地区的空间环境和社会关系基本保持稳定，位于城市以外的居民点、水域、基础设施网络等共同组成相对完整的景观系统，以农业生产为主的居民数量较少，人口构成相对一致，地区内部建设主要集中在若干布局相对紧凑的小城镇和村庄等居民点当中。

依靠现代化的市政和私人交通设施网络，乡村地区的几乎每一个角落都已经与城市生活联系起来（图 11-1）。越来越多的居民迁移到乡村地区来生活和工作，以慕尼黑所在区域为例，在 1998～2006 年间，56% 的新增通勤人口需要到都市区以外地区工作（阳建强等，2014）。今天当人们在不同的建成区之间转换时，往往已经注意不到在空间形态上有明显的变化。结果乡村地区越发面临丧失原有空间特征的问题，人们在可认知性和可体验性方面遇到了越来越大的问题——郊区化形成了大量偶然分布的建筑物、技术设施、绿化以及居民点部分的布局——即"景观破碎化"。对于这种现象和问题，托马斯·希尔维茨（Thomas Sieverts）非常精辟地将其总结为"之间的城市"（Zwischenstadt）（Sieverts，1998）。

11.1.2 乡村地区发展设想的调整

随着德国向后工业社会转型，人们对于乡村地区发展的认识也出现很大变化。以前工业化时期强调城市优先的发展模式，乡村地区主要是被当作向城市提供劳动力以及水源、土地、食物等大宗物资的腹地，只有少数无关紧要甚至冗余的功能被从城市中分离到乡村。特别是从 1970 年代开始，人们对强调功能分离原则的现代主义规划进行了系统反思，转而追求具有功能混合和多样性的发展原则，并在此基础上提出了"城市（区域）作为生活空间"的发展设想。倾向于把乡村地区作为一个相对独立的生活空间，同时整个城市区域的空间发展对其加以干预。从此更加系

---

① 本文原载于：《现代城市研究》，2015，Vol.29，No.4，pp. 41-47。

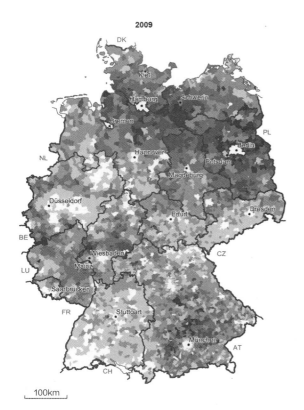

2009

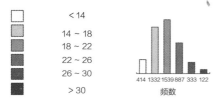

就业人员从住处到工作地点的平均通勤时间（km）

	< 14
	14 ~ 18
	18 ~ 22
	22 ~ 26
	26 ~ 30
	> 30

频数

图 11-1　德国就业人士的平均通勤距离

来源：Raumordnungsbericht 2011. Bundesinstitut für Bau-, Stadt- und Raumforschung im Bundesamt für Bauwesen und Raumordnung.

统地将乡村地区与城市空间的发展结合起来，提出"内生性发展"的区域发展策略。1990年代以后，可持续性发展理念的影响不断扩大。这就要求城市和区域在通过各种基础设施网络与其他区域乃至全球保持多种联系的同时，应当尽可能注重强调区域发展利用自身资源的能力，以减少对其他地区造成更大的资源压力，区域内部的居民点应当达到起码的建筑密度和人口密度，同时在居民点内部形成功能混合的结构（Baccini，et al.，1998）。

11.1.3　乡村地区经历的差异化发展

　　近年来在欧盟一体化的过程中，欧盟制定了包括"LEADER+"、"URBAN Ⅱ"、"Interreg Ⅲ"、"EQUAL"、"Euregio"等一系列与乡村地区发展有关的各种农业发展和区域整合政策。这些计划根据各个区域的不同需要，提供了有针对性的资金和技术支持，乡村地区与区域整合的过程不断深化。原先位于各国边境的边缘性乡村地区，也成为相关空间政策资助的重要对象。在这些政策的支持下，无论是在大的尺度上（原民主德国和联邦德国之间），还是小尺度上（区域内部），乡村地区的发展都表现出明显的差异性：

　　（1）在欧盟的农业政策推动下，德国的农业部门加快了产业化过程，农业生产进一步向差异化和专业化方向发展，中小型农业企业通过兼并而不断集中。

　　（2）非农产业得到了广泛发展。一部分乡村地区利用区位上的便利条件，以及可开发建设土地和相对较为廉价的劳动力，早在1960～1970年代以来就开始了持续的工业化过程。当前又依靠旅游业使服务业也得到了广泛发展。两德统一之后，原民主德国地区的乡村地区旅游业也开始快速发展。

　　（3）随着郊区化的深入，乡村地区的社会构成比原先大大复杂化。依靠地价和环境方面的优势，再加上基础设施水平不断提高，越来越多的城市居民选择在乡村地区生活，郊区化趋势明显，结果产生了大量通勤人口。与此同时，一部分地区则遇到人口净流出的挑战，特别是在原民主德国地区来说，年轻人口大量外流，造成乡村地区居民点不断萎缩。

　　（4）乡村地区的基础设施建设条件明显表现出差异性。部分乡村地区的基础设施水平完全可以与大城市地区的基础设施供应水平相媲美。另一些地区则因为发展停滞和缺乏资金，造成基础设施水平不断降低，甚至还有一些地区存在不少有负面影响的设施（例如堆料场、发电站、试验车辆段等），限制了当地的发展。

　　（5）乡村地区的旅游业得到快速发展，部分地区的发展规模甚至能够达到替代农业部门的水平。不过这同时也带来过度依赖旅游业的风险，特别是对于旅游业中心地区（例如南德的阿尔卑斯山麓和北德的波罗的海和北海地区），人口在部分时段的大量流入给当地的社会机构和环境都带来了较大的负担。

11.2 乡村地区治理工作面临的主要挑战

基于以上情况，讨论乡村地区的治理问题必须从区域整体出发，同时充分认识乡村地区自身以及与周边城市地区关系的复杂性。

11.2.1 区域治理的基本视角

联合国人居署对城市治理的定义为："个人与机构、公共与私人部门参与式规划和管理城市共同事务的许多方式的总体。通过这一持续的过程，可以与各种冲突或多样性的利益相容，并可以采取合作行动。它包括正规机构、非正规的组织安排，以及市民的社会资本。"对于治理工作来说，区域的规模被视为足够小而能够进行合作式的决策，同时又具有足够大的规模将决策转化为有效的干预措施。各个国家和地区的政治文化传统和历史发展过程都会强烈影响治理的实际效果和方式；在不同的制度框架下，区域治理所发挥作用的方式和效果也不一样（Chambers, et al., 2002）。

德语国家保持着在当地发展社区协会的长期传统，这一传统在地方治理工作中发挥了重要的作用（Abelshauser, 1984）。在制度方面，联邦制国家的结构形式[1]，使每个联邦州都在联邦议会中享有平等的权利和地位，联邦政府的立法工作往往需要各联邦州的支持才能通过，从而确保了相对分散的决策结构。确定国家国土空间发展政策，主要是通过负责空间规划事务的联邦部长与各联邦州的代表在"空间秩序规划的部长会议"上确定。各个联邦州有充分的权限实施各自的区域发展政策、编制相应的州域规划和内部各次区域的区域规划。在地方层面，由于德国基本法中明确

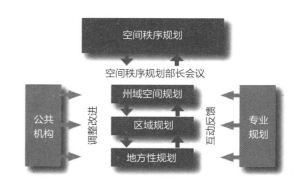

图 11-2 欧洲的空间规划政策

来　源：Raumordnungsbericht 2011. Bundesinstitut für Bau-, Stadt- und Raumforschung im Bundesamt für Bauwesen und Raumordnung.

规定地方政府享有充分的自治权，在城市规划（地方性规划）方面有充分的自主权。基于这一制度安排，城市和区域工作采取了所谓"对流式原则"，各方在自下而上和自上而下的互动过程中解决各种问题（图11-2）。

区域治理工作的核心是解决广泛的社会政治决策问题（Lawrence, 2005），为此就需要构建相互之间的合作网络，在以上相关者之间建立相对稳定的互动和利益交换关系（Fürst, 2003）。为此就需要讨论这些机构之间相互合作的互动结构和方式，关注机构之间的共同作用和影响问题。除了要促进社区政府、区域性机构以及公共行政部门之间的合作以外，还有必要引入企业和当地联合会之类的机构参与，通过发展一系列相互关联的活动对区域和城市空间的发展过程进行协调和调控。

由于近年来德国社会的机动化水平不断提高，居住、工作和休闲娱乐等活动之间的关系越发松散，原有的城市和社区的边界被逐渐消解，因此区域空间的重要性不断得到提高，这已经成为在政府、公共行政部门、地方经济部门之间互动的关键背景条件，相关的空间发展政策也就考虑以区域为整体对由于空间活动的变化所引起的社会

①　本德国共有 16 个联邦州，其中 5 个州属于原民主德国地区，原联邦德国地区有 3 个城市州，即柏林、汉堡和不来梅。

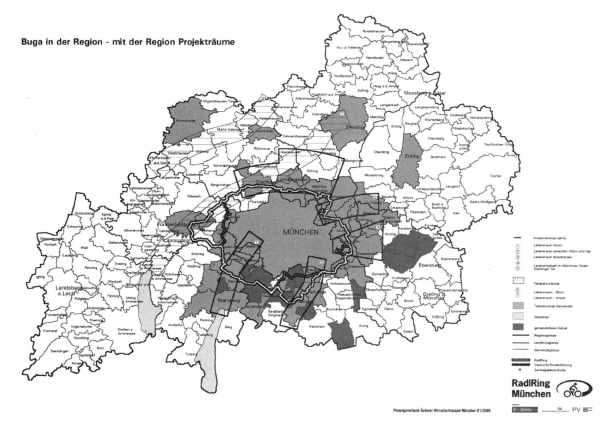

图11-3　2005年慕尼黑举办国家景观展的区域合作网络

来源：Konzeption projektorientierter Raumentwicklung im Kontext regionaler Großereignisse：Endbericht. Planungsverband Äußerer Wirtschaftraum München，2005.

关系变动进行调控。在提供基本公共服务方面，就要求社区政府之间共同合作，构建新的平台来满足需要（图11-3）。这个过程更多强调发挥区域内部横向合作网络的作用，以便满足区域内部的差异性需求。为此还需要对现有区域内部负责相关事务的组织结构进行再组织，以便适应治理的需要。而在公共财政资源不足和西方国家普遍流行的私有化背景下，区域内部和区域之间的基础设施需要在资金、运营管理等多种层面应对这方面的问题，融资结构的转变对于区域内部的共同决策和参与产生了明显的影响，以便对于差异巨大的利益取向进行协调，构建共识，解决相关问题。

11.2.2　"分散的集中"构想

目前在德国各个区域的空间结构发展目标中均强调"分散的集中"构想，这一构想体现了"紧凑型城市"（Compact City）的空间发展理念（Frick，2011）。考虑到郊区化的趋势不可避免，"分散的集中"构想致力于在不同规模和类型的居民点以及在居民点与开放空间之间建立多样性的联系，体现了包括经济、生态和社会方面的多方面措施：一方面致力于通过发达的交通系统使区域内部分散布局的居民点相互联系起来，另一方面每个居民点内部应当发展相对紧凑的建筑布局。对于人口密度很低的城市边缘和乡村地区来说，"分散的集中"构想有着重要的经济意义，可以帮助避免在交通用地、能源、水源等项目的建设和长期运营方面出现过高的成本。"分散的集中"构想同时注重改善当地的农业生产条件，维护景观资源，同时也强调乡村地区居民点建设的质量，重视改善当地居民的休闲活动质量，并减少大规模通勤活动对社会、经济和生态问题带来的负面影响，推动乡村地区的发展与整个国家的空间规划体系相互协调。

11.2.3 乡村治理对于规划工作的原则性要求

基于区域治理的视角，德国的乡村治理工作对于规划工作的原则性要求主要包括以下几点（Fürst，2003）：

（1）坚持从外部对乡村发展事务的调控和乡村地区的自我调控相互结合起来：这个过程中，乡村发展事务不再仅仅是由国家和联邦州进行管制，而是强调鼓励各方面相关者进行参与，促进相互间的协作，为实现共同目标而努力；乡村地区的自我调控则意味着将乡村地区作为一个自治的单元，实现与乡村发展事务有关的各项政策需要相互协调。

（2）基于区域整体的视角，乡村治理强调通过整合性的政策和工具实现战略性的发展任务（战略空间规划的制定与实施），使不同的组织和相关者都能参与到规划方案制定和实施中来，以便提高发展政策的合法性和可实施性。

（3）考虑到各个区域性组织在各自专业领域和职能上的差异，乡村治理工作的关键就是在公共部门和私人部门之间以及公共部门内部构建有助于合作和互动的组织间互动平台和相关工具，同时保持协作方式具有高度的弹性和多样性。

（4）治理工作需要将不同的调控措施结合起来，使各种交易、刺激和竞争机制充分发挥作用，作为现有正式规划工具的有力补充，鼓励竞争性的协作关系，同时尽量避免采用强制性手段。由于治理工作中涉及包括城市与乡村、不同产业门类之间、发展经济和保护生态等复杂的矛盾，除了通过合作网络加强沟通以外，有时候还需要通过资金补助的方式帮助缓解矛盾。

11.3 服务于乡村地区治理的规划引导

11.3.1 整合乡村地区的规划工具

乡村地区的规划工作致力于构建以需求为导

向的乡村规划框架。在确定当地发展的具体策略时，除了要注意把握一般性问题以外，还必须高度关注每个居民点及其所在地区的特殊性。事实上，由于乡村地区居民点在物质形态上的特点，使得乡村居民点建设用地、农业与林业用地、水域以及其他基础设施网络组成了一个具有相对独立性的"小世界"。依靠这种独立性，当地居民之间就能够实现比城市居民更多的直接接触，与自然和周边景观的联系也更为紧密，对当地问题和自身需求的认识也更为明确，这些特点也就使他们更有意愿参与乡村地区的规划实践。

鉴于这种空间框架的综合性，也就需要实现社区性规划（关注建成区土地利用）、田地重划规划（关注农业和林业用地）和其他专业规划（关注各项市政基础设施）之间的整合（图11-4）。通过协调的过程尽可能避免各方在建设活动中出现相互干扰或损害的情况，在保证规划目标实现共同利益的同时，也将有利于当地的每个人，实现空间的协同效应，取得整体大于局部的效果。

根据以上讨论的内容，在乡村规划工作中需要注意以下的基本原则：

（1）乡村规划要注意与村落的现状发展相互协调，这就意味着要确定居民的需求，注重发掘和维护地方特色。

（2）注重乡村地区在整个规划发展阶段内的发展变化，因此就要把村落看作是一个由居民点、农地、林地和景观所共同组成的单元，并使用系

图 11-4　整合性的乡村发展规划

来源：易鑫，克里斯蒂安·施耐德. 德国的整合性乡村发展规划与地方文化认同构建. 现代城市研究，2013，27（6）：51-59.

统性的规划方法。

（3）考虑到乡村地区实际的空间发展过程，应当避免大拆大建的开发方式，遵循保护性更新的原则，新的规划内容应当在尊重现状的基础上发展出来。

（4）强调独立性原则并推动内生性的发展，应当注意强化和维护居民点内部的人群结构特征和场所类型，支持当地居民根据自身的动机参与乡村地区的规划与更新，并且鼓励由当地居民来负担起具体的建设和维护责任。

根据以上讨论的工作框架和基本原则发展整合性的规划措施，追求提升乡村地区的总体性功能利用水平，并实现空间的协同效应。

11.3.2 战略空间规划作为乡村治理的重要工具

作为区域治理的重要工具，战略空间规划的目的是对地区内部各种与人类活动有关的空间关系进行综合调控。战略空间规划首先根据概念性的空间构想提出基本框架和原则，侧重指导性和长期性的空间规划。在此基础上，再利用现有的法定规划体系，使战略空间规划的成果与涉及土地使用权和开发权的规划内容关联起来，从而在未来社会与空间关系之间安排适当的行动过程。战略空间规划工具必须同时考虑社会、经济和生态等多方面的要求，很显然这种基于治理模式的规划工具依赖于相关者之间的协商过程和对集体行动的判断。

典型的战略性空间规划包含一个"指导性的"或前瞻性的、长期的空间规划方案。不同于具体的空间设计，该规划方案是由框架和原则，以及广泛的空间概念所组成（但是它可能为具体的地方规划和项目设置框架）。该规划并不会涉及城市的每一个部分——其战略性意味着将集中关注那些对整个规划目标来说具有重要意义的领域，特别是可持续发展与空间品质。空间规划方案是关于规划的具体安排、指定土地用途和开发的标准，以明确涉及开发权的相关限制。

战略空间规划的另一个作用是整合公共部门的职能。考虑到当今城市和区域发展的复杂性，而且公共部门应对挑战所能提供的资源相当有限，因此就有必要整合各个职能部门的力量，在坚持民主沟通的同时，提高解决问题的效率。因此战略空间规划追求的是"通过协调部门政策和决策带来的空间影响来塑造空间发展"，这与以前主要使用土地利用规划的方式（"通过指定开发和保护性地区、应用各种指标来调节土地利用与开发"）（阳建强等，2014）有着很大不同。

11.3.3 整体发展理念的制定

在战略空间规划领域，德国发展出一种称为"整体发展理念"的规划工具，十分具有特色。"整体发展理念"是一种介于抽象而宏大的社会发展目标和具体而实际的城市发展目标之间的过渡性目标设想，它的目的是通过在价值尺度上对所涉及的空间发展问题进行系统而综合的认识和评价，在此基础上作出对所追求的城市未来发展方向的判断。整体发展理念是一个开放性的体系，一方面它本身具有社会发展目标中所固有的目标之间的矛盾性特征，另一方面又要从实际角度出发对城市发展中方方面面的问题进行综合平衡。从这个意义上说，整体发展理念不是单纯由政府或者部分决策者所决定的，而是一个通过影响城市发展的相关者通过相互沟通，并结合具体的建设问题而达成共识的过程。基于广泛的社会交往和公众参与，整体发展理念规划为城市与区域的可持续发展一方面提供较强的政治基础和可行性，同时这一工具也能够把发展目标进行系统化梳理，使得空间发展在实然状态和所追求的应然状态之间建立起清晰的桥梁，为以后的具体规划和建设实践提供指导意义。

从发展角度来看，整体性发展理念的制定者和参与者（居民、社区政府和区域其他部门）首先就要明确规划的基本定位，在此基础上确定具体的实施路径和目标，并提出进一步的子目标和实施措施，围绕乡村地区的土地利用与区位关系，对地区内部与空间有关的各种生产和生活活动进行综合调控，使建设地区能够保持长期稳定。整体性发展理念还必须同时考虑社会、经济和生态等多方面的要求。根据具体的规模和影响范围，各种措施中既包括针对局部空间对象的整治和造型方面的任务要求，也包括社区乃至区域层面的基础性政策与战略，以实现整体性的行动。在乡村地区战略空间规划成果的基础上，还必须通过一系列的行动把战略空间规划工作中的重要成果转化为法定规划工具，以保证规划的可实施性和延续性。确定整体性发展理念本身就是一个凝聚共识的过程，规划的成功与否依赖于与其他计划和规划之间的战略合作，以及规划承担者和出资者的支持，具体流程如图11-5所示。

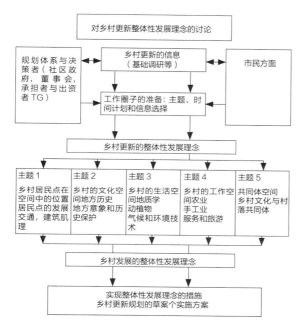

图 11-5 乡村地区整体发展理念规划的发展流程
来源：易鑫 绘。

从系统角度出发进行乡村地区的规划工作，决策者和规划人员利用整体发展理念这一工具来发展具有整体性的发展战略和构想。这就要求乡村地区的建设项目除了要服务于自身需要以外，还要尽可能考虑到乡村发展对于周边地区的影响问题。例如巴伐利亚州还在乡村规划工作中特别引入了由联合国环境与发展会议（UNCED）提出的"21世纪议程"（Agenda 21）的框架，以确保乡村地区的发展在可持续的城市化方面发挥关键作用，在积极应对气候保护、缓解气候变化影响

的同时，对乡村地区的空间配置及服务方式进行有计划的变革，发展宜居、富有生产力和包容性的城市、乡镇和村庄系统。

11.4 启示

11.4.1 基于可认知性与可体验的乡村治理目标

与我国处于工业化和快速城市化过程相比，处于后工业社会的德国对于乡村治理的认识和发展定位有着较大的区别：德国把乡村地区看成是整个区域内部具有较强独立性的空间单元，区域发展观强调基于"紧凑型城市"的"分散的集中"构想，致力于根据可认知性和可持续性要求，使乡村地区的发展与整个区域的空间发展紧密协调在一起。可能对于我国的很多专业人员来说，乡村地区的美学价值和生活质量固然值得重视，但是这些问题与乡村地区的经济发展和基础设施等问题相比，又被看作是比较次要的问题。事实上，德国的乡村规划工作，特别是最后讨论的整合乡村地区多种规划措施和"整体性发展理念"工具的核心内容恰恰在于围绕乡村地区居民的需求出发，构建高质量的生活环境，在尊重和强化乡村地区相对独立性的同时，把乡村地区的发展与整个城市与区域的发展统一起来。

依靠多年经济增长的积累和政府的积极推动，我国的乡村地区获得了前所未有的发展机遇，大量资金和项目将给乡村地区的空间发展带来巨大的变化。但是这些重点项目、基础设施、旅游开发、环境保护、村民的居民点建设、农业用地和林业用地的更新与调整，大体上还是处于各自为政的局面。这就给未来的乡村发展埋下了隐患。德国现在已经出现了因为郊区化无序发展所引起的景观破碎化问题，大量市政和物流方面的配套设施和居民点之间的空间关系非常随意，使人们几乎无法体验到这些地区的空间关系，必须引起我国规划和研究人员的充分重视。对于当地的居民和企业经营者来说，这样的场所的生活质量是较为有限的，人们无法对这样的空间建立合适的认同感，也就不能够保证这些地区在未来发展中保持

稳定和延续性。

11.4.2 构建适合乡村治理要求的制度框架

《全球人类住区报告2009》指出，中国的空间管理体系仍然是一个嵌套式空间等级结构，而这种空间单元的等级性是发挥向下控制和集中交付社会物品的一个关键机制。虽然市场化已经将权力中心向等级结构下层转移，地方政府获得了相当大的自主权，他们对于房地产的控制推动了乡镇企业的崛起及其功能的多样化。最大的影响由地方政府的领导支配，并依靠地方财政自主权推动当地发展。虽然存在包括消费者群体和市民团体在内的新的城市行动者，但是投资者的影响力最大，市民（尤其是流动人口）在决策制定中的发言权相当有限。

如果从治理的视角看待规划问题，就需要更好地理解当前城市和乡村地区的发展趋势、方向和市场力量的巨大潜力，因此也就需要基于将各种公共机构和部门与来自民间社会和企业的其他利益相关者团结起来，开发具有可操作性的协作流程，运用各种具有启发性的战略空间规划根据，为城市发展构建一个共同的空间愿景。

11.4.3 整合各项规划措施促进区域空间发展

与德国拥有高效管理的空间发展体系不同，我国目前在乡村地区，特别是核心城市周边的地区存在着大量的非正规建设区。因为各种各样的原因，这些地区缺乏合法的法律程序，各方面的配套设施明显不健全，聚集了大量的低收入人群和非正规经济形态，也暴露出严重的贫困和不平等问题。这些地区的蔓延问题是如此显著，以至于《全球人类住区报告2009》指出："据预测，到2025年中国40%的城市增长将位于半城市化地区（其中相当一部分属于非正规建设区），这一区域从中心城市向外延伸150km或以上。"（阳建强，2014）根据国际上的相关经验，这些地区的范围很大，内部土地产权关系混杂，有时候甚至会超出地方政府的管辖权限。这就有必要从提高当地人群的生活质量出发，采取未来导向的发展策略，

发展有利于社会资本发展的渐进式的服务及基础设施的交付方法。

在这方面，从德国整合乡村地区规划措施的工作模式当中可以使人获得启发。首先需要明确"整合"的内涵，对于乡村地区所处的复杂情况来说，包括居民点建设、农业用地和林业用地调整、环境保护、交通、水利基础设施建设，以及景观维护等任务可以说是错综复杂。通过构建整合式乡村规划的框架作为平台，运用"整体性发展理念"这一充满启发的战略空间规划工具，帮助来自不同层级的公共部门、当地居民和投资者之间进行充分的沟通和协商，构建起真正能够促进地方发展的战略和具体目标，同时根据相关的程序要求，保证规划过程能够基于区域整体逐步落实规划构想。

面对乡村地区发展的复杂局面，乡村规划实践急需优化地方政府的组织形式和资源利用方式，通过在乡村规划中运用战略空间规划工具，整合政府各个部门所掌握的多种资源和预算，促进不同职能部门和层级之间的合作，强化治理工作在空间方面的连贯性，提高地方政府的治理水平，同时加强公共部门与包括居民、企业和投资者在内的私人部门之间的合作。

本章参考文献

[1] Abelshauser W. The first post-liberal nation: stages in the development of modern corporation in Germany. European History Quarterly, 1984 (14): 285-318.

[2] Baccini P, Oswald F (eds.), Netzstadt. Transdisziplinäre Methoden zum Umbau urbaner Systeme. Zürich: vdf Hochschulverlag AG an der ETH, 1998.

[3] Chambers S, Kymlicka W (eds.). Alternative Conceptions of Civil Society.Princeton, Nj: Princeton University Press, 2002.

[4] Frick D. Theorie des Städtebaus. Berlin: Thübingen, 2011.

[5] Fürst D, Scholles F. Handbuch Theorie und Methoden der Raum und Umweltplannung. Dortmund: Dortmunder Vertrieb für Bau und Planungsliteratur, 2003.

[6] Konzeption projektorienterter Raumentwicklung im Kontext regionaler Großereignisse：Endbericht. Planungsverband Äußerer Wirtschaftraum München，2005.

[7] Lawrence G. Promoting sustainable development：the question of governance. In：New Directions in the Sociology of Global Development. Amsterdam：Elsvier, 2005.

[8] Sieverts T. Zwischenstadt. Zwischen Ort und Welt，Raum und Zeit，Stadt und Land. Braunschweig/Wiesbaden：Vieweg, 1998.

[9] UN-Habitat. Global Report on Human Settlements 2009：Planning Sustainable Cities—Global Report on Human Settlements 2009. London，Sterling，VA，2009.

[10] 阳建强，易鑫，陶岸君，译.全球人类住区报告2009：规划可持续城市.北京：中国建筑工业出版社，2014.

[11] 易鑫.德国的乡村规划及其法规建设.国际城市规划，2010，25（2）：11-16.

[12] 易鑫.Klaus Kunzmann 教授访谈：为空间发展进行规划：德国是中国的榜样么？.城市·空间·设计，2013，29（1）：9-15.

[13] 易鑫，克里斯蒂安·施耐德.德国的整合性乡村发展规划与地方文化认同构建.现代城市研究，2013，27（6）：51-59.

第2部分　大都市区域和大城市的发展情况

Part Ⅱ　Metropolitan city regions and large cities

第 12 章

德国的大都市区域（克劳斯·昆兹曼）

Metropolitan city regions in Germany（Klaus R. Kunzmann）

第 13 章

位于美因河畔的法兰克福（维尔纳·海因茨）

Frankfurt am Main（Werner Heinz）

第 14 章

杜塞尔多夫：德国最宜居的城市之一（约阿希姆·西费特）

Düsseldorf: one of the most livable cities in Germany（Joachim Siefert）

第 15 章

汉堡的两种城市改造方式：港口新城和国际建筑展（迪尔克·舒伯特）

Two contrasting approaches to urban redevelopment in Hamburg: the Hafen-City and the IBA in Hamburg（Dirk Schubert）

第 16 章

重塑一个首都：德国统一后柏林城市发展的挑战与成就（迪特·福里克）

Reinventing a capital city: challenges and achievements of urban development in Berlin after reunification（Dieter Frick）

第 17 章

莱比锡：或者一个城市的生存——一个后社会主义城市发展的实例（马丁·祖尔·内登）

Leipzig: or survival of a city? An example of post-socialist urban development（Martin zur Nedden）

第 18 章

"社会公平的土地开发"——慕尼黑经验（易鑫，克里斯蒂安·施奈德）

Social-compatible land use: Munich's experience（Yi Xin, Christian Schneider）

第 19 章

2005 年慕尼黑国家景观展：城市设计作为协调空间发展的工具（易鑫）

Bundesgartenschau 2005 in Munich: Urban design as coordination instrument for urban development（Yi Xin）

第 20 章

鲁尔区：工业区域转型的挑战与成就（克劳斯·昆兹曼）

The Ruhr: Challenges and achievements of transforming an industrial region（Klaus R. Kunzmann）

第 21 章

纽伦堡大都市区（克丽斯塔·斯坦德克）

Nuremberg metropolitan region（Christa Standecker）

第 12 章

德国的大都市区域

Metropolitan city regions in Germany

克劳斯·昆兹曼
Klaus R. Kunzmann
邱芳 译 易鑫 审校

12.1 概况

作为联邦制国家，德国实施空间规划的职权主要掌握在 13 个联邦州和 3 个城市州（柏林、汉堡和不来梅）手中。相比之下，联邦层面主要是通过制定相关法律来对土地使用进行规范，缺乏其他有效的手段来指导和调控空间发展。2006 年，德国出台了一个国家层面的空间秩序规划整体发展构想（Leitbild Raumordnung），不过这个规划框架不涉及财政方面的支持，所以无法发挥足够的政治影响力。因此该框架主要是用来与其他的专业部门协调发展目标并确立指导性原则，同时也用于指导各联邦州的州域规划和区域规划。德国联邦层面的战略空间规划历来比较薄弱，在当今强调市场的自由主义时期也无法获得政治上的优先地位。2013 年以来，得到更新后的指导框架在联邦各部、各联邦州、不同的利益相关群体、周边的国家和区域乃至广大的民众之间引起了广泛的讨论，这个过程到现在仍在进行中。

根据德国联邦宪法的规定，联邦州和城市州有权在其行政管辖范围内根据自己确定的目标和原则指导空间规划。具体政策的执行由各州政府或者是地方政府负责。联邦政府设立了空间发展

的常设委员会负责协调德国联邦各州的战略空间规划事务（Ministerkonferenz für Raumordnung）。会议由联邦的部门主持（自上次选举后更名为交通和数字基础设施部，Bundesministerium für Verkehr und digitale Infrastruktur），德国 16 个联邦州和城市州的部长每年会面 3 次，讨论共同关心的问题。这个委员会没有真正的政治决策权，但它是一个对话和交流的平台，是联邦和各个联邦州之间讨论空间发展的共同目标和原则、评论和调控联邦层面空间规划方面事务的论坛。

在 1990 年代，空间发展常务会议的决议中，提出了欧洲大都市区域（Europäische Metropolregionen）的构想。这一决定见证了德国在空间政策及其范式的重大转变。根据联邦德国的空间秩序法[①]（Raumordnungsgesetz, ROG），有必要确保平衡的空间发展格局。不过当时的欧洲已经是市场经济占主导地位，城市和乡村地区之间的差距不断扩大，这就使空间均衡发展的目标失去了它的政治意义。经济发展主要集中在较大的城市区域，周边的乡村地区因为经济力量的变化面临无法维持的挑战。确定这些大都市区的目的正是为了推动城市区域的经济创新和社会文化发展，并鼓励城

---

① （译者注）也可译为空间规划法。

市区域内部的地方政府更好地相互合作，同时帮助加强德国大型多中心城市区域的国际形象和竞争力。

大都市区的地域范围具有一定的弹性，主要是基于各个地方政府现有行政边界的范围来确定。这些城市区域的战略空间发展建立在地方政府政治合作意愿，与传统的土地利用规划和区划等措施相辅相成。联邦政府和各州政府并不会在财政上给这些城市区域提供支持。战略发展合作完全属于自发行为，主要是区域内部来自公共和私人部门的利益相关者以及市民代表。每个大都市区会采用各不相同的方式来引导地域发展，并进行各种战略合作。到目前为止，联邦政府尚未采取措施来制定共同的组织模式。联邦政府和州政府也没有制定任何正式的规则和条例。这些城市区域的组织结构相当多样。每个区域都在试验自己的办法。从本质上来说，合作主要集中在监测空间发展，搜集和传播城市区域信息，促进区域内部的交流，制定共同的发展目标，吸引私营企业和经济活动参与者，利用他们的知识和经济实力推动发展。联邦政府会支持一个小型的网络作为交流和信息交互的平台。这个机构致力于在11个城市区域之间共享经验，并在网络内部促进交流。

实际上，这11个大都市区包含2种类型的城市区域：第一种城市区域拥有强大的核心地区，周边环绕着一系列中小型城市，例如慕尼黑、汉堡、柏林和不来梅；第二种则是更加呈现多中心特点的城市群，例如斯图加特、汉诺威、莱茵-美因地区（法兰克福）、莱茵-内卡地区、纽伦堡、萨克森三角城市群（德累斯顿/莱比锡/哈勒）和莱茵-鲁尔地区等。每个城市区域都有其自身的治理模式。不过后来在推动区域合作的过程中，在11个大都市区中有些城市区域无法在政治上取得实质性的进展（例如莱茵-鲁尔地区和德国中部的德累斯顿、莱比锡、哈勒、开姆尼茨、耶拿）。人们无法真正说服政客或企业方面的利益相关者进行合作，结果这些城市区域只能是规划师和地理学家提出的想法。

今天诸多证据显示出，莱茵-内卡、纽伦堡和汉诺威这些大都市地区的发展相当成功，而另外一些城市区域（汉堡、慕尼黑、莱茵-美因、不来梅、柏林、斯图加特）在区域战略发展方面则没有取得实质性的进展，稍后会简要介绍莱茵-鲁尔地区、纽伦堡以及莱茵-内卡这3个城市区域的情况（表12-1、图12-1）。

德国的大都市区 表12-1

大都市区	人口（万）	国内生产总值（亿欧元）	1997～2005年国内生产总值增长率（%）
莱茵-鲁尔（Rhein-Ruhr）	1150	3250	12.9
萨克森三角城市群（Sachsendreieck）	740	1420	17.8
柏林-勃兰登堡（Berlin-Brandenburg）	590	1270	6.9
莱茵-美因（Rhein-Main）	540	1860	18.5
斯图加特（Stuttgart）	510	1630	18.1
慕尼黑（München）	470	1890	27.6
汉堡（Hamburg）	410	1370	18.1
汉诺威-不伦瑞克-哥廷根（Hanover-Braunschweig-Göttingen）	390	1020	14.5
纽伦堡（Nürnberg）	350	1030	20.0
不来梅-奥尔登堡（Bremen-Oldenburg）	230	620	16.4
莱茵-内卡（Rhein-Necker）	230	680	17.4

来源：Prognos. Zu kun fatlas Deutschland. Duesseldorf, 2016.

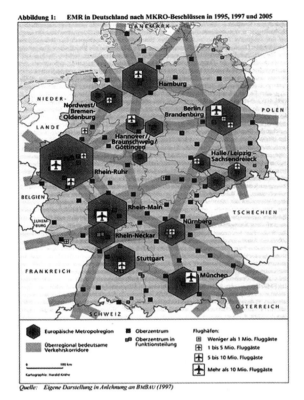

Abbildung 1:　EMR in Deutschland nach MKRO-Beschlüssen in 1995, 1997 und 2005

图 12-1　德国的大都市区

来源：Kunzmann, Klaus R. Metropolitan Governance in Germany, 2011.

12.2　莱茵－鲁尔地区

莱茵-鲁尔地区是德国最大的多中心大都市区，人口约 1100 万，这里有大量的独立城市，例如波恩、科隆、杜塞尔多夫、乌帕塔尔、杜伊斯堡、埃森、多特蒙德等。根据历史上的文化影响，这个城市群可以划分为莱茵地区和威斯特法伦两部分。"二战"以后，为了破坏以前普鲁士自上而下的政治决策模式，英美盟军建立了今天的北莱茵-威斯特法伦州。

这 2 个次区域在文化上存在的差异，由此也产生了各自的路径依赖，这些因素成为双方在政治领域进行合作时一直犹豫不决的原因之一。其他原因还包括经济状况的差异、北莱茵-威斯特法伦州政府因为位于杜塞尔多夫而缺乏推动区域合作的动力、各个地方政府的执政党相互之间在意识形态方面存在差异等。莱茵河沿岸的城市，尤其是杜塞尔多夫和波恩非常繁华。波恩在重新统一以前是原联

邦德国的首都，到今天这里仍然设置了 6 个德国联邦的部委，相当于半个联邦政府的规模，也因此而受益。相比之下，德国曾经的工业重镇鲁尔区却因为经济结构调整而受重创。煤炭开采曾经主导鲁尔区的区域经济，但是德国已经开始推动替代这种传统的能源，将来煤炭的开采也会走向终结。因为各种各样的原因，鲁尔区的经济无法与南部其他城市区域的产业竞争。区域内部的创新产业和服务产业发展有限，缺乏外来投资并且失业率相对较高。最近讨论德国城市和乡镇未来发展潜力的报告也证实了鲁尔区与莱茵地区之间的差异。鲁尔区的未来发展潜力在德国近乎垫底，而莱茵地区的城市发展潜力则排在前 20%（Prognos，2016）。

大都市区没有固定的行政管辖范围，因此治理面临的情况比较复杂。都市区内部没有通过民主选举方式成立的协调机构，城市区域的城市和居民仍然不愿意承认战略合作的必要性，区域内部的各种遗留问题和经济状况也许可以解释为什么实力雄厚的城市不愿意合作，当地也没有促进合作的氛围：一方面，各种公共事务已经被众多的公共部门和半公共部门所把持（例如水务和公共交通等）；另一方面，众所周知位于杜塞尔多夫的州政府也不愿意主动采取任何行动，因为这样会损害州政府的权力。

目前科隆和波恩所在的城市区域已经开始在未来战略发展方面开展更密切的合作，杜塞尔多夫及其周边区域并没有在合作方面作出明显的努力。鲁尔区的情况有所不同，由于该地区存在着世界上历史最为悠久的区域规划机构，这个拥有着 500 万人口的多中心工业地带正在渐渐强化区域合作。在鲁尔大都市区的口号下，鲁尔区域联合会（Regionalverband Ruhr，RVR）致力于改变负面形象，发展物流和创意产业这些经济集群，以加速区域的结构性改革。然而，鲁尔区内部的大城市占据主导地位的问题仍未解决，埃森、多特蒙德、杜伊斯堡和波鸿之间一直在相互竞争。新的区域议会在 2010 年成立，人们希望这会使规划和决策权力能够更加民主和透明。现在区域正在依靠新获得的权力完成区域规划的目标，希

望新的发展前景能够超越其工业化的过去。虽然对于一个老工业区而言，这里的生活质量已经很高，但是要想发展成经济繁荣的区域仍然很困难。由于该地区缺乏文化内涵和国际大都会精神，城市中心的吸引力不足，也没有针对高收入家庭的住宅区，再加上媒体也不宣传该区域的创新精神，这个拼凑而成的城市区域还不具备那种让都市人群和在全球各地流动的创意阶层感兴趣的环境。

在全球化的时代背景下，鲁尔区和莱茵地区都不是创造性区域合作的成功典范。这两个主要次区域的路径依赖、不同的政治意识形态和文化成为双方在更大范围的城市区域内实施合作的障碍（图 12-2）。

图 12-3　纽伦堡大都市区
来源：http://www.zukunftscoaches.de/index.php?id=2

班贝格（Bamberg）、拜罗伊特（Bayreuth）和科堡（Cobourg）等城市都是大都市区内部的城市节点。这个区域是弗兰肯地区（Franken）的中心地带，凭借其文化的完整性、优美的景色、食物、红酒以及高品质的生活为人们所喜爱。在国际上享有盛誉的企业如西门子、阿迪达斯、彪马、曼恩（MAN）或者大陆集团（Continental）都在这个区域设立基地，当地的重点大学以工程学和医学而闻名。纽伦堡集中了德国优秀的医药技术集群，同时也是欧洲领先的通信技术所在地之一。

这个区域面临诸多挑战，它与以前欧洲中部的腹地曾经有 50 年时间被中断了联系，因此存在大量的经济遗留问题，工业结构面临转型，美国军事设施长期驻扎在该区域，当地存在数目繁多但规模不大的地方政府和乡镇，巴伐利亚州的行政管理也鼓励权力下放，而且州内的政治、经济和文化权力都集中在邻近的慕尼黑大都会区。为了应对这些挑战，并为未来的欧洲一体化作准备，2005 年成立了纽伦堡大都市区，这是一个新的政治实体，由区域内部的利益相关者自愿联合而成，涵盖了 11 个城市和 22 个县的行政范围，共同推进大都市区的合作。每个地方政府无论大小都具有平等的地位。这个城市联盟致力于为整个都市区进行游说，不过并

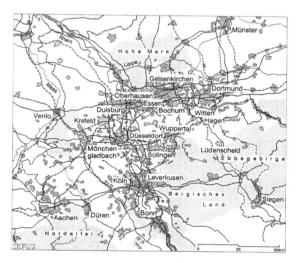

图 12-2　莱茵鲁尔地区
来源：Kunzmann, Klaus R. Metropolitan Governance in Germany, 2011.

12.3　纽伦堡

纽伦堡城市群内部的城市与地方政府之间的合作是德国在区域治理方面的一个正面例子。这个大都市区位于巴伐利亚州，涵盖了 20544km² 的范围，拥有 350 万人口，从占据主导地位的核心城市纽伦堡向外延伸出 80km 的范围（图 12-3）。纽伦堡曾经是一个繁荣的自由市，在 500 年前已经是欧洲的商业、贸易、工艺品和艺术中心。除了规模最大的中心城市纽伦堡之外（2014 年人口是 51.1 万），埃尔兰根（Erlangen）和菲尔特（Fürth）、

不承担任何行政职能。这些利益相关者在自愿（而非法律强制）的基础上合作，网络建立起来以后，大部分的合作都是以独立实体的形式来运作。人们会把区域挑战和倡议以及共同感兴趣的项目都拿到专家论坛上进行讨论。超过 400 多位公共和私营部门的利益相关者经常会面，他们会在 7 种不同主题的论坛（经济、基础设施、科学、运输、旅游、文化和体育）中讨论促进区域整体发展的各种项目。已有的等级关系并不重要，只有通过所有伙伴积极合作的项目才会得到支持。不过很显然，地位较高的利益相关者如西门子公司或埃尔兰根 - 纽伦堡大学对决策会有一定的影响。整个区域的战略是基于多中心主义，强调城市、郊区和乡村地区地方政府之间的共存。

由于人口增长停滞，技术基础设施网络早已建成，区域性的土地利用规划拥有自己的法律地位并强制执行，但是传统的区域土地利用规划在德国的区域发展中正逐步失去其重要性。因此，这个大都市区的利益相关者把兴趣集中在向外界传递鲜明的区域认同，致力于成功地将经济上的利益相关者留在区域内部，实施了一系列的许多项目，希望能够吸引高质量的劳动力（"人才"，Talent）、外来投资、学生和游客。区域推广是区域发展战略的一个关键方面，行之有效的营销活动就扮演了非常重要的角色。人们在硬件和软件方面采取了各种措施，而推广区域生产的食物也发挥了关键性作用。在这个区域的政治宣言中，其区域发展战略的表述如下："依靠我们富有远见的联盟，我们将把该地区打造成为一个拥有国际化都市区所具备的各种设施，同时又避免了其常见缺点的新型大都市区，依靠我们的强大网络和遍布其中的强大节点。我们就是纽伦堡大都市区（Metropolregion Nürnberg，MRN）"（Kunzmann，2011）。在政治宣言中，人们把平衡发展的城乡合作关系当作未来空间发展的蓝图。在平衡的多中心城市区域内部，中小型的城市和小镇都会得到

尊重，这些城镇可以贡献他们各自具体而又往往非常不同的长处和优势，推动区域经济发展，促进经济繁荣。

医疗谷战略（Medical Valley）算得上是一个典型的成功案例。在 2010 年，德国联邦教育及研究部举办了一次竞赛，纽伦堡大都市区在众多极具竞争力的竞争者中脱颖而出，赢得了优秀城市区域的称号。集群理论认为，各城市之间的距离在一个小时路程以内才能形成成功的集群，这刚好也是纽伦堡大都市区涵盖的范围。纽伦堡大都市区内各个机构、企业以及利益相关者之间保持着密切的联系，这帮助它赢得这个极具影响力的比赛，并获得联邦政府补贴的关键性因素。

诸多因素的共同作用促成了这个大都市区的成功，这包括建立在相互信任基础上的城乡合作关系，还有就是开明的领导以及经济利益相关者之间的合作精神。这就是为什么纽伦堡大都市区被认为是欧洲多中心城市区域治理和经济可持续发展的典范。

12.4 莱茵 - 内卡地区

莱茵 - 内卡地区占地面积 5637km^2，人口 250 万，位于莱茵 - 美因地区（法兰克福）和斯图加特之间，在德国是一个知名度较低的多中心城市区域（图 12-4）。这个区域横跨了巴登 - 符腾堡，黑森和莱茵兰 - 普法尔茨这 3 个联邦州的范围。

3 个主要城市曼海姆（Mannheim）、路德维希港（Ludwigshafen）、海德堡（Heidelberg）及其周边的乡村地区共同构成了这个都市区域，不过这 3 个城市都做不到主导整个城市区域网络。曼海姆（人口大约 30 万）是这个多中心城市区域的经济和文化中心，同时也是西欧地区主要的高铁网络枢纽。这个城市是人们在 17 世纪按照当时封建领主的命令规划建造的理想城市。如今，这个现代化的工业城市是全球知名电子和机械工程企业（例如 LUCEBIT ADB 集团①、戴姆勒、庞巴迪）以及

---

① ADB 集团是全球领先的机场助航灯光系统市场领导者，为机场提供先进、系统集成的、可持续的目视助航方案，包含 ADB，LUCEBIT，ERNI 等公司。

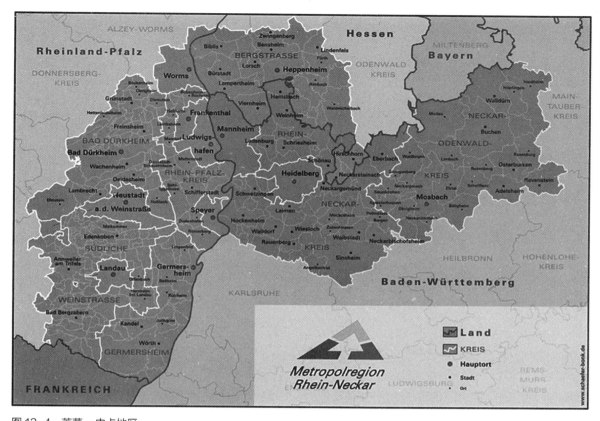

图 12-4　莱茵 - 内卡地区

来源：Kunzmann，Klaus R. Metropolitan Governance in Germany，2011.

信息通讯技术企业（例如 SAP）的管理机构和生产基地所在地。此外，曼海姆大学的经济学和商业管理在国际上名列前茅。路德维希港在莱茵河的另一侧，在全球具有重要影响力的化学公司巴斯夫就坐落于这个工业城市。海德堡则是德国有名的大学城，此前曾经是美军驻德国总部的所在地，后来被转移到威斯巴登（Wiesbaden）。

莱茵 - 内卡大都市区与整个西欧的交通联系都很便利，通过汽车、火车和水路都可以抵达，与其他大城市区域如法兰克福、斯图加特、苏黎世 /巴塞尔和里昂 / 巴黎都相距不远。法兰克福机场距离这个城市区域只有一个小时的车程，这也是许多在法兰克福交易所上市的创新企业选择这个城市区域作为总部的原因之一。除了极具有吸引力的劳动力市场，这个地区也以因其高品质的生活闻名，该区域因其优质美酒、当地美食和风景秀丽的乡村地区而受益匪浅。

这个区域的发展主要面临以下挑战：3 个主要城市分属 3 个联邦州管辖，8 个中等城市和超过200 个地方政府分属于 7 个不同的县，它们各不相同的规划和决策方式相当复杂，强大的地方自治传统往往伴随着地方政府的固执行为，这个城市区域与相邻的斯图加特和法兰克福大都市区之间一直在竞争，该大都市区在国内和国际上知名度不高，人口停滞且面临老龄化，以前的军事用地需要再开发，持续拥挤的区域道路系统已经不堪重负，人们之前为了莱茵河上新建一座桥梁而进行游说却遇到的困难。目前取得的一项成就是成功解决了欧洲的莱茵 - 阿尔卑斯走廊给该地区带来的空间和经济影响（项目代号：Code 24）。在这个项目中，各相关方希望按照泛欧洲的方式来平衡经济和空间开发的影响，解决各方对于交通政策方面的关注。

2006 年，3 个联邦州之间签署了一个具有法律约束力的正式合约，成立了莱茵 - 内卡区域联合会（Verband Region Rhein-Neckar，VRRN），这个联合行政机构负责区域规划和发展任务，该机构隶属于区域议会，各项战略规划活动也受到后者指导。早在1970年代，高瞻远瞩的区域规划师已经根据功能区制定了区域战略规划，并且设立的区域规划机构也相当成功。在1990年代，联邦政府也作出决定，推动城市区域的发展与规划工作，这些进展为建立莱茵 - 内卡大都市区提供了良好的基础。新成立的区域治理机构保持着鲜明的自下而上传统，各方面任务由2个独立的部门负责。一个部门负责区域实体空间的规划工作，另一个部门则负责选定项目的实施，为该区域游说，与邻近区域交流以及在国内和国际上推广该区域等工作。

莱茵 - 内卡大都市区被广泛认为是城市区域治理方面的成功典范，良好地体现了德国联邦基本法的精神。行政、经济和政治活动在功能上都有明显的区分。有影响力的企业利益相关者都致力于该地区的发展，城乡伙伴关系也运作良好。虽然3个主要城市偶尔会单独实施自己的项目，但是它们都同意在项目开始以前制定共同的战略愿景。在大都市区的平台下，这个区域在改善形象方面取得了巨大的成就。

除了简要介绍以上几个德国的大都市区以外，下面也会总结一下德国其他城市区域的情况：

（1）法兰克福/莱茵 - 美因地区：莱茵 - 美因大都市区拥有540万人口，行政区域横跨了黑森、巴伐利亚和莱茵兰 - 普法尔茨这3个联邦州的部分地区。法兰克福具有明显的主导地位，它被视为是德国唯一的全球城市，是大批银行和金融机构在德国总部的所在地，欧洲央行也坐落于此。多个机构承担了不同的功能任务，共同推动这个都市区的经济、社会和空间发展。不过除了坚持监测区域发展之外，该地区的区域合作比较薄弱，规划和决策过程充满了各种利益上的冲突。

（2）慕尼黑大都市区：慕尼黑是巴伐利亚州的首府，同时也是一个繁荣的核心城市，周边有大片的郊区和乡村地区，这个不断扩张的大都市区

拥有470万人口。巴伐利亚州拥有强大的州政府，当地的经济利益相关者（宝马、西门子、银行和保险公司）也很有影响力，它们是这个区域在战略空间发展中的关键驱动力。由核心城市慕尼黑主导的这个都市区是德国最繁荣的城市地带。在巴伐利亚州政府和保守执政党的领导下，城市之间的冲突都得以缓和。

（3）汉堡大都市区：汉堡是德国第二大城市，这个城市州的财富都建立在国际贸易和商业之上，其港口活动、产业联系带来了巨大的经济效益。郊区和乡村地区为不断扩大的核心城市提供发展空间，也为410万人口提供休闲场所。战略空间规划需要与相邻的两个联邦州（下萨克森州和石勒苏益格 - 荷尔斯泰因州）进行磋商和协调。

（4）德国中部的大都市区（萨克森三角城市群）：德国东部唯一的大都市区是与波兰和捷克共和国接壤的3个联邦州（萨克森、萨克森 - 安哈尔特和图林根州）的多个城市所形成的松散网络（包括德累斯顿、莱比锡、哈勒、开姆尼茨、耶拿）。单个城市（及其州政府）对于促进城市网络没有太大的兴趣，这个城市网络也缺乏认同感和大都市区的认同感。因此这个大都市区只是一个人工划出来的区域，也是另一个由规划师们构想出来的产物。

（5）汉诺威 - 不伦瑞克 - 哥廷根 - 沃尔夫斯堡大都市区：汉诺威是下萨克森州的首府，也是一个世界闻名的会展城市（汉诺威展会和2000年世界博览会），这个基于功能联系的城市区域合作方面有着悠久的历史。近年来，该地区已经扩展成为包括临近小型城市、拥有390万人口的大都市区，希望由此加强经济发展，并为这个城市网络创建一个新的认同。这个城市网络虽然缺乏共同的形象，但它也依靠强大的汽车产业集群和举世闻名的哥廷根大学而获益匪浅。

（6）德国西北部的不来梅 - 奥尔登堡都市区：不来梅城市州及其周边以大规模的农业生产为主的腹地近年来发展成为了一个新的城市区域网络。一方面是与荷兰接壤的乡村地区处于欣欣向荣的状况，而位于下萨克森联邦州的核心城市不来梅

却像孤岛一样因为船舶工业的衰退正在经历巨大的结构变革。对于这个拥有 240 万人口的城市区域来说，在国际上宣传其大都市区的功能面临很多困难。

（7）斯图加特大都市区：这个城市区域以工业和汽车产业为主（例如奔驰、博世、保时捷等），在伍尔特（Würth）和加格瑙（Gaggenau）等城市分布着大量充满创意、活跃在全球的企业，而且其中很多都是家族企业。这个区域拥有通过民主投票成立的区域议会，负责引导和控制这个集中了大量中小城市区域的战略空间发展。在这种情况下，核心城市和联邦州首府斯图加特只是该区域的重要参与者之一。

除了以上 11 个大都市区外，还有 3 个城市区域值得一提。这些地区的德国城市与法国、比利时和荷兰接壤，相邻国家的城市致力于通过合作以加强跨界网络，努力为这些多中心、使用多种语言的城市区域创建共同的劳动力市场和消费市场（图 12-5）。

（1）"四极"地区（Quadropole）：与法国和卢森堡毗邻的萨尔布吕肯 - 梅茨 - 卢森堡 - 特里尔（Saarbrücken-Metz-Luxembourg-Trier）城市区域。

（2）马斯 - 莱茵欧洲区（Euroegion Maas-Rhein）：与比利时和荷兰接壤的亚琛 / 列日 / 马斯特里赫特 / 林堡（Aachen/Liege/Maastricht/Limburg）。

（3）莱茵三角地带（TriRhenia/Regio Basilensis）：位于德国南部与瑞士和法国接壤的弗赖堡 - 巴塞尔 - 米卢斯（Basel-Freiburg-Mulhouse）城市区域。

欧盟委员会非常支持跨国界的城市区域合作，愿意为示范项目提供资金，各种联合项目、会议和其他营销活动都得到了不少启动资金。来自这些跨国界城市区域的民选议员、政客们常常活跃在欧洲议会或其他欧洲机构中，他们把这些备受媒体关注的城市区域视为自己展开政治生涯的舞台。

上述文字简要地介绍了若干德国城市区域的情况，不过还不能完全呈现出德国的大都市区发展中所面临的挑战以及取得的成就。与英国（伦敦）或法国（巴黎）拥有一个占主导地位的大都市区不同，德国依靠其平衡的城市系统在经济、社会和文化方面受益匪浅。

12.5 从德国城市区域的战略城市发展中我们可以学到什么呢？

从德国的城市区域发展和治理方面，我们可以得出以下几点结论：

对于城市区域的治理来说，没有共同的模板：德国不存在城市区域合作与发展的单一模式。每个城市区域都用自己的方法开展城市区域合作。合作取决于历史和地域的独特性、占主导地位的政治意识形态和理论原则，区域规划的文化、经济利益相关者和知识机构也发挥着关键的作用。那些拥有占主导地位核心城市（慕尼黑、汉堡、柏林、不来梅）的大都市区似乎对城市区域治理没有太大的兴趣，而多中心的城市区域如莱茵 - 内卡或纽伦堡大都市区在合作推动战略城市区域发展方面则走在前列。相比之下，德国东部的多中心城市区域（德累斯顿 / 莱比锡 / 哈勒 / 开姆尼茨）仍然处于建立信任的早期阶段。在众多的城市区域当中，只有斯图加特的城市区域有民选的议会，其他城市区域还没有成立民选的机构。在城市区域跨越不同联邦州边界的地方（法兰克福，莱茵 - 内卡，不来梅 / 汉堡，柏林），政治、行政、宪法和政治意识形态等因素会起到会决定性的作用，影响城市区域的利益相关者在推进战略方面的意愿。到目前为止，多中心的莱茵 - 鲁尔城市区域面临不同文化条件的挑战，这就造成在州政府推动的方案以外，人们无法采取任何有意义的行动。也正是因为这个原因，之前甚至还考虑过要将这个城市区域划分为莱茵地区和鲁尔地区两个独立的城市区域。

辅助原则（subsidiarity principle）在促进区域合作方面至关重要：德国城市区域的经验表明，构建城市区域的工作属于区域内部地方政府的责任。在 21 世纪全球化的大背景下，必须要遵循辅助原则。辅助原则在德国被广泛作为组织多层级治理的关键。作为一项重要的组织原则，执行该原则的主体必须是那些很有能力、但同时又规模最小、处于底层并且最不集权的权力机构。因此，如果小而简单的组织可以胜任的事情，就不需要交给那些大而复杂的组织。虽然可以由中央政府发起倡议并提供支持，但负责相关议程的主体必须是城市区域内部的公共部门、半公共部门以及私人利益相关者。相互信任、尊重和公开透明是城市区域合作政策成功的先决条件，也是实施基于区域制度和战略的基本条件。

（1）城市区域内部利益相关者的参与是达成共识和取得成功的关键：城市区域的发展需要包括公共部门和私营部门在内所有利益相关者的参与。德国的经验表明，以下4个群体必须参与到城市区域的发展战略中来：政治和行政部门的利益相关者（地方政府挑选出来的成员、市长、县市和区域公共行政机构的代表）；经济利益相关者（位于该地区的农业协会、商会、贸易和手工业联合会、工会以及私营产业和企业的代表）；城市区域知识机构（来自公立和私立大学、培训机构以及大型研究中心的代表）；民间团体（社会福利机构、区域内部的非政府组织、环境和文化行动小组）。

（2）柔性加弹性的管理和对合作过程加以适度引导：德国城市区域的合作完全依赖于柔性而有弹性的过程管理。最初的协议必须建立在区域内合作的宗旨和原则之上，当地政府之间可以签署一个合约。在以后实现目标的过程中，管理需要遵循柔性加弹性的规则，而非依赖硬性的法律准则。因此，指导合作过程的规划和战略是通过交流达成，不能依赖中央机构的命令和自上而下的行动。这就可以使区域及其协调机构可以更好、更快地响应区域内部关注的问题，并将区域和地方上利益相关者的想法和倡议融入区域网络。一般来说，城市区域这个层面的交流过程依靠的是战略性的设想和协调，并不是通过传统的规划和计划。

（3）经济、社会和空间发展的目标及其措施必须相辅相成：城市区域的合作需要兼顾到经济、社会和空间维度。单纯从经济角度提出的城市区域政策无法说服市民，解决空间、环境和社会问题的空间发展政策必须要得到城市区域内部有影响力的经济利益相关者的接受乃至支持，否则一

定会失败。没有私营部门公开透明的参与，这些进程也都无法成功。因此，促进城市区域发展的战略必须要考虑到不同的政策场域，在经济、社会、生态和空间方面都要有适当的依据。经济方面的依据指的是区域可预见的经济潜力，这当然也包括区域就业市场方面可预见的潜力；空间方面的依据指是维持甚至提高该城市区域所有居民的生活质量。反过来，这些依据也是公共和私营部门尽早参与实施城市区域发展过程的框架。

（4）利用当地内生性的经济、文化和社会潜力来塑造城市区域的认同。路径依赖的潜力属于城市区域发展策略取得成功所能够依赖的地域资本（territorial capital），它能够体现城市区域的认同和优势，这当中蕴含了当地的居民和公司所积累的隐性知识，因此也就可以将各种路径融入城市区域的未来发展中去。必须在历史文脉的背景下了解这种资本，并由此来探索未来城市区域发展的战略。它将帮助政策制定者确定城市区域的独特卖点，并帮助区域内部的利益相关者确定具有竞争力的经济产业集群。在这些方面，那些仅仅描述各种主流的政策目标，展现令人印象深刻的新城面貌的花哨小册子帮不上什么忙。它们往往只是政治上的华丽辞藻，重复大家都已经知道的事实。

（5）制定城市区域的发展战略是一个学习过程。由于不存在政治和行政方面自上而下的指令，德国城市区域的治理工作需要所有利益相关者在规划和决策方面不断地学习。通过组织定期的会议、平台、专题会议和其他活动，可以接触利益相关者，帮助了解他们的关注和兴趣点。虽然现在电子信息平台无处不在，但是信息交换很大程度上还是要面对面进行。学习过程对于明确观点，在有争议的项目上达成妥协，共同展望城市区域的未来，推动那些有利于区域发展的项目，结成战略联盟乃至组织实施渐进式的工作至关重要。

（6）基于多中心的特征，在城市区域内部按照功能关系进行分工：城市区域的合作需要明确的功能分工，每个中心除了要承担其在当地的基本功能以外，还要在整个城市区域的经济、文化、

环境或者是行政方面发挥特殊的作用。基于各自承担的功能，可以为这个地方在城市区域内部创造某种认同，被当地的居民所接受；与此同时，如果从城市区域外来考察这些特征，就可以被人们当作是该地区的基本特征。它还可以引导规划师和决策者针对基础设施投资等方面作出决定，同时指导私人投资者为其项目选择合适的位置。发挥多中心城市区域的优势，可以减少不必要的交通机动性，缓解交通挤塞问题，还可以避免车辆过于集中在某几条运输走廊，实现更加平衡而混合的城市发展，进而创造更好的生活质量。单靠核心城市的消费和工作岗位的密集度，无法获得高品质的生活。

（7）成立专门的负责机构是推动城市区域各项行动的重要基础。德国的经验表明，在城市区域合作中建立新的区域权力政府是一个比较有争议的话题。很明显，中心城市在郊区化过程中通过吞并邻近的村庄和城镇就可以扩张自己辖区的时代已经结束了。今天的地方民主程度提高，市民社会的参与度也越来越高，把地方政府统一放在新的区域权力机构的做法很难再被人接受。然而经验也显示出，区域合作需要特定的制度环境，由专门的机构来执行并维持城市区域的议程，这个机构相当于是整个区域的一个小型秘书处或智囊团。在欧洲有许多类似的机构，其中的各种模式也分别体现了在不同政治和行政环境下形成的文化特征。在这些机构中，有一些是比较高效并具有宏大目标的区域机构，其他都只是负责营销和场所品牌推广的机构。城市区域的专门机构不需要很大，也不需要太多的人员和预算。一般来说，精简而又高度能干的机构可以专门负责处理比较长远的战略问题，如区域内部的交通问题、区域营销、"对外"政策以及城市区域内部市民和地方政府都能够接受的其他特殊事件。刚开始的时候，可以实验性地创设一个只有固定期限的城市区域机构，以探索新的、创新性的且不会引起争议的决策方式和过程。

德国的大都市区还有一个重要的特点，就是他们建立起了自己的小网络，德国大都市区倡议小组（Initiativkreis Metropolregionen in Deutschland，IKM）。它是一个联合性的战略平台，致力于系统地促进意见和信息的交换，讨论各种地方项目，寻求具体的合作机会，特别是那些与欧洲问题和机构有关的合作机会。人们希望把德国的大都会区塑造成决策和经济中心，变成欧洲通向世界的门户、知识和创新中心、城市与乡村的联盟、世界地图上的闪亮焦点，同时体现欧洲的身份认同（图12-5）。

（1）定期的沟通和交流论坛（平台）必不可少：区域利益相关者之间进行交流，可以建立信任并为联合战略和共同项目的发展达成共识，奠定必要的基础。这些公共会议为参与者面对面交流创造了机会，由城市区域的小型管理部门负责筹备。这些会议为设想城市区域的未来并达成战略妥协提供了平台，参与者们在其中交流意见，展现自身的倾向。此外，参与者们还可以就区域发展的基本原则达成共识，加强区域内的网络并建立战略联盟。通过定期组织论坛并设置参与的最后期限，可以迫使参加的利益相关者及时作出决定，表达自己的关切并为未来的行动准备各项倡议活动。论坛最终达成的结果会被记录下来，并通过新闻或网络传达给对区域发展感兴趣的区域机构、媒体和公众。

（2）促进和维持区域内的网络：在促进和维持城市区域合作的过程中，利益相关者在内部的区域网络中发挥着至关重要的作用，他们来自经济领域和民间社会团体。这里必须要知道公共领域以外的区域网络只是起辅助作用，不能替代当地网络，这一点非常重要。比如特定主题的论坛、圆桌会议、工作小组、互联网平台等形式能够充当市民和公司之间的交流平台，以促进特定领域的区域发展。在建立区域合作的过程中，这些网络通常是由专门设立的区域秘书处等机构发起和维护的。没有这样的网络，是无法成功地促进和维持区域合作的。

（3）领导者：在城市区域建立和管理区域合作需要开明的领导者。领导者需要极富个性，能够传达区域合作的必要性并且能够动员区域内部的

图 12-5　德国与周边国家的跨国界大都市区

来　源：Bundesministerium für Verkehr, Bau und Stadt- entwicklung（BMVBS）. Metropolitane Grenzregionen. Abschlussbericht des Modellvorhabens der Raumordnung（MORO）„Überregionale Partnerschaften in grenzüberschreitenden Verflechtungsräumen "

所有利益相关者参与规划和决策过程，因此他们必须是利益相关者信任的人。在这一进程中，空间规划师只能是协调人。他们能够提供进行短期和长期决策所需的空间信息，并根据空间功能对城市区域内的职能进行分工；他们还能够为未来的空间发展提供建议，并调解区域合作或者是执行项目时空间方面出现的冲突。

（4）区域性交通是关键的政策领域：区域内社区间合作最明显的政策领域历来都是在交通方面。无论是在德国国内还是国外，公共交通的组织和战略（主要）是在区域一级实施的。在这方面，进行城市区域合作的必要性不辩自明。欧洲大部分的大都市区都建立了交通部门来管理公共交通事务，交通运输的管理和运行通常也都运作良好。然而，人们往往缺乏对土地利用和交通运输相互依存关系的认识，没有充分关注当地在土地利用和物流方面面临新的挑战。这反过来又需要城市区域通过战略空间发展和政治支持（甚至施压）来克服地方狭隘的本位主义，打破各方的既得利益。

（5）外部挑战可能有助于加强区域内部合作：经验表明，如果有共同的利益可以让城市区域形成一个整体来对抗外部竞争者，这样就可以更加容易地团结地方政府。不过有必要弄清楚到底谁才是竞争对手。伦敦和巴黎当然不是德国城市区域的竞争对手，它们的竞争对手是这两个国际化城市以外的城市区域。团结地方政府共同申办在国际上极具重要性的项目（如体育赛事或文化节日）相对比较容易。除了达成公平分担费用这一点外，这种合作不需要花费太多的工夫。面对强大的外部竞争对手，为了争夺知识分子、国际投资或游客，欧洲的一些城市区域已经开始加快相互间进行合作的决策（例如慕尼黑支持纽伦堡）。即便是历来特立独行的城市区域，偶尔也可能会说服城市区域的利益相关者跳出区域界限进行思考和行动。

（6）具有明显利益的双赢条件有助于克服忧虑：城市区域合作在很大程度上取决于双赢的可能性。只有当所有的地方政府、区域利益相关者以及这个城市区域的居民可以预计到能够通过与核心城市更密切合作中获得好处的时候，他们才会同意共同合作。这些好处必须是实实在在且可见的。含糊的承诺对于增加整个区域的竞争力远远不够。政治上的华丽辞藻对于发起并建立区域内部的合作也许很重要，但只有通过后续的实际操作才能让市民团体和当地媒体等极具影响力的利益相关者参与进来。在开放沟通的过程中，必须要让他们相信支持更大的战略行动领域肯定能够带来回报。

（7）成功的故事、象征和奖励都可以推动合作

进程：可见性需要象征和成功的支撑。没有什么比成功更能够说明问题的了。象征指的是能够体现一个区域作为整体的事件、可见的标志性建筑、公园、横贯区域内部的路径、再或者就是新成立的机构。他们帮助加强区域内的认同，对外提高区域的形象。经验表明，野心不过大且不太复杂的项目和倡议更容易带来成功的故事。事实证明，奥运会和世界博览会因为无法持续，因此不适合用来形成和维持区域内的合作，因而不适用于区域合作。在协商建立机构和筹备合作方面的过程中，战略文件和规划当然能够起到重要作用，然而它们并不足以保证持续的合作。为精心挑选的区域项目提供财政支持这种方式有助于带来更多的成功故事，但是这样做也可能会带来新的要求。一旦把奖励的目标明确定位为促进合作，这样就有助于取得合作的目标。如果它们只是为了提高领导者的政治形象，那么它们就无法加强区域合作。

（8）催化剂类型的项目可促进区域内学习和合作：如果区域合作只是停留在用华丽的辞藻表达模糊的意愿，那么是无法将区域的行动者们团结起来。为了展现区域合作精神，有必要实施那些只有通过区域合作才能完成的项目。这样的项目可能是河岸的重新自然化、在城市区域举办春节庆祝活动，还可以联合整个区域发起向中国出口的倡议，同时让整个区域的中小企业参与其中。此类项目将成为推进区域合作的训练场。它们会把有着共同利益的公共和私营部门的参与者聚集起来，这些项目或倡议能够取得成功，同时给参与者带来好处。这类项目也可以成为城市区域内其他项目的榜样。在某个项目中的成功合作反过来也可以成为类似领域或其他方面进行更加密切区域合作的极好参考。通过这些项目，就可以促进那些大型区域内的私人网络相互之间交换信息，在出现冲突之前使他们得到发展。在这些项目中也可以积累一些关于如何承担花费的经验，这些正面的经验对于后续的倡议会起到至关重要的作用。

（9）不存在全面而综合的城市区域发展战略。大部分德国城市区域还没有尝试或者成功制定出全面而综合的城市区域发展战略。即便像柏林／勃

兰登堡这样的城市区域已经这样做了，这些战略也只是非常简要地描述了政治目标、发展目标和原则。经验表明，比较明智的做法是刚开始的时候不要过于雄心勃勃地制定全面而综合的城市区域战略，而是应该将这个长期的项目放到彼此之间建立信任之后再开始。刚开始的时候最好是制定一些城市区域发展的原则并达成共识，确定可以帮助加强区域合作，能够反映上述原则并且容易实施的试点项目。没有什么比成功更能说明问题的了。因此成功完成的简单项目会成为更加全面复杂的倡议背后的巨大推动力。全面而综合的城市区域发展最后可能会成为建立信任这一过程的结果而非开始。

（10）最后，城市区域的建设需要时间和耐心：核心城市的利益通常会主导城市区域的政治领域。因此，上级政府不能要求立马就进行合作。虽然确定基本的规定框架可能有助于区域内部的利益相关者之间建立信任和合作精神，实施合作需要时间和密切的交流。同时，人们也需要一个学习的过程，依赖公共部门的代表、代表当地政府行动的负责领导、社区代表、经济方面的利益相关者、民间社会团体来共同处理城市区域发展过程中出现的挑战。

12.6 结论

上述经验非常好地反映了德国的大都市区的实际情况和功能。不过我们需要牢记一点，受到悠久封建历史的影响，德国得益于一个比较平衡的城市体系，那些均衡分布的大都市区覆盖了大约60%的国土面积。此外，我们必须明白无论一个家庭是在乡村还是城市区域，人们享受的生活质量并没有太大的不同。德国的中小城市都提供高品质的工作和便捷的公共服务（教育、医疗等）供人们选择。

除了核心城市外，大型的多中心城市区域也是大部分利益相关者集中的所在地，成为21世纪处经济发展驱动力的所在。城市区域是现有政治和经济利益在意识形态和各个具体领域的战场。大部分城市区域的发展战略都有赖于市场力量，不过在各个区域内部，国家的管控和干预程度却有所不同，这取决于一个区域在规划和决策方面的文化差异。具体的情境非常重要。在德国或者是欧洲其他国家，没有一个可用于城市区域治理的通用模版。路径依赖决定城市区域进行治理和战略发展的方法和结构。再也无法使用传统的土地利用规划来应对城市区域面临的挑战，现在需要的是量身定制出来的方法。战略规划为创新性的城市区域发展提供了合适的框架。但是战略规划并不是一个自上而下的方法，相反需要城市区域内部的公共部门、私营部门以及各个中间部门共同沟通和协商的过程，必须由能够胜任这些工作的规划师和协调人来管理。

德国的经验告诉我们，在开始讨论城市区域合作时不必划定硬性的界限。只要有人想要加入，就欢迎他们加入，以便为城市区域合作作出贡献；而那些刚开始犹豫是否要加入的人可以以后再加入。大门应该是始终敞开的，一旦他们发现加入的优点多于缺点，他们就随时会加入并参与合作。

德国的经验对于中国的城市区域合作有多少可以借鉴的地方？这个问题只有那些理解国家和地方规划、熟悉决策文化的人才可以判断。自治政府历来拥有的强大权利、德国各联邦州的宪政职能、联邦政府在地方和区域发展方面相对薄弱的影响力以及欧盟提供的战略项目等因素，共同决定了德国采取了协商一致引导政治、行政的环境和过程，这些因素与中国的情况非常不同。不过通过理解这些因素，它们也帮助解释了在什么时候、在哪里执行、怎样执行以及为什么这样执行大都市区域战略发展规划的问题。我们从德国在战略规划和城市区域治理方面的成就和失败可以学到很多东西。德国城市区域的管理不能充当一个全球皆可使用的模板，但它是灵感的珍贵来源！

本章参考文献

[1] Ardach, John. Germany and the Germans. London: Penguin, 1991.

[2] ARL（= Akademie für Raumforschung und Landesplanung）.Handwörterbuch der Raumplanung. Hannover: ARL , 2005.

[3] ARL Metropolitan Regions: Innovation, Competition, Capacity for Action. Hannover: ARL, 2007.

[4] BBR（= Bundesamt für Bauwesen und Raumordnung）. Europäische Verfechtungen deutscher metropolregionen, Bonn: BBR, 2002.

[5] Brenner, Neil. New state space: Urban governance and the rescaling of statehood. Oxford: Oxford University Press, 2004.

[6] Fürst, Dietrich. Raumplanung. Herausforderungen des deutschgen Institutionensystems .Detmold: Rohn, 2010.

[7] Herschel, Tassilo and Peter Newmann. Governance of Europe's City Regions. London: Routledge, 2002.

[8] Heinelt, Hubert and Daniel.Kübler（Hg.）. Metropolitan governance: Capacity, Democracy and the Dynamics of place. Miton Park/Abingdon: Routledge（England）, 2005.

[9] Heinelt, Hubert.; Ernst Razin, Karsten Zimmermann, Hrsg. Metropolitan Governance. Different Paths in Contrasting Contexts: Germany and Israel. Frankfurt am Main, 2011.

[10] Hoyler, Michael, Tim Freytag , Christoph Mager. REFLECTIONS ON THE POLYCENTRIC METROPOLIS. Advantageous Fragmentation? Reimagining Metropolitan Governance and Spatial Planning in Rhine-Main , BUILT ENVIRONMENT VOL 32 NO 2 , 124-136.

[11] Knieling Jörg , Hg. Metropolregionen. Innovation, Wettbewerb, Handlunsg- fähigkeit. Hannover ARL Forschungs-und Sitzungsbereichte, Band 231 , 2009.

[12] Kunzmann, Klaus R. Medium-sized Towns, Strategic Planning and Creativity In: Ceretta, Maria., Grazia Concilio and Valeria Monno（eds.）Making Strategies in Spatial Planning Knowledge and Values. Heidelberg, Springer, 2010: 27-46.

[13] Kunzmann, Klaus R. Metropolitan Governance in Germany.（In chinesischer Sprache）. Introduction to TANG, Yan, Regional Governance and Cooperation of Metropolitan Regions in Germany. Architectural Press, Beijing.2011. III-XIVI.

[14] Kunzmann, Klaus R. Ruhrgebietslied, In: Meine Pieter van Dijk, Jan van der Meer and Jan van der Borg（eds.）, From urban systems to sustainable competitive metropolitan regions. Essays in honor of Leo van den Berg", Erasmus University Rotterdam, 2013: 71-91.

[15] Mandel, K. Regional Governance made by Rhein-Neckar: Das neue Organisationsmodel für die Region, in: Ludwig, J.; Mandel, K.; Schwieger, C.; Terizakis, G.（Hrsg.）Metropolregionen in Deutschland, Baden-Baden（2. Auflage）, 2009.130-143.

[16] Nischwitz, Guido Nischwitz, Hg. Regional Governance – Stimulus for Regional Sustainable Development. München: Ökom-Verlag, 2007.

[17] Planungsverband Ballungsraum Frankfurt/Rhein-Main and Regierungspräsidium, Darmstadt. Frankfurt/Rhein-Main 2020 – the European metropolitan region. Strategic Vision for the Regional Land Use Plan and for the Regionalplan Südhessen. Frankfurt, Darmstadt, 2005.

[18] Prognos .Zukunftsatlas Deutschland. Duesseldorf, 2016.

[19] Schächter, Tobias. Die Metropolregion Rhein-Neckar. Modellregion für koopeartiven Föderalsimus. Von der Utopie zur Realität. Mannheim: MRN, 2006.

[20] Schmitt, Peter. Raumpolitische Diskurse um Metropolregionen eine Spurensuche im Verdichtungsraum Rhein-Ruhr. Dortmund : Rohn, 2007.

[21] Schmitz, Gottfried. Metropolregion Rhein-Neckar– Modellregion für einen kooperativen Föderalismus, in: Raumforschung und Raumordnung, Heft 5/2005, 3 60-366.

[22] Strubelt, Wendelin and Gorzelak Grzegorz, Eds. City and Region. Opladen: Budrich Unipress, 2008.

[23] Thierstein Alain und Agnes Förster. The Image and the Region. Baden: larsmüller, 2007.

[24] Wiechmann Thorsten. Planung und Adaption: Strategieentwicklung in Regionen, Organisationen und Netzwerken. Detmold: Rohn Verlag, 2008.

[25] Zimmermann, Karsten. Institutionalisierung regionaler Kooperation zwischen strategischer Anpassung und kollektiven Lernprozessen–Das Beispiel Metropolregion Rhein-Neckar. Nomos-Verlag. Reihe "Modernes Regieren. Schriften zu einer neuen Regierungslehre", 2012.

[26] Zimmermann, Karsten. A. Putlitz. Seeking the cooperative advantage of polycentric metropolitan regions. A comparison of the Ruhr area and the Rhine-Neckar region, Paper presented at the EURA City Futures III conference in June 2014 in Paris（available at the conference website http: //www.univ-paris est.fr/fichiers/CITY%20FUTURES%20-%20Abstracts%20 and%20Papers.pdf.

第13章
位于美因河畔的法兰克福①
Frankfurt am Main

维尔纳·海因茨
Werner Heinz
熊正友　译　易鑫　审校

13.1　由加冕之城到战后的经济中心

　　莱茵 - 美因地区的经济中心法兰克福，是德国金融之都和欧洲中央银行的所在地，也是德国最为国际化的都市，其人均国内生产总值最高，工作岗位密度最高，城市通勤人口最多，银行聚集度最高，货运载重汽车的密度最大，外来移民背景的人口比例最高，此外它还拥有股票交易额最高的交易所、欧洲第二大航空港、世界上最大的书展业、最多的高层建筑等等（图 13-1）。

　　约公元 800 年这座位于美因河畔的城市被称为"Franconofurt"。从 1152 年起，德意志的国王

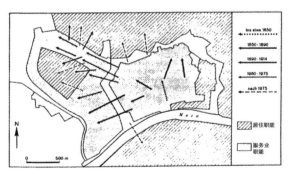

图 13-1　法兰克福内城发展

来源：Sassen, Saskia. Metropolen des Weltmarkts：die neue Rolle der Global Cities. Campus-Verl., Frankfurt [u.a.], 1996.

们都在这里被选出；1562 ~ 1806 年，所有的德国皇帝均在此地加冕；1848 ~ 1849 年期间，该城市作为德意志国民议会的会址具有特殊的政治意义。法兰克福鲍尔斯教堂（Frankfurter Paulskirche）由此成了德意志民主的象征和起点。

　　今天法兰克福经济重点的基础很早就建立了。早在 1240 年，凭当时皇帝授予的展会特权，它就开始成为展会城市。随后在 14、15 世纪，法兰克福逐渐发展成为"欧洲货物和贸易交流中心"。16 世纪，来自荷兰的宗教难民为法兰克福发展成欧洲的金融中心作出了重要的贡献。19 世纪初，作为"五个法兰克福人"的"梅耶·阿姆谢尔·罗斯柴尔德声名显赫的儿子们已掌控了全欧洲的银行业务"。

　　1871 年德意志帝国建立，法兰克福原先作为银行和交易所城市的核心地位被让给了帝国首都柏林，城市的政治作用减退，但经济发展并未因此受到损失。城市开始大范围兼并工业化郊区，自身不断扩大，这使它的人口在 1920 年代末达到50 万以上。第二次世界大战结束后不久，即使在经历了战争和之前纳粹时代造成的包括建筑和文化方面的破坏后，这座城市很快依靠昔日经济重

---

① 注：本文原载于《城市·空间·设计》，2013，Vol.29，No.1，pp.32-38。

图13-2 法兰克福火车站
来源:易鑫摄,2017

点恢复了繁荣。法兰克福虽然没有如最初所期待的那样成为共和国的首都,然而却通过作为盟军战胜国的经济管理机构和美国军管机构的所在地,赢得了政治上的利好。随着作为德意志银行前身的德国联邦州银行的建立,法兰克福于1948年重新赢得了它在1871年被迫让位柏林的中央银行和股票交易所中心的地位。

1948年10月举办了第一届"法兰克福国际博览会",1949年的秋季博览会就已发展成为是联邦德国最重要的博览会了。

法兰克福发展成为金融和商业中心的核心要素,不只得益于政治和经济因素,很大程度上也得益于"区位优势"和其既有的且不断得以拓展和更新的交通基础设施。高速公路、铁路(图13-2)、空中航线和水路,在原联邦德国地区的地理中心交会,并由此构建起唯一的空间上的中心

性(图13-2)。

13.2 巨大的变革:改造成国际服务与金融中心

法兰克福在城市发展政策方面往往起着风向标的作用。1960年初,在结束了所谓的重建阶段以后,联邦德国的国际竞争力出现严重不足,暴露出越来越明显的经济和社会危机征兆。法兰克福较早地开始对现有结构的各个层面进行被认为是必要的现代化改造工作,相关的结构调整既涉及聚居区和基础设施的结构,也包括机构组织方面的结构问题。为扩大和加强城市对于国内外在经济领域具有重要影响的相关吸引力,法兰克福开始实施了范围广泛的空间改造过程,此过程以增强对金融业和相关服务业的吸引力为导向,并因此选择以国际上(首先是美国的)城市发展战略作为参照对象。该过程的主

要标志有：强化一些中心地段的土地使用；建设高楼大厦（以其他德国城市不曾有过的规模）；以中产阶层为主的韦斯特恩特为例，压缩内城的居住空间，并将城市范围扩大到相邻的社区边界；增加第三产业；将公共政策（城市更新意味着更新和整顿功能体系中的弱点）与私人活动相互结合（特别是那些在土地增值方面具有兴趣的土地开发商）；此外还包括各类交通工程（如以露出地面的方式修建地铁），来改善城市的可达性及当地的功能利用水平（图13-3、图13-4）。

期间，法兰克福也遇到了不少问题：曾备受诟病的内城居民被排挤，工商业功能利用的多样性被削弱，由此造成了内城功能结构单一而功能间逐步解体。法兰克福因此成了"无趣的城市"的象征，而且被指责城市发展只是以利润为导向（Appel，1974）。此外城市的负面形象，特别是对外形象由于它的火车站地区的原因得到进一步恶化，这个地区在当时是原联邦德国大城市中通过美军成员建立起来的最大的娱乐区，法兰克福由此也背负了廉价娱乐中心的恶名。

1960年代末到1970年代初，游行示威活动出于对大学和社会的某些问题的误解（学生运动）以及反抗对居住空间的破坏，采取了占据建筑物的反抗形式（类似英美国家无许可擅自占据服务的例子），这又导致城市获得了"无法治理"的称号。

"逃离城市"的概念常常用来指代那些搬离城市的居民，其影响重大且具有社会选择性，同时也是城市经济吸引力日渐减弱的标志（如投资减小和企业搬迁到郊区），这导致城市政府从70年代中期开始，不仅要注意维持法兰克福作为"经济首都""金融中心"和"交通枢纽"的角色，而且也要改善其受到损害的城市形象。从那时起，法兰克福开始强调所谓的软性区位因素的意义，如城市气氛、城市形象、教育设施或者文化的多样性。内城中的主要商业大街，如采儿大街（die Zeil）被改造成了步行区，同时对一些位于中心地区的广场进行改建，如用一排模仿历史风格的木框架建筑把市政厅前的罗马广场（Römerberg）围合起来（图13-5、图13-6）；此外利用城市具有号召力的风向标功能，提出"文化是促进经济增长的推动力"，创立大量对其他德国城市都具有示范作用的文化设施：从老歌剧院改造到美因河南侧兴建的博物馆滨水区，建立了一系列具有很高吸引力的建筑。而这些措施并不单纯局限于内城地区，

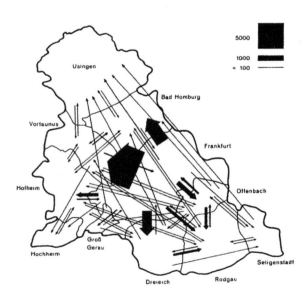

图13-3　法兰克福服务业工作岗位的郊区化

来源：Sassen，Saskia. Metropolen des Weltmarkts：die neue Rolle der Global Cities. Campus-Verl.，Frankfurt [u.a.]，1996.

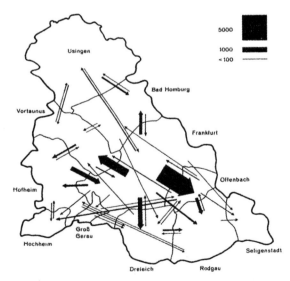

图13-4　法兰克福制造业工作岗位的郊区化

来源：Sassen，Saskia. Metropolen des Weltmarkts：die neue Rolle der Global Cities. Campus-Verl.，Frankfurt [u.a.]，1996.

图 13-5　采儿大街（die Zeil）

来源：易鑫 摄，2007

图 13-6　改造后的罗马广场

来源：Albers，Gerd und Wekel，Julian. Stadtplanung. Eine illustrierte Einführung. Primus Verlag，Darmstadt，2007.

在市郊也兴建了大型的体育设施。1989年，法兰克福成为国家景观展的举办地，通过大量的广告与宣传，法兰克福向全国展示了"居民所喜欢的城市"的形象。从1980年代中期开始，那个"不值一提"并且"令人讨厌的"城市形象终于转变成了一个正面的，虽然被认为是老套的新的城市形象。法兰克福从那以后就被看作是德国面貌变化最强烈的城市，而成了其他城市的"典范"[3]。而这一发展状态也引发了矛盾。在此后，原来真实和开放的结构与丑陋的形象一起消失在一种追求国际式"处方"所组成的"化妆盒"之中。

13.3 法兰克福：德国唯一的"全球城市"

拥有人口70多万，面积近250km²的法兰克福，位于拥有530万人口"法兰克福/莱茵-美因"大都市区的中心，人们将其称为都市区的内城，是德国的第五大城市，但在国际上它却是一个相对较小的城市。尽管如此，这座城市的影响力却远远越过德国和欧洲的边界，且在世界城市排行榜上被看作是德国唯一的"全球城市"[4]。这一称号的主要原因在于城市面向全球的金融服务业，其经济是面向世界市场的特定，并与国际经济有着高度联系，且存在大量集中控制和管理职能的聚集（企业总部和控股公司的所在地等）。

此外，法兰克福还依靠它的国际机场，与之相连的铁路、高速路，以及作为欧洲第三大的互联网中心，共同组成了国际性的交通枢纽。

13.3.1 经济

法兰克福的中心经济要素是其起着决定性作用的金融部门及相应的大量高层建筑所构成的空间结构和形象。2009年，驻法兰克福的信贷机构数量约有300家，其中半数以上机构来自国外；德国最大的5家银行中有4家在这里设有总部。法兰克福同时也是欧洲中央银行、德国股票交易所股份公司、联邦金融服务监管机构（BaFin）的所在地。2007年，法兰克福金融业的从业人数约为70 000人[5]。

位于城市西南部的机场是另外一个经济重点，

年旅客接待量达到5 100万人次（2009年），货邮吞吐量达到220万吨，规模跻身世界十大机场之列。在莱茵-美因机场地区和"空港城"内部，共有约500家企业存在于这一国际性的物流基地，从业人数达到7万人左右（2009年）。除了银行和股票交易所以外，法兰克福的服务业部门中同样在持续扩张且以世界市场为导向的部门还包括：保险业、广告业、数量日益增加的市场调查机构、提供企业咨询服务的公司以及具有多层次特点的媒体经济——包括3份具有跨地区影响的日报、多样化的出版社和图书馆（其图书馆数量中居于德国首位）。此外，法兰克福的关键产业门类还包括电信和信息技术、生物技术、医疗以及文化创意产业。

法兰克福具有国际影响力的核心组成部分还包括具有长期传统，并且通过良好的交通基础设施所支持的会展业。它是欧洲最重要的会展城市之一，其2006年的销售总额达4.24亿欧元，参会人数超过250万人次，有16个展览属于世界顶级展览（其中包括书展和国际车展，IAA）（Speer, et al., 2011.137）。同时通过参与世界范围的业务，法兰克福会展集团在会展业中属于世界上第三大的康采恩（Konzern）。

有人用"溢出的大米锅"的形象来描绘它的经济，不过这一描述并不适合每一个部门。跟许多其他德国城市一样，与服务行业的持续增长相反的是工业领域部门的不断萎缩。法兰克福的工业界，其中包括长时间处于主导地位的化学、电子、机械与车辆制造业、印刷和食品工业，自1970年代末以来，其就业人员数量已降低了超过50%的比例，目前仅剩近60 000人的规模。

13.3.2 劳动力市场

法兰克福的劳动者密度最高（10个居民对应的工作岗位数超过9个），其中部分属于从郊区乘车进城上班的通勤族，他们的工作都需缴纳社会保险。此人群占城市总人口比例的66%，居德国所有大城市之首[7]。

法兰克福的劳动人口存在高素质劳动力缺乏和低素质劳动力过剩的问题，这主要涉及两方面：

对于其他地区寻找就业机会的人来说（不过素质往往较低），法兰克福比其他德国大城市有更多的吸引力；而高素质的劳动力却通常偏爱居住在具有丰富绿地的郊区从而逃离城市。目前法兰克福的家庭构成出现了新的变化：内城地区的家庭结构中，单人和两人的家庭比例增加，短期内多元人口和从事第三产业的高收入人口在城市中数量有所增加，并出现了人口向内城回流的绅士化趋势，不过同时也有一些相反趋势的变化。

2010 年法兰克福的失业率为 7.8%，与其他德国大城市一样，高于德国全国的平均失业率，除了常提到的当地劳动力素质与劳动力市场的要求不相匹配之外，失业情况也与许多大型企业不断地裁减岗位有关（在金融行业也是如此）。此情况并不必然与经济的高增长和企业的高利润相矛盾，甚至不如说裁员是经济增长和企业高利润的前提条件（失业性增长）。与裁员过程同时出现的情况是岗位的质量也发生了变化，和德国其他地区的情况一样，有期限的、实行弹性工作以及借调雇员的劳工合同所占的比例自 2001 年以来出现了明显的增长[8]。

13.3.3　人口

目前描述德国人口发展方面的流行用语是"更少、更老与更多元"——不过并不适合法兰克福。据最新德国城市发展报告："城市在增长，同时保持了年轻，且会更加多元。"[8] 从 1980 年法兰克福的人口处于最低谷的 61.2 万人之后，其城市人口就在持续增长。2012 年该市人口更达到了历史最高值，现有人口数量超过 70 万。除生育量不断提高以外，主要是由于自从 1990 年以来迁入人口的超常增加所致。法兰克福的外国人和具有移民背景的居民所占比例很高，这已成为该市的特点之一，自 1970 年以来，这一比例就是德国大城市中最高的，目前已达到了 42% 的水平。

新近的法兰克福成了德国的"儿童之都"[8]。6 岁以下儿童所占的比例达 5.9%，比德国其他的任何大城市都高。法兰克福 65.7% 的居民处在就业年龄段（20 ～ 64 岁），居德国第一。反过来，

65 岁及以上的人口比例只有 17.3%，与德国的其他大城市相比处于末位。1960 年以来，法兰克福随着单口家庭的不断增长，家庭总量也持续增加，目前单口家庭的比例占全部家庭总数的 53%，进而成了普遍状况[9]。

法兰克福的人口在一定程度上具有大城市的典型特征，其经济和社会属性方面也具有明显的极化特点：穷人比例超过全国平均水平，同时需要社会救助的人口所占比例偏高（参阅本书 13.5 节）。

作为欧洲大陆上最大的交通枢纽，法兰克福在走私和毒品贸易方面也问题凸显。与其他 50 个德国城市相比，法兰克福的毒品犯罪数量位居全国第一，吸毒人数更是高居不下，据 2005 年 50% 的预估数据，吸毒人员数量已接近 10 000 人左右。

13.3.4　城市形象

论及城市规模，法兰克福的外表很有欺骗性。机场、空港城和内城的高楼林立会使很多人——不仅仅是换乘的过境者和游客——把法兰克福当作是一座面积很大的城市。事实正好相反，法兰克福的面积在德国仅排第 43 位。除了城市面积较小之外，城市的形象和城镇结构还具有非常多样的特点：在高楼部分城区的四周坐落着在城市建立初期就建设得非常有吸引力的居住区，各城市片区都有着自己多样的次中心，郊区部分受到乡村地区的影响，带有原来就有的花园酒馆、餐厅以及大片的绿地（包括内城的环路，经过若干个公园和穿城而过的美因河河岸，一直到城市以南的城市森林等等）。

为进一步增强城市的国际竞争力，根据相关政策，法兰克福的发展包含了以下几个不同的方向：第一是向着高度上发展，继续建设高层建筑；第二是增加现有街区的密度（通过在废弃地或者绿地上进行建设）；第三是在边界地区建设新的开发地区，如在里特伯格新建大学的研究所和有吸引力的居住区[10]。

郊区的许多城市建设活动对于城市的进一步发展也起着重要的作用，这些城镇以多种不同的方式同中心城区保持着紧密联系，如果没有这些

城镇的支撑，"中心区的经济就无法运行"。

13.4　理念、战略、活动

尽管城市具有复杂的结构，法兰克福还是梳理出了一个整合性的、跨多个部门并涵盖整个城市的整合发展理念——不过却一直没有确定决策中的优先方向。1970年早期，人们曾考虑分别在各个城市片区实施这样的计划，不过很快就被修正了。

当然，法兰克福还拟定了大量针对各个行业的计划、理念、方案与任务：其中很多系列更是具有风向标的功能。与城市的特殊经济职能和活力相适应，大多数促进经济发展的政策和活动的目的都是为加强相关经济区位的形象和吸引力，进而增强它在城市之间竞争的地位。其中具有跨地区影响的方面包括：

（1）推进法兰克福作为国际交通枢纽的改扩建项目。在这一点的推进上，备受争议的法兰克福机场跑道扩建项目（下面会进一步讨论）起着重要的作用。此外随着机场火车站的建设，与很多德国以及欧洲其他城市的空港城相比，法兰克福机场的特殊性就在于直接与国际性高速铁路系统相连接。

（2）强化展会区位的措施。为维持城市在会展城市竞争中的特殊地位，法兰克福采取了包括法兰克福书展和法兰克福国际性车展（IAA）在内的许多令人轰动的努力来吸引顾客，会展设施的容量通过改扩建措施不断扩大，并实现现代化。

（3）为对第三产业和第二产业未来的发展进行调控，制定了框架性方案和计划。其中特别包括：1999年通过决定并于2008年进一步修改的高层建筑发展方案，进一步对大量高层建筑建设的区位做出规划；2004年的产业用地发展计划，通过确保和改善工业和办公地区用地的质量，从而保护城市中的工业和手工业生产；其他城市引导方案，主要针对内城的发展及其特殊的功能提出规划要求。

为了强化城市，特别是中心区对外的形象并提高吸引力，法兰克福从1970年代中期开始重视和强调更新和改善软性区位因素的意义。因此如

前文所提，它长期以来就致力推动文化发展并加强相关设施建设，如采取促进内城慢行交通系统建设的措施（通常是将道路转换为居住功能），或重建那些具有很高象征意义的历史遗迹，近日规划重建的原先中世纪城市的部分建筑。而后者引发了记者提出了这样一个问题：法兰克福能够依靠其全球城市和新建的旧城……来创造一种"未来城市"的模式吗？[11]

与其他大城市一样，法兰克福通过举办人数众多且具有吸引力的重大事件，来加强外界对其的关注度，相关的活动包括在美因河畔举行为期多日的、欧洲规模最大的、具有轰动性的艺术和文化庆典之一的博物馆滨水节，又或"光明建筑节"活动——活动期间所有高楼大厦的立面都张灯结彩，华丽无比，以及包括法兰克福铁人赛（来自50多个国家参与者）在内的大型体育赛事。

除了制定竞争性导向的政策来提升形象价值与改善区位品质外，法兰克福同样实施了多样的扶持性和整合性政策，相关政策以满足城市居民或者特定社会群体的具体需求为导向。其中一些政策对于其他城市还有一定的示范意义。如1989年，法兰克福在德国大城市中第一个成立了多元文化管理局。通过大量的项目、咨询、引导性服务、教育和培训课程，"促进为数众多的来自不同地方的团体（出自170个民族）之间的融合"。2009年法兰克福还起草了一个全市范围的融合和多样化的概念，作为与城市自身特殊情况相契合的社会融合政策的基础。

法兰克福在为低收入阶层提供经济性住宅的建设方面有着先驱性的影响。有名的案例是1920年由当时的城市规划局负责人恩斯特·梅（Ernst May）所筹建的居住区。另一个根据功能所设计的"法兰克福厨房"（Frankfurter Küche）也声名远扬。如今社区住房政策的核心特征是：重点从原先支持住房供给的政策，转移到注重居住性区位发展方面。一位法兰克福前市长就曾指出，"必须提供符合国际性标准的高质量住房"[12]。一个有意义的尝试是把法兰克福的东部港区改造成充满吸引力的滨水居住区。

如今城市在住房建设技术方面发挥着领导性作用。在 21 世纪第一个 10 年中期，法兰克福注重在新建和更新那些属于城市自有，或者由城市政府使用的建筑物时，特别注重能源效益问题（保持被动式太阳房的标准）。自 2009 年以来，还开始支持对"繁荣时期"（Gründerzeit）[①]建筑的能源改造工作。期间发展的被动式太阳房的使用面积超过了 10 万 m²，法兰克福因此被看作即使不是欧洲，也是德国范围内的被动式太阳房之都。

关于开放空间保护的开端，同时也是为法兰克福居民提供休闲娱乐设施的工作的开端，应追溯到 1991 年作出的发展法兰克福绿带决议。这一创新性的开放空间发展项目获得了联邦建设部的表彰。该决议一方面维护现有的环城绿化带，确保绿地空间、休闲设施、"小菜园"（Kleingärten）[②]、森林和农业用地的长期稳定，另一方面通过改造废弃地或者搬迁具有干扰性类型的用地来改善相关缺陷。

1989 年成立的毒品管理局所拟定的毒品治理政策——又被称为"法兰克福之路"——吸引了包括国际社会在内的越来越多的关注。该政策一方面对瘾君子提供有关健康和社会政策方面的扶助建议，另一方面采取压制措施打压毒品交易。

由思想开端发展成为特殊兴趣的过程是法兰克福的另一个特点。其想法源于居民本身，随时间发展，相关思想开端推动了公共建议和社会性参与并不断扩大了影响力——最终促成了法兰克福的基金会部门。这些基金会部门有着数百年的历史传统，且与该城以前的犹太市民有着多样性的联系。目前法兰克福地区的基金会密度是德国最大的。基金会的业务主要集中在教育、科学、文化和社会等领域。

尽管自 1960 年以来曾经的设想被反复讨论，也被视为必须实施的工作，但相应工作的开展却不尽如人意，即关于城市与周边其他城市和社区之间进行合作的问题。作为德国的经济和金融中心，莱茵 - 美因地区虽然在功能上属于一个整体，但在管理组织方面没有一个统一的行政部门。该地区的行政组织实际上是各自为政：存在大量拥有特殊权力且相互独立的社区政府和社区联合会（县）。经过长期的讨论后，于 1975 年成立了法兰克福郊区联合会（Umlandverband Frankfurt，UVF）。不过，无论在组织形式、管辖权限还是财政问题方面，它从一开始就是一种折中方案。其实施和贯彻能力，尤其是在承担任务的能力方面也都非常弱小。对于有些人来说，这一最初被授予很多荣誉，而后又于 2001 年被解散的联合会，尽管做了一些规划和协调性工作，但最多就是"一只没牙的老虎"。其继任者——莱茵 - 美因集聚区规划联合会的权限同样也受到了诸多限制。随着法兰克福与区域内部城镇的功能联系日益紧密，产生了越来越多的交叉工作，相互间进行协调的必要性因此增多。此外中心地区的金融业发展与邻近城区的不对称加剧，尤其是面对全球竞争的越发激烈，其要求越来越高，区域整体的意义就越发显得重要，这就促使城市和经济界的部分人士重新提出发展区域内部更高水平的合作，即区域内的社区应当避免内部竞争，相反应该相互协调并明确各自优势，从而在区域对外的竞争中表现得更加团结。虽然中心城市明确了这一态度，但偶尔也隐含着担心，因为面对 1970 年以来就出现的、具有选择性的郊区化扩大趋势，这一政策也许会导致越来越多的高收入、高素质的工作岗位流失到其周边的地区。不过从今天的眼光去看，长远上把多中心的莱茵 - 美因地区的经济发展中心分散到若干个具有同等地位中心的想法，实属多虑。

13.5 当前的问题：吸引力增加的负面影响

随着采取各种措施，城市明显成功地改善了对外形象。法兰克福目前对于增长强劲的企业和员工、投资者和游客都颇具吸引力。但发展的同时也带来了负面的问题——对于许多城市居民来说，住房和生活条件出现了恶化。目前，民意调

---

① 指的是 19 世纪末德国第一次统一后的经济繁荣时期。
② 指的是城市内部及周边由地方政府提供给城市居民租赁进行园艺生产的小块土地。

查显示，处于首位的是社会问题和贫富分化带来的剪刀差问题，其次则是住房短缺和航空噪声问题[13]。

13.5.1 社会问题

当然在城市的社会、经济方面越发出现极化的问题并非法兰克福独有，只是在这里表现得相当明显。2009年末，法兰克福几乎每5个人中就有1个穷人，富人所占的比例（11.6%）[14]也很高。2010年，每8个城市居民中就有1个人需要向这座雇员人均产值最高的城市领取社会保险。虽然也还有很多雇员达到了缴纳社会保险的要求，但报酬却非常的低，这类就业人数比例的增加与失业率持续下降的现象并行齐驱。跟德国的平均水平一样，法兰克福的失业人口主要是有移民背景的人，且尤以受教育水平和劳动力素质较低的人群居多。

社会层面所遇到的社会、经济的分裂同样在空间层面也沉淀下来：表现为明确的空间分异现象，其特点主要比社会特性、民族方面的要少一些，具体表现是：低收入家庭或失业家庭主要集中在城区沿美因河北岸的一带；而从西面的赫希斯特直至东面的菲希海姆这一带，则属于以前的工业区和工人居住区，并建有很多社会性住宅。

13.5.2 经济性住房越发匮乏

住房市场目前的发展趋势与许多市民所面对的社会状况正好相反。一方面，房租和土地价格对于"普通"收入者或者低收入者来说，几乎是爆炸性地上涨。法兰克福现在房租水平排在德国大城市的第二位，仅次于慕尼黑。造成这种局面的主要原因是城市的吸引力增加、人口不断迁入以及城市周边的住宅区质量越发得到完善。另一方面，经济性住房所占比例急剧下降，其原因有：政府扶持的社会性住宅不断减少，属于私人的经济性住房经过花费不少的改造之后，不是高价出租就是被私有化（如今的经济性住房不是被办公用房，而是被昂贵的住房所排挤掉），而新建的经济性住房在数量上又微不足道。同时，有支付能

力阶层对法兰克福老房子街区的兴趣却在增加，这是因为金融行业和创意行业里高收入的人群明显倾向于住在旧城，而不愿意住在绿色的郊区每天通勤上班。即便对于所谓"普通收入人群"来说，在法兰克福要找到一套合适的住房，也变得越发困难。这种绅士化的现象对于那些主要由低收入阶层组成的地区，比如像奥斯腾特（Ostend）和葛路斯（Gallus）就面临了这样的问题，同样产生风险。1960～1970年的韦斯腾特（Westend），几乎有1/3的住户是外国人，主要是低收入人群，而今天却恰恰相反，重现了更早期时代的景象——一个中产阶级的、昂贵的城市片区。

13.5.3 航空噪声

为使城市与全球联网并提供有7万工作岗位的莱茵-美因法兰克福机场是法兰克福及其城市区域核心的经济因素。而其产生的噪声污染问题，却使它总是成为受到批评和被反对的对象。早在1984年西跑道18号投入运营时，就有无以计数的投诉纷至沓来，机场跑道建设期间，更有成千上万的法兰克福和周边城镇的居民一而再地上街游行。2011年底建成的西北跑道，也经历了数年的法律诉讼过程，是法兰克福南部、相邻城市和乡镇大部分居民的批评对象。预计到2015年底，投诉飞机起降的记录将由每年54万次增加到70万次。目前受新扩建跑道所干扰的城区和城镇明显增多。按法兰克福市政府的数据，新跑道所带来的噪声污染，使得每8个人中就有1个人受到噪声影响，而此数字已超过了法定标准。日益上升的噪声污染，使人们担心会导致该地区内部病患的增加。还会导致那些受噪声折磨的居民从干扰严重的美因河南边，迁徙到其他安静街区，而引起房租继续上升，从而进一步加剧当地住房市场的瓶颈。有人曾提出一些减少噪声污染的建议，比如把一些航班转移到别的地方或其他交通工具上。不过对于受噪声影响的地区和周边城镇的居民代表来说，减少噪声是远远不够的。对于他们来说，噪声问题已达到了无可忍耐的极限，他们的要求是必须关闭这条新的跑道（图13-7）。

图 13-7 法兰克福机场新跑道

来源：http：//www.cafe-future.net/news/pages/Frankfurt-Flughafen-eroeffnet-neuen-Flugsteig-A-Plus_26522.html

13.6 最后的问题

法兰克福经济的成功、稳定性和高效率在很大程度上取决于其基础，即社会的稳定和社会的融合在多大程度上能够得到可持续的维系。因此，当前的城市问题的大量积累促使城市管理部门在2000年针对法兰克福未来的发展举办了专家听证会，并就以下问题提出讨论：考虑到其泛生产的实际效果，这种传统上以供给为导向的、基于以城市和空间规划增长基础上的增长哲学，是否需要进行修订？

然而，如果进行修订，还需落实具体的战略和措施：城市采取什么措施，才能阻止社会进一步分裂和空间分异？为了给所有居民，特别是处于弱势阶层的居民提供合适且可支付的住房，必须采取哪些措施？为使城市不仅仅是服务于经济和那些报酬丰厚的人群，而为城市的大多数居民创造有价值的生活，又必须采取哪些措施？

为了解决这些问题，作为联邦州的黑森州应当扮演什么角色？周边区域的角色又该是什么？是否能够在大空间范围内实现城市和区域间的功能分工，自1970年代以来就提出的把城市和区域合并成一个区域性机构（区域城市或者区域乡镇）的方案最终能否完全缓解城市面临的各种棘手问题？因为在法兰克福这座小城市里，经济繁荣的大都会和具有生活价值的大城市这两种角色，已显得越发难以共存。

本章参考文献

[1] Presse- und Informationsamt der Stadt Frankfurt am Main（Hrsg.），Finanzzentrum Frankfurt am Main，Frankfurt o.J.

[2] Heinrich Appel, Heißer Boden–Stadtentwicklung und

Wohnprobleme in Frankfurt am Main, Frankfurt/M. 1974.

[3] Frankfurt – Das Wirtschaftszentrum, in: Wirtschaft und Standort, 1985/86.

[4] Bericht zur Stadtentwicklung Frankfurt am Main 2012, BAUSTEINE 1/12.

[5] Ebenda, S.62; Albert Speer und Partner GmbH. u.a., Frankfurt für alle, Frankfurt/Main 2009.

[6] Albert Speer und Partner GmbH. u.a. Stadt Frankfurt am Main, Statistisches Jahrbuch Frankfurt am Main 2011, Frankfurt am Main 2011.

[7] Bericht zur Stadtentwicklung Frankfurt am Main 2012, a.a.O.

[8] Alle Zahlenangaben aus Ebenda.

[9] Joseph Esser und Timo da Via, Der Finanzplatz Frankfurt bin der globalen Konkurrenz –Folgerungen für die Stadtpolitik, in: Christian Niethammer und Winfried Wang (Hrsg.), Die. Zukunft von Frankfurt am Main, Frankfurt 1998.

[10] Dankwart Guratzsch, Wir lieben die Hochhäuser, aber uns fehlt die Altstadt, in: Die Welt vom 3.12.2005

[11] Petra Roth, Oberbürgermeisterin der Stadt Frankfurt am Main im Gespräch zum Thema: Wohnen in Hochhäusern, in: Frankfurter Rundschau vom 9.6.2007

[12] Georg Leppert, Feldmann in Lauerstellung, in: Frankfurter Rundschau vom 3./4. 3. 2012

[13] Forschungszentrum Demografischer Wandel (FZDW) der Fachhochschule Frankfurt am Main, Sozialbericht für die Stadt Frankfurt am Main, Frankfurt 2009

[14] Alle Angaben aus: Stadt Frankfurt – Der Magistrat (Hrsg.), Wohnungsmarktbericht 2011, Frankfurt am Main 2012.

向德国城市学习
——德国在空间发展中的挑战与对策

第 14 章

杜塞尔多夫：德国最宜居的城市之一[①]
Düsseldorf: one of the most livable cities in Germany

约阿希姆·西费特
Joachim Siefert
汤沄 译 易鑫 校

2011 年度的 Mercer 生活质量调查报告显示，从城市生活质量和生活成本等方面的综合指标进行衡量，杜塞尔多夫的排名位列世界第五、德国第二。在其他诸如此类的各项调查报告中，这座城市也受到类似的赞扬。德国知名智库 Emnid 近期的一次问卷显示，杜塞尔多夫居民的生活满意度指数在全德仅次于汉堡，2012 年它被授予"家居友好城市"及"自行车友好城市"的称号。杜塞尔多夫有着合宜的城市规模，让人有认同；它位于欧洲都会区的中心地区，拥有便利的交通联系；城市范围内还聚集着众多重要企业的总部，有着毗邻莱茵河的优良环境，同时广阔的绿地和思想开放的居民，也都为这座城市的宜居性作出了贡献。此外需要提到的是，城市的抱负与社会方面均衡的城市政策相结合，带来了这样的核心优势。

在杜塞尔多夫于 1288 年获得城市地位的时候，它还只是一个仅有 500 人口和一条街道的小村庄。直到 19 世纪工业革命发生之前，这里的人口规模都不足以使其称之为城市。而工业革命之后这里则迎来了发展的浪潮，虽然城市受到了第二次世界大战的影响，但人口仍在 1962 年达到了 70.5 万的峰值。城市如今的人口为 59 万，自 1990 年代以来处于上升期，预计 2015 年将达到 60 万（图 14-1）。

图 14-1　杜塞尔多夫的城市范围
来　源：Landeshauptstadt Düsseldorf. Demografiebericht 2011. Bevölkerungsentwicklung für Düsseldorf bis 2025

---

① 本文原载于《城市·空间·设计》，2013，Vol.29，No.1，pp.44-47。

杜塞尔多夫位于鲁尔区边缘，在 19 世纪发展为工业城市，主要产业为钢铁和化工生产。不过相比于鲁尔区的大多数城市，这里同时还是煤炭、钢铁和能源公司的总部，因此被公众称为"鲁尔的书桌"。随着大量工业综合体迁走，城市因此失去了 5 万多个工业部门的工作岗位，地方经济结构也由第二产业为主变为第三产业为主导。

与鲁尔其他城市不同的是，杜塞尔多夫的城市人口和家庭数量正在不断增长，从周边区域的居民数量多于迁出和死亡人口总和的数量。由于这里的混合型人口组成和超过 50% 的人属于单身家庭，这里的平均户人口降至 1.8 人，同时人均居住面积则上升至 $40.1m^2$。所有这些都带来了对住房的需求，而这种需求已很难在城市范围内得到满足，尤其是价格较低的租赁住宅更是稀缺。现有公共住宅的数量减至 22580 套，仅占总量的 7%，而实际上有 161000 个家庭，也就是总数的 50% 都符合申请的条件。城市的住房成本也超过了平均预期的收入水平。另一方面，绅士化和高档公寓的建造促使了"富人集聚区"（luxury ghettoes）的出现，它们中的一部分以封闭的门禁社区形式存在，结果改变了传统的城市分区特征。

杜塞尔多夫在行政边界内为未来的发展预留的空间很有限，因此多余的工业用地和先前的铁路站场被改建为了办公和居住空间，废弃的工业和办公建筑则转而作为公寓，此外建筑之间的后院空间也被用来进行建设。于是存在着这样一种争议——是否可以将城市的农业用地调整为居住用地，或者利用周边城镇的土地来满足相关的住宅需求。

住房的短缺带来了每日约 285000 人在城市和周边城镇之间通勤。由于私家车的使用量超过了成本和道路允许通行量，因而需要政府大力发展公共交通系统，同时对地铁进行扩建，进一步的扩建计划都在考虑之中。

14.1 城市概况

1946 年，杜塞尔多夫被英国占领军选为新建的北莱茵 - 威斯特伐利亚联邦州（NRW）的首府

所在地。该州有 1780 万（2011 年）的人口，是德国人口最多的州，因而对整个联邦政府的政策都有重要影响。杜塞尔多夫的市域面积为 $217km^2$，人口 59 万，并不算一个大城市，但它所在的莱茵 - 鲁尔地区却是一个有 1180 万人口的多中心大都市区，这个城市区域在人口和经济实力（GDP）上都堪比巴黎和伦敦。杜塞尔多夫位于西欧的中心，这样得天独厚的地理条件为其提供了绝佳的市场优势。在其半径 100km 的范围内的人口达到 1800 万，而半径 500km 区域的人口里更高达 1.5 亿，占到欧盟总人口的 35%。

受益于联邦德国政府的分散化发展政策，杜塞尔多夫得以成为一个国际性的商务和金融贸易中心，有 40 个国家的领事馆、33 个外国商会以及多个德国大型企业的总部驻扎在这个全球性城市中。杜塞尔多夫 32000 家企业拥有 36 万员工中，5000 家外国公司在这个城市设有分支机构，其中包括 450 家日本公司（在更大的城市区域内则为 520 家）和 275 家中国公司。2009 年和 2011 年，杜塞尔多夫分别被确认为德国新兴企业和吸引国外直接投资最多的城市，也因此成为全德最大的办公地区之一（900 万 m^2）。杜塞尔多夫是约 170 家德国和国际金融机构，以及 130 家保险机构的所在地，还有着属于德国最大规模之一的股票交易市场。这座城市在德国拥有仅次于慕尼黑的购买力（指数达到了 120）；全年预算达 27 亿欧元，并且平衡的预算保证了从 2007 年至今城市再无负债，在 2005 年被穆迪信用评级列为 AA1。

之所以会取得这样成功的关键在于大力发展经济。从 20 世纪 50 年代起，杜塞尔多夫就向日本企业敞开大门，从而赢得了"莱茵的日本之都"的称号。从 1971 年开始，大型工业企业开始落户于此，到 20 世纪 80 年代末，完善的配套服务行业围绕这些大型企业发展起来，包括日本银行、保险公司、运输公司、广告机构、零售、医疗及餐饮。杜塞尔多夫还是日本总领事馆的所在地，在这里的日本社区内约有 7000 居民，并拥有独立的幼儿园、学校和寺院。近些年这里开始注重吸引中国公司，同时在中国的几个城市开展推广活

动，至今已有 2300 名中国人定居于此，且还在不断增长。城市里共有超过 10 万人口、即总人口的 18% 都是外籍人士。

杜塞尔多夫经济的一个重要组成部分就是杜塞尔多夫展会，早在 1947 年就已开始举办。如今"杜塞尔多夫会展"集团管理着 50 个国际性商贸展会，其中 24 个为一级展事。这意味着近 1/5 的世界顶级商贸展会在杜塞尔多夫举行，12 个附属机构的联络人和 68 个服务 127 个国家的代表为参展商工作，其中附属机构位于布尔诺（捷克共和国）、莫斯科和上海。在德国范围内，杜塞尔多夫展会吸引到了数量最多的外国参观者（692000 人）。

这座城市因其是德国的广告和时尚中心而闻名于世，同时它还是德国最重要的电信中心之一，近几年间有 18 家网络供应商落户于这座城市。此外，这里还有包括德国前三名在内的 400 家广告代理商以及 200 家出版商。

除了它所处的中心区位，杜塞尔多夫还提供着最佳的航空、水路、铁路和陆路交通。位于市中心仅 7km 的杜塞尔多夫国际机场，是德国仅次于法兰克福和慕尼黑的第三大商业机场，每年接待旅客量超过 2000 万人次，由 74 家航空公司服务于遍布 4 大洲 197 个目的地的航线。此外，机场本身拥有 17500 名雇员，是城市最大的雇主。

为了培养更多高素质的劳动者，杜塞尔多夫本身还发展成为教育中心：今天城市拥有包括综合性大学和国际学校在内的 12 所高等学校，以及仍在不断增长中的私立教育机构。1965 年成立的青年大学如今拥有 2 万名学生。杜塞尔多夫应用科技大学（FH Düsseldorf）成立于 1971 年，它合并了数所地区内部知名的教育机构，现拥有 8000 名学生。这里的 6 所外国学校，共有 2500 名学生，包括杜塞尔多夫国际学校，以及日本、俄罗斯、希腊及法国的学校。杜塞尔多夫的罗伯特·舒曼音乐与传媒学院更是在国际上享有盛誉，它的 850 名学生来自世界 40 多个国家。城市正在努力重振其艺术城市的形象，"杜塞尔多夫画派"在 19 世纪曾有着重要的地位，而今这里因其艺术摄影而闻名（图 14-2）。

图 14-2　杜塞尔多夫画派代表 Fritz Grebe 的作品
来源：https://de.wikipedia.org/wiki/Fritz_Grebe

14.2　城市发展的目标和抱负

在 21 世纪之初，杜塞尔多夫在城市和经济发展方面取得了相当令人满意的成果。城市政府致力于将这种良好状态保持下去，同时维持仅有少数几个德国城市才敢宣称的财政平衡。在经济发展方面，市政府的抱负是大力吸引投资，尤其是针对来自中国的企业。城市致力于为企业发展提供便利，改善软环境，包括高效的基础设施、充足和高质量的办公和居住空间，以及丰富多样的文化、教育、体育和娱乐设施，此外还包括——健康的环境。由于国外企业高度依赖于高素质的员工，所以城市所要做的就是为国际化的客户群体提供吸引他们的优质环境。

不仅如此，杜塞尔多夫致力于将自己发展成为全球性的重要城市。这里，媒体的各种活动已超越国界，包括国际性歌唱比赛，一年一度的日本节和中国节、法国的节日庆典，以及班比电影奖的颁奖活动（Bambi Film Award）等等。

除此而外，城市政府还大力发展与国际姐妹城市的良好关系，比如重庆、莫斯科和华沙，以及加强与欧洲和其他地区的城市和区域之间，在文化和经济关系方面的联系。

14.3　城市发展计划

"二战"给城市曾带来巨大的破坏，超过 50% 的城市结构遭到毁坏。当城市重建提上议事日程之时（之前在战争时期曾作为曾经纳粹党部之一，他们为杜塞尔多夫构想了大规模、极权和超大尺度的建筑、广场和林荫大道的方案），在1960 ~ 1970 年代，强有力的规划部门负责人则致力于利用城市结构被破坏的机遇，创建一座新的现代化城市。当时"现代化"意味着一种可以更加适应不断增长的私家车发展的城市结构，双层立交的大道、长达 100km 的高架路都在设想之中。而这也遭到了一些保守的市议会成员和市民们的反对，从而引发了激烈的辩论——他们坚持要求新建筑应当符合于原城市的道路网络，同时历史风貌区应当予以完整的保留。最终达成的共识是，中心城区只建一条四车道的立交高架路来疏导交通。今天这种保留以前路网和重建损毁的历史建筑的做法得到了人们的普遍赞同。旧城中心区已经成为居民寻求认同的场所，并且是吸引游客的主要景点。而那条建于 20 世纪 70 年代的高架路，现在则面临着被拆除，以便为发展一条新的公园大道——"国王街之弧"（Kö-Bogen）腾出空间。

在经历了多年的经济、人口的快速发展之后，城市现在开始准备推动居住和办公方面分散化的方案，并已取得了一些成功。如在格莱特（Garath）和海勒霍夫（Hellerhof）已新建了容纳 25000 居民的居住区，以及在瑟斯特恩（Seestern）提供了10000 个工作岗位的办公场所。不过从社会角度来说，卫星城格莱特中过于单调的预制混凝土房屋，则显得不甚成功。在 20 世纪最后的 30 年中，出于缓解城市中心区的压力，分散交通，调节土地价格，同时发展地方经济等目的，人们在行政区划的范围内新开发了 7 个次中心。这一战略在符合原先多中心城市结构的基础上，将杜塞尔多夫周边的一些居民点整合进来，其中某些居民点甚至比城市本身的历史更悠久。

在城市居民外迁的影响下，城市人口减少，这就使得城市规划的重点可以放在改善居民区的生活环境质量方面。重视步行化和混合土地利用的原则被引入，大量资金投入到建筑的生态化改造方面，同时也启动了院落和立面的绿化计划。尽管目前容量已经达到上限，为了避免城内出现大量过境交通，高速公路仍采取与城市相切的方式建在外围地区。卓有远见的城市规划者和政治

家们保留了杜塞尔多夫现有的有轨交通系统，同时对其网络进行扩大并实施现代化改造，现在大部分市中心交通安排在地下。

城市总是会明智地利用各种必要条件和突发事件。比如说，当有某个事件带来了某种失败或威胁的时候，就会在全新的维度上建立新的结构，从而为今天的成功奠定基础。当一场大火烧毁了城市原先的机场后，随后就兴建起一座大型、现代化且高效的杜塞尔多夫国际机场，其结构将商业中心和办公建筑与机场融为一体。大型、有魄力和前卫的项目常常能够促进城市向前跨越性发展，从而在争取到更多广泛的个人投资方面取得成功。不过还是有例外：那就是在申办 2012 年奥运会主办权的活动中，杜塞尔多夫与鲁尔的联合申请在德国内部的初选竞争中就已经失败了。

14.4 三个值得一提的城市发展项目

14.4.1 莱茵河滨水步道

随着原来沿着城市布局的莱茵河港口被拆除，不断增长的汽车交通占据着这片开放空间，一条联邦高速公路用它每天 55000 辆车的流量将城市与河流分隔开来。滨水步道项目由北莱茵 - 威斯特法伦州政府计划新建议会大楼的项目所触发，同时也是为了避免州议会迁移到埃森去。在这个项目中，杜塞尔多夫并没有移走这部分充满噪声的交通，而是承担了总投资 80% 的费用（约 5.43 亿欧元），将四车道的公路埋到了地下，同时修建了2km 长的隧道。另外还建设了配套的地下停车场，以及一座位于地下的艺术画廊。这一地区因此建成了非常吸引人的散步场所，无论在当地居民或是外地游客的眼中，算得上是莱茵河畔最美的散步场所之一。它极大地提高了城市生活的质量，同时也帮助争取了大量的私人投资。

14.4.2 杜塞尔多夫媒体港

城市由生产性向服务性的转变过程并没有使杜塞尔多夫的主要港口空闲下来。城市在莱茵河上的港口靠近市中心，周围环绕着大量工业区，

以及其他具有广泛用途的地区。现有的工业港口的规模缩小，同时提高了效率，变得更集中和现代化，并与周边诺伊斯（Neuss）和科隆（Cologne）等城市的港务局展开合作。

这个项目旨在对这片区域的重新开发，在确定了新的议会大楼和广播大厦之后，项目希望占用一部分港口的空间，同时将一部分办公空间引入到精简之后的港区内部。主港口区内部原有的一块 $10hm^2$ 土地在过去 20 年间经历了深刻的变化：以前是那些由仓库主导的港区天际线，如今则是由世界知名的建筑师们所设计的建筑综合体所重塑，包括弗兰克·盖里、克劳德·瓦斯克尼（Claude Vasconi）、斯蒂文·霍尔（Steven Holl）、大卫·奇普菲尔德（David Chipperfield）、墨菲·杨（Murphy Jahn）、威廉·奥尔索普（William Alsop）、槇文彦（Fumihiko Maki），以及博特·里克特·德黑兰尼（Bothe Richter Teherani）等。这种对建筑创造力的极大包容，与多元的功能需求相融合，因此发展出一种非常独特的方式。它不要求整片区域具有统一的面貌，每个地块都被作为个体来看待并给以充分的自由。除了这些新建筑的亮点之外，港口还创造了新旧融合的独特魅力：旧有的码头围墙、台阶和铁轨得以保留而被列为今天缅怀历史的纪念碑。同时，城市明确要求此处的开发以媒体、酒店、餐饮和时尚为重点，考虑到会与周边工业区发生冲突，所以才排除了居住功能。如今，拥有 800 家公司杜塞尔多夫媒体港使得杜塞尔多夫在欧洲的媒体市场上发展成为了重要的成员。在经济上的成功之外，港区本身也是一处建筑地标，为当地吸引了大量的投资和游客（图 14-3、图 14-4）。

14.4.3 国王街之弧（Kö-Bogen）

随着地铁延长线项目的完成，毗邻城市最重要的公园——宫廷花园（Hofgarten）这片地区得以远离机动车交通。这就给城市提供了极好的契机，在市中心北部发展全新的城市结构，来弥补那些因为战争和先前的规划堵塞了通往公园的城市大道而带给城市的缺憾。规划的目的在于重新

图 14-3　杜塞尔多夫媒体港
来源：易鑫 摄，2005

图 14-4　杜塞尔多夫媒体港
来源：易鑫 摄，2014

焕发历史城市的风貌和生机。国王街（Königsallee）将被直接延伸至公园，而不再有任何十字路口和交通灯的阻隔。"Kö"代表着当地著名的商业中心国王街，人们常常相约在那里见面。那里还有很多知名的珠宝店、设计品牌店，以及画廊，而构成了德国最昂贵的商业和办公场所（图 14-5、图 14-6）。

美国建筑师丹尼尔·李伯斯金赢得了相关设计竞赛，并主持设计了连接宫廷花园和内城的建筑物，从而创造出了大道上一个独特的结合点。新城市广场的建设重视步行友好，以免受交通干扰。这里还将开发更多的办公和商业，这些机构将为兴建和改造公共空间埋单，同时也能预见到这些项目能够吸引到更多的私人投资，给城市的宜居性带来更多的支持（图 14-7）。

图14-5　国王街之弧

来源：http：//www.duesseldorf-blog.de/2009/02/06/ko-bogen-der-rat-hat-die-kurve-gekriegt-libeskind-machts/

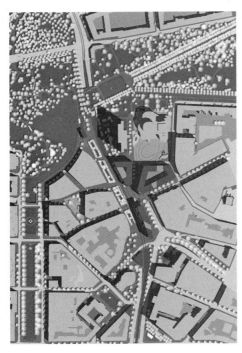

图14-6　国王街之弧方案

来源：http：//www.fswla.de/index.php?cont=news&id=wettbewerbsliste&lang=de&wettb_id=43）

■ 居住区部分
■ 结构调整地区
□ 场所边界调整
■ 重要的开放空间
农田与林地
城市边界
城市管理区边界

N

图14-7　杜塞尔多夫2020+城市发展构想

来源：Landeshauptstadt Düsseldorf. Stadtentwicklungskonzept Düsseldorf 2020+ Wachstum fördern，Zukunft gestalten. Beiträge zur Stadtplanung und Stadtentwicklung in Düsseldorf.

向德国城市学习
——德国在空间发展中的挑战与对策

这些项目的起因和推动力虽然各不相同，但是它们都是基于建筑或者城市设计竞赛得以实施的。这是因为当地实施的原则，在杜塞尔多夫所有公共的城市开发项目均需要经过市民参与这一过程。每当涉及住房或牵扯到广泛公共利益的时候，被选中的方案团队均需在现场根据利益相关的市民提出的要求对方案进行深化，来详尽表达出建筑的方案细节。这种现场设计与公众参与相结合的方式，后来演变成了一种杜塞尔多夫典型的设计方式（工作坊程序）。尽管这样会比较费时，但却能带来更好的解决方案，最终甚至能够得到最初反对者的支持。这样的过程是免不了争论的，有时候甚至直接引起争议，如果不能达成妥协，城市政府则享有优先权——当然，偶尔也有违背市民意愿的时候。

杜塞尔多夫这种长周期的规划方式是有着悠久的历史。它始于 1970 年代，当时城市规划的基本情况、目标和原则都对市民公布。不过由于当时市议会成员希望短期实现重点决策的想法（实际上无法实现），这种广泛征集民意的规划形式在 1990 年代曾一度中断。不过到了 21 世纪初，它又被重新启用。在新千年的第一个十年，名为"杜塞尔多夫 2020——促进增长、为未来而设计"的城市发展规划被公之于众。经过一系列全市范围针对城市发展目标的讨论，而确定了一个面向中长期的城市发展框架。档案记录下了诸多引导城市今后几十年发展的定量和定性的因素。一个作为联系城市发展的基本宗旨在于，相对于向外扩张，内向的发展具有优先性。这就意味着，城市范围内的土地必须获得充分利用之后，才能再考虑向外扩张。不过相比于以前的长周期规划方式，这个发展规划是否能够得到政治家方面的接受，目前仍没有定论。

14.5　成功的因素

多种因素推动了杜塞尔多夫的成功，这包括城市在西欧的中心性区位，作为北莱茵 - 威斯特法伦州的首府，以及在西北欧的良好可达性，其市民和政治家的开放观念与面向世界的态度，国际性的联系。不过同样重要的，是城市积极的经济发展政策，其作为开放性国际都市的热情，雄心勃勃的项目，还有就是重要的经济基础，与宜人、健康和休闲的环境。许多公共的文化和体育机构得到广泛的私人资助的支持，在这方面，城市政府、企业与居民保持着良好的关系。

杜塞尔多夫是德国一个杰出的城市，其优秀的城市政策、开明的领导机制、有竞争力的公共部门与市民社会，相互结合构建起城市的国际竞争力，同时具有高度的宜居性，由此，城市在社会、文化、经济和生态维度上的发展得到了良好的平衡。

第15章
汉堡的两种城市改造方式：港口新城和国际建筑展[①]

Two contrasting approaches to urban redevelopment in Hamburg: the Hafen-City and the IBA in Hamburg

迪尔克·舒伯特
Dirk Schubert
崔阳 译　易鑫 审校

汉堡是德国3个城市州之一，它也是仅次于鹿特丹的欧洲第二大港。汉堡是易北河入海口的一座受潮汐影响的海港城市，位于北海入海口100km处。该城市的特殊地形是由属易北河支流的较小的阿尔斯特河与易北河汇流而形成的。这座城市的特征由位于城中的阿尔斯特湖和易北河上舶来的远洋货轮所共同塑造。汉堡城是汉堡大都市区的一部分，这个城市区域涵盖了易北河两岸近2万km²的地区，拥有450万居民和190万雇员。根据在2000年被各合作伙伴成员所采纳的区域发展理念（REK），除了汉堡城市本身，来自临近2个州（石勒苏益格-荷尔施泰因和下萨克森州）的14个县，以及两个州本身，以非正式的形式形成了共同的合作关系。区域发展构想的共同战略是联合应对全球化的挑战，同时共同提升城市区域整体的国际竞争力。

在10年前由于认识到诸如生活质量和地区形象这些软性区域因素对经济发展越来越重要，汉堡市启动了2个对比鲜明的城市改造项目，即港口新城项目和国际建筑展览项目（Internationale Bauausstellung，IBA），作为应对再城市化过程的措施。2007年出台了一个综合性的城市发展构想，旨在引导这座城市未来的发展进程（图15-1）。

15.1　新的城市发展理念

自从1996年汉堡城市发展发展理念（Stadtentwicklungskonzept，STEK）公布出版之后，重要的新发展潜力开始显现出来，相应地对于汉堡来说，涉及的一些重要参数也逐渐发生了转变。在这一过程中，汉堡市政府于2007年汉堡市进一步起草了新的城市发展战略——"汉堡空间愿景"，确定了在未来10～15年间，空间发展中所涉及的重点行动地区。汉堡渴望抓住大都会增长的机遇，同时希望调动自己的潜能，巩固它作为滨海绿色都会的特色。汉堡新战略的核心是推动"加强城市性"（More city in the city），优先发展紧凑型城市，填补城市空地，使城市的密度提高，更加可持续地对空间进行利用。

2004年的人口统计预测指出汉堡有进一步发展的机遇，城市通过居民迁入，将有一个正向平衡，到2020年它可能会吸引额外的8万人口或是6万个家庭，而且其年龄将集中分布在15～30岁之间。为了这些年轻人，汉堡计划给他们提供诱人的生活空间，满足人们居住、就业和接受教育的需要。

这项新空间战略政策目标的核心在于行动。它放弃了此前想作综合空间规划的雄心。这个非

---

① 本文原载于：《城市·空间·设计》，2013，Vol.29，No.1，pp.53-58。

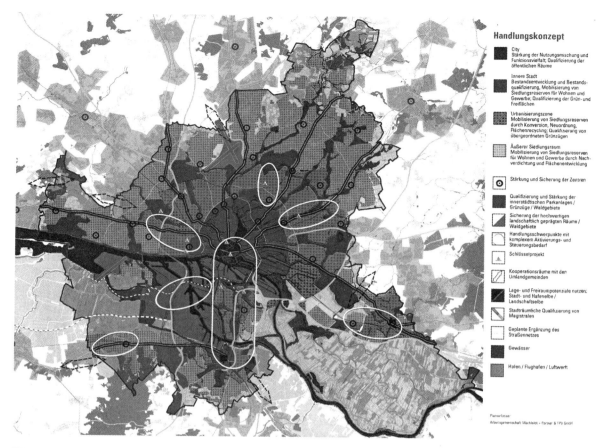

图 15-1 汉堡的空间发展构想
来源：http：//www.hamburg.de/bsu/

正式的（非法定规划）战略采用极为直观的方式，将新理念中重点选取的项目以抽象的形式按重点先后排列出来，展现了城市区域的空间结构和未来城市发展的重点区域。

城市内向发展具有明显的优势：避免了兴建新建筑所需的高昂花费，转而对现存的基础设施——从公共交通到文教设施——进行更加充分和合理地利用。此举旨在避免在风景胜地和天然空地再作更多新的开发，也支持了城市所提出的"滨海绿色都会"的宏伟目标。显然这些都要求对空间和资源进行负责任的和可持续的利用。"加强城市性"（More city in the city）意味着通过高密度和混合的土地利用，赋予内城区位更高的都市品质，同时通过更多公寓和工作机会，以及那些得到提升的公共空间。

为满足各个发展目标，汉堡需要更多高品质的住房。该市的目标是每年新增 5000 ～ 6000 套公寓。尽管作为自由市，城市政府拥有制定和决策的权力，但这并不是一个容易实现的目标。因为内城改造和填充式开发需要多人的参与，再加上长期的忍耐力及持续性。一般说来，当地的市民组织并不接受城市密度提高，空地填充计划也造成新项目不断地引发冲突（Nimby，不要在我的后院）。

若要强化城市作为经济引擎所起到的作用，"汉堡空间愿景"的实现就得依靠城市产业的较快发展。汉堡的优势产业是港口与物流相关行业，航运和创意产业。这些行业都有它们各自特殊的区位要求。港口、物流与航运产业簇群需要更大和更宽敞的空间，对工业废弃地（brown fields）的振兴与内城的破旧和废弃建筑物，则适合给诸如媒体、信息、通信、电影，音乐和设计这些创意产业。

近年来汉堡已经建设了像"申策尔小区"（Schanzenviertel）、"卡罗小区"（Karoviertel）和"奥滕森"（Ottensen）这些创意街区，尽管无意但还是导致了绅士化。这些地区为那些所谓的创意阶层提供了他们正在寻找的创意环境。虽然初衷是好的，但市政府还是时常遭到居住在该区域的老住户的反对，这些住户依靠距离城市中心较近且较低的房租，并从密集的社区中受益。

在两德统一后的一段时间里，诸如联邦武装部队、邮政、德国铁路，以及一些大医院所在地的众多转换区域都被开发作为新的城市功用。和很多海港城市一样，对于汉堡来说，最重要的任务是把那些废弃港口区域转换为城市用地。我们在 10 年前没有能够预测到全球集装箱中转数量的大规模增长。在汉堡的市中心建一个活动港口的举动对整座城市产生挑战，并引发了的港务局和市政府之间无休止的冲突，也使政府的经济和环保政策相互抵触。建设集装箱中转港口总是需要更多的空间，更有效的技术性的基础设施和新的集装箱码头，这些都跟汉堡市的环保雄心有矛盾。不过调和他们二者之间的矛盾代价高昂，也给政府并不宽裕的财政预算带来了负担。

15.2　再开发的起点——"珍珠串"

冷战结束后，汉堡重新恢复成为北海最东端核心港口，恢复了通向波罗的海门户的地位。汉堡大多数的港口为政府所有并划归汉堡港务局（HPA）管理。港口被认为是城市基础设施的一部分。对汉堡来说，政府对码头和港池的投资，以及对航道维护和清淤所产生的费用是财政预算中的重要事务。

位于阿尔托纳境内易北河沿岸的海滨地区，由于面朝船坞和远洋货轮而风景旖旎，因此该地区在汉堡扮演着十分特殊的角色。像很多港口城市一样，那些始建于 19 世纪中叶地处市中心附近的最古老的建筑和基础设施，在 20 世纪 80 年代都闲置了下来。港口也搬迁到了临近滨海地区的新集装箱码头。当与港口相关联的活动减少之后，公众的注意力逐渐转移到了这些建筑的新用途上。

1980 年代早期，建造在易北河北岸的从 19 世纪中叶到战后不同时期的建筑被用作各种用途。提升水岸的创意被寄予厚望，人们希望开发土地新的用途，创造出可辨识的地标，提高对市民、来访者和游客的吸引力。振兴滨水地区的措施被寄希望于对整个城市产生积极的影响。汉堡市将最好的地段展示给了那些正在寻找新落脚点的公司和投资人。这个地方于是有了一个令人印象深刻的名字："珍珠串"。考虑到在整个区域采取同种策略比较困难，那么基于市场导向的一连串投资项目将会产生足额的利润，继而使土地增殖并提升整个区域的价值。

从那以后，许多新建成的建筑和改造过的老旧仓库显著地使易北河北岸的区域出现绅士化。由于许多特定的项目，该地区长时间陷于调研、设计和项目实施工作的状态。项目的执行虽然不会严格地受到规划要求的控制，但考虑到地块获得的可能性、开发商的利益，以及投资的考虑产生于不同的历史时期和规划背景。"珍珠串"的比喻意味着存在一种城市规划概念，它只有在项目完成之后才能成型。

在阿尔托纳（Altona）仅有老鱼市存留了下来，尽管它现在变成了针对美食家的鱼类集贸市场。到 2010 年几乎所有易北河北岸的建筑都被建成。该建筑群提供了各式各样的功能、建筑类型和建筑风格。

15.3　大动作：港口新城

1990 年代末启动并与国际广泛进行交流的港口新城是汉堡乃至德国最重要的城市再开发项目，同时也是欧洲此类项目的翘楚（图 15-2、图 15-3）。除此之外，也是所有德国市中心（外围）地区最有影响的再开发项目。港口新城重建了易北河和市中心的联系，给汉堡指明了新的发展方向：延伸至河边，并沿河发展。港口新城从"仓库城"（Speicherstadt）绵延至"易北桥"（Elbbrücken），其间用桥与河岸相连。这片大区域第一次被划出港口而作为新用途。现存的基地面积将近 155hm² 覆盖了新旧两种港口运营设施。环绕在其周围的是几座衰败的住宅区、批发市场、工厂、港口设施和铁路。

与前面介绍的"珍珠串"的理念不同，港口

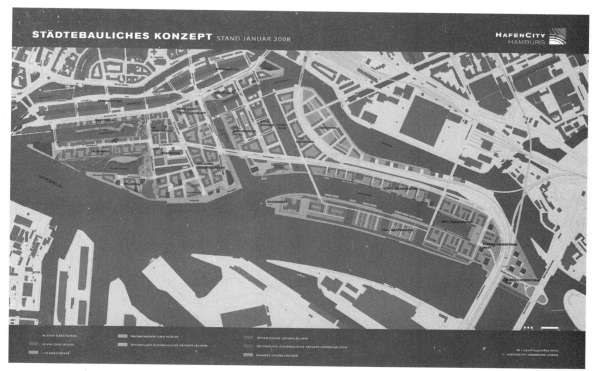

图 15-2　港口新城

来源：http://www.hafencitynews.de/?p=147

图 15-3　港口新城

来源：易鑫 摄，2014

新城项目采取了规划引导和混合使用的方式。

在接下来关于总体规划的设计竞赛中，规划者针对办公、居住、购物和娱乐的功能指定了特定区域。港口新城在某种意义上说是一个学习和借鉴性的项目，规划者试图在此避免其他滨水复兴项目所犯下的错误，比如在伦敦道克兰地区出现的结构单一化现象。港口新城计划建造能够容纳10000～12000名居民的将近5500套公寓，同时配套完成诸如学校、社区中心这样的社会基础设施。由于该区域位于易北河的洪泛区，因此必须针对如何保护居民和建筑物提出建造和组织方案。

港口新城的总体规划明确了不同部分的发展时序，确定了由西向东的基本发展顺序，避免了整个地区到处出现难以控制的建筑活动。港口新城第一阶段的旗舰项目的分区规划图于2000年编制完成，并在2001年开始土地出售。2002年，成立了一家开发机构——港口和城市发展有限责任公司（GHS），也就是之后的汉堡港口新城有限责任公司，它属于一个准自治的非官方机构。到2004年第一批建筑竣工。该机构拥有港口新城的大部分土地，并受到州政府的支持，负责整片区域的经营管理和所有项目的执行。

2006年港口新城未来中心"跨海区"（Übersee-quartier）的规划完成，这一具有多种特色的开发地区的施工于2007年开始施工，首先将建设一条地铁线。2004年位于汉堡的一座临时游船码头将开放迎接第一批乘客。尽管金融危机使处于跨海区的办公区出现了延期交付和空置，但人们对住宅的空前需求还是令新区开发了更多的住宅项目。2008年，海洋博物馆在货仓B地区正式对外开放。另外该区域最宏伟的景观是矗立在货仓A地区上面的音乐厅。

针对港口新城东部的一份经过更新的总体规划图在2010年确定下来。3块具备多种功能的区域正在筹建中："巴肯港"（Baakenhafen）居住区项目将提供不同类型的住宅和娱乐场所；"上港"（Oberhafen）将被改造成为文化创意区，现存的旧仓库将得到重新利用，同时会在河边安置体育设施；位于最东端的"易北桥"（Elbbrücken）及其周边区将变成拥有高层大楼，以及混合了办公、居住和商业三种功能的门户地区。

港口新城是一个地标工程，它吸引了众多的国际关注，这不仅因为它在建筑方面壮观的特点，而且也因为它那急速上涨的高昂造价和建筑工期的一再拖延。港口新城已经处于规划和施工阶段，并变成了这座城市独特的国际化商业标志。

汉堡滨水地区再开发的规划方案依靠整个项目，采取了建筑驱动、沿着易北河北岸推进的增量方式。在政府和利益相关者之间关于城市和港口规划的矛盾，根据具体问题具体分析的方法分别得以解决。迅速开展建设项目是主要目标。港口新城意味着在尺度上的一种跳跃，也意味着一种非常复杂的执行策略，城市政府作为开发商，具体的项目被嵌入内城发展的理念之中。港口新城代表了一种更加以规划为导向的和更加积极主动的方式，与此同时根据办公和住房市场的变化在规划方案中进行改善和更新也是可能的。预计整个工期将持续大约25年。

15.4 国际建筑展、国际景观展和"跨越易北河"

作为第二个项目"汉堡国际建筑展——跨越易北河"（Sprung über die Elbe - IBA Hamburg）是一种完全不同的城市复兴方式。与"跨越易北河"项目连在一起的河中岛屿——威廉斯堡和哈尔堡区共同构成了内城中相对比较被忽略的区域，比较容易受城市换乘交通的影响。由交通路道造成的街区分裂和由公路、铁路和航空所带来的噪声已经构成城市中很多区域的现实挑战（图15-4）。

未来城市发展的重点是寻找解决问题的方法，它们既要满足城市居民对美好生活质量的追求，也要促进城市的经济发展。汉堡国际建筑展（"跨越易北河"）和2013国际景观展为汉堡展示如何使大都市实现可持续大都市发展和城市复兴提供了一个特别的机遇。汉堡国际建筑展和2013德国景观展选择了一种德国传统同时在国际上独具特色的推动城市发展的途径。

此外是区域性的交通规划方案，预计将修建一条新的交通干道，从河北岸的市中心流经港口

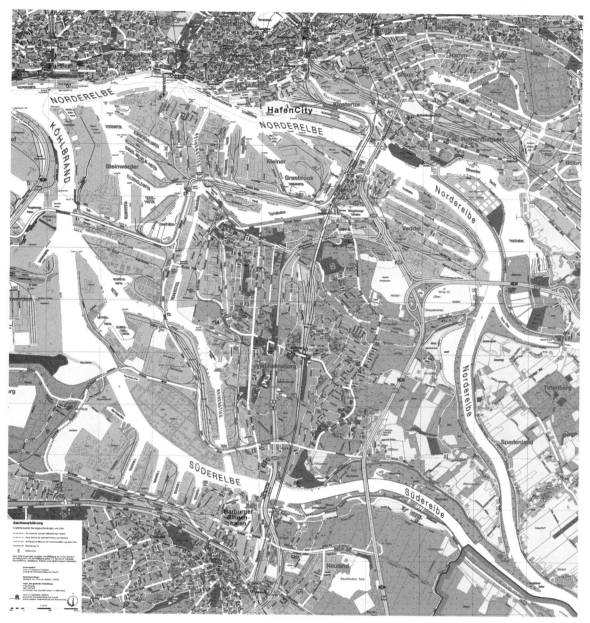

图 15-4　威廉斯堡及周边地区（图片中央为威廉斯堡，北岸是港口新城）

来源：Freie und Hansestadt Hamburg，Behörde für Stadtentwicklung und Umwelt

新城，跨过易北河，经由威廉斯堡再到哈尔堡河港并一直向南发展。在位于这些标杆中间的威廉斯堡核心区将被开发成为一个新中心。然而最重要的是，"海尔史迪克"（Reiherstieg）地区、运河和威廉斯堡的河道将会变成这个地区新的"生命线"。这项战略也包含了更多的区域性视角。"跨越易北河"提升了威廉斯堡区域内的居住和生活

条件，因此该地区也就成为形象性城市设计项目的焦点。这些展览的重大事件都旨在加快推广这种经过深思熟虑的针对城市复兴的增量方法。

充满活力的港口和具有多样城市景观的大河心岛——威廉斯堡形成了一种对比强烈的交界面，作为易北河的体验空间。同时，它们代表了城市发展巨大的潜力。2013 年的两个展览都尝试

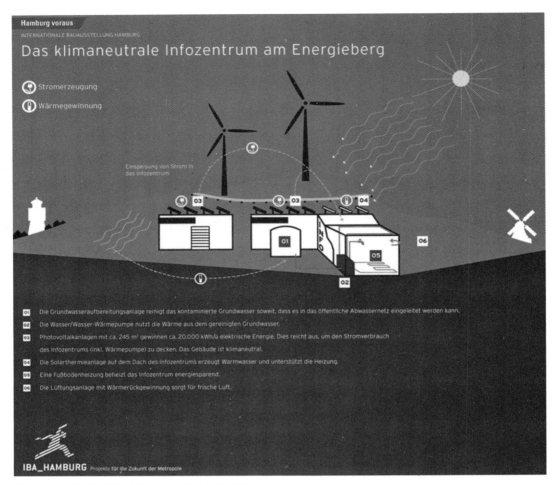

图 15-5　国际景观展中讨论应对气候变化的项目

来源：http://www.iba-hamburg.de/themen-projekte/energieberg-georgswerder/projekt/energieberg-georgswerder.html

在这一地区具体化展示针对未来大都会社会的新的理念和解决办法。

沿着海尔史迪克地区和易北河北部支流的南岸，仍然主要分布着与港口相关的产业，而东边却有一大片与众不同的居住区。防洪设施和嘈杂的交通大动脉贯穿威廉斯堡，赋予其过渡空间的属性。在港口利用、新码头修建、给临港铁路线重新选址，以及连接港口通道（Hafenquerspange）和开发新居民区这5点之间出现冲突是不可避免的。"跨越易北河"这句国际建筑展的宣传口号实际上是一项远及百年的重任，至少要影响到两代

人或者更远的时代。

国际建筑展（IBA）并不是一个单纯的建筑展，而是展示在新的城市发展中的参与和规划过程的示范性项目[①]。汉堡国际建筑展之中的个体项目基于3个指导原则，简述如下：

（1）国际性：社会包容，文化多元，改善教育，以及推动国际性都市社会的先进理念。

（2）城域地带：针对片段性功能利用和城市内部边缘地区的发展。

（3）气候变化：可持续性的大都会发展理念（图 15-5）。

---

① 详见本书第 8 章。

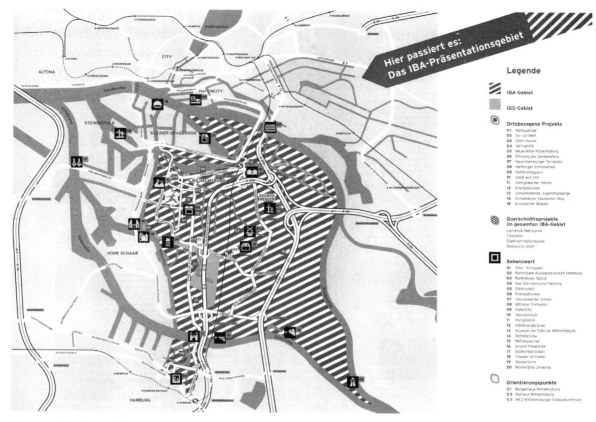

图 15-6　国际景观展的展示区

来源: http://www.iba-hamburg.de

在国际建筑展的码头地区安排了临时展览和码头办公室，可以参观规划方案和模型（图15-6）。人们能够探讨未来大都市发展的主题和目标，同时了解到 2013 年官方展览开幕之前建筑展项目的进展状况。如果某个项目希望获得参加建筑展的资格，就必须根据独特性、可行性、项目能力和结构效力等指标来考察和评价。

"跨越易北河"项目重塑了关于整体城市的各种视角。作为长期发展战略的一部分，借助建筑项目，通过多样性的项目内容和规划方案，这个位于汉堡地理中心的地区将从边缘发展成新的中心。起初，现存的部分建筑将会得到有选择性地改造和提升，独特的创新项目也会被整合到整体的城市设计理念中，从而将重构港口和城市的交界面。威廉斯堡的升级工程需要花费数十年的时间，这一过程中，必须兼顾本地居民对可支付住

宅的需求和绅士化过程两方面的问题。

通过这种项目导向、实验性和增殖性的方式，作为城市州的汉堡市和汉堡国际建筑展希望在一个长期过程中重新实现威廉斯堡的稳定。

15.5　服务于未来的规划项目

上面介绍的项目和规划方案勾勒出了城市规划领域相当重要的范式转变，当然不仅局限于汉堡。由于缺乏资金和预算赤字使无目标的补贴变得不可能实现，也迫使规划者要执行更加具有弹性的规划，同时需要把精力集中在那些最能够带来多方面影响的项目上。

对 A7 号高速公路铺设顶盖和搬迁阿尔托纳市火车站，并为其重新选址是另外两项已经开工的大型城市再开发项目。通过为高速公路铺设顶盖，可以为现存和规划中的新居住区提供更加安静的

居住环境，而新的公园等设施将安排在那些不能够建房屋的铺设顶盖的隧道上方。当阿尔托纳车站的铁路用地的搬迁，将为另一个城市中心区提供极好的机遇和空间。这项规划将开放另一座公园、办公楼和约 3500 套新公寓。

在全球化和 21 世纪初欧洲城市之间竞争的刺激下，汉堡的城市发展关注于社会和生态方面的责任，成为城市更新的试验场。在这里自上而下和自下地在政府干预和市场主导之间相互平衡的发展路径，这对城市发展来说具有诸多的社会和经济意义。因此，强大的市民社会的参与，高素质的市民和负责的自由媒体是成功的关键因素。

本章参考文献

[1] http：//www.hamburg.de/bsu/（Urban Planning Department）.

[2] http：//www.hafencity.com/（Development agency for HafenCity）.

[3] http：//www.iba-hamburg.de/（International Building Exhibition Hamburg）.

[4] http：//www.hamburg.de/mitte-altona/（Relocation of Altona Railway Station）.

[5] http：//www.hamburg.de/a7-deckel/（Plans to cover the motorway A7）.

[6] http：//www.hamburg-port-authority.de/（Hamburg Port Authority）.

第16章

重塑一个首都：德国统一后柏林城市发展的挑战与成就[①]

Reinventing a capital city: challenges and achievements of urban development in Berlin after reunification

迪特·福里克
Dieter Frick
易鑫　曾秋韵　译

柏林市的行政区面积约 889km²，其所在区域范围涵盖 5368km² 和大约 450 万人口。柏林位于一个土地相对贫瘠，缺乏工业化，并且地广人稀的区域（勃兰登堡州）之中。在 1871 ~ 1945 年间，柏林被选择作为统一德国的首都。1991 年又再次被确定作为首都，并于 2000 年再次成为联邦政府所在地。1948 ~ 1990 年间的分裂导致了柏林东西两部分发展的巨大差异。东柏林是高度集权化的原民主德国的政治、行政管理、文化及科技中心，同时也是重要的工业基地；而西柏林由于位于原民主德国各州的包围之中，因而变成了一个政治、行政管理及技术方面高度封闭的孤岛，同样也是重要的文化及科研机构所在地，但是经济基础较弱、生产力水平相对低下。在规划和实施过程中，把柏林重新整合成一个完整城市的目标受到多种因素及相应任务的影响，人们在实施的过程中遇到了一系列不同寻常的问题：

（1）把两部分城市变成在经济、社会及建设性空间维度上具有完整性的新城市。

（2）重建城市及区域在功能及区位结构方面的体系，并重新打通城市在内部和外部仍然割裂的交通联系。

（3）从联邦议会及联邦政府的用地需求出发，对相关城市功能布局作出安排。

在回顾这段历史时，有一点很值得注意：在 1990 年刚统一的时候，人们过高地估计了发展速度。根据当时的人口发展预测，到 2010 年人口会增长 15% ~ 20%。而事实上，在这个时间段内城市与区域内人口几乎没有增长。不过大部分的城市规划师都把这点视为优点，因为在快速增长的条件下合理与平衡的规划大多是难以实现的。

内城地区分别在东部和西部各有一个主要中心。这种两极性特点的产生并不是从城市分裂才开始的，但是却因此得到强化。此外，城市内部还有 8 个重要的副中心。城市的分散式结构总体来说被认为是积极的，特别是一个密集的公共交通网（地铁与区域快轨）再次保证了今天交通全面的可达性（图 16-1）。不过这些线路曾经很多都被迫中断，直到 1990 年后才被重新连接起来。

城市的东部中心保持着工业化之前的状态，属于柏林历史悠久的区域，现在是议会、政府、经济管理部门与大量文化与科技机构的所在地。尽管民主德国时期进行了大量建设活动，但是直到 1990 年，战争造成的破坏并没有完全被清除，

----

①　注：本文原载于：《城市·空间·设计》，2013，Vol.29，No.1，pp.28-31。

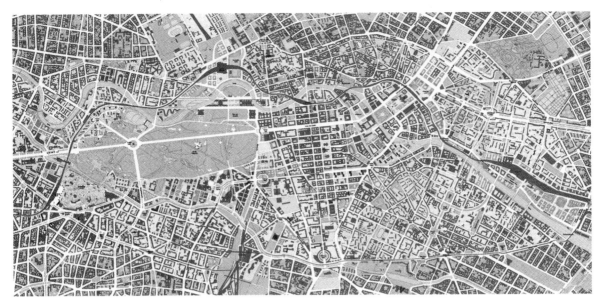

图 16-1 "内城规划框架"地区

来源：Albers, Gerd und Wekel, Julian. Stadtplanung. Eine illustrierte Einführung. Primus Verlag, Darmstadt, 2007.

而且在"柏林墙"沿线地区又产生了进一步的拆除活动，提供了大量新的可用于建设的土地。这虽然带来了重新建设的机遇，但同时伴随的是无序而"疯狂"建设的风险。总体的城市发展定位倾向于维持旧的城市平面，街道并没有被拓宽，围合的建筑群高度被限制在 30m 上下。通过这样的措施，公共空间（街道及广场）得到了保留或者再次被建造起来。而扩大道路面积以兴建"汽车大厅"的想法（在公共管理决策机构的内部与外部）也受到了抑制。在某些地方，保护现有建筑获得了重要的地位，一些街道甚至被"重新修建起来"。作为依据的"批判性重建"理念形成于1980 年代，如今被广泛运用于实践之中。在这一理念指导下，历史上曾经的城市平面及其空间效果受到重视，只要建设条件允许就会把历史原貌重新恢复起来。然而一旦涉及新建项目，均需采用今天的现代建筑形式。这个理念的成功实施很大程度上归功于负责的城市规划部门相对严格的控制，同时也是由于 1990 年代当时投资者希望项目快速开工，因此不愿与官方进行漫长的谈判。

相比之下，位于约 5km 外的西部中心从未发展成为一个具有完整功能的城市中心。它以前而且现在都是由大规模的购物及娱乐设施所组成：该地区包括 1 个动物园、2 所大学以及其他的研究机构；此外这里也有较高的居住用地比例。在城市统一之后，人们曾担心该地区的重要性会被削弱，然而这并没有发生。实际上（历史较短的）西部中心通过其独特的方式对老的东部中心功能进行了完善。两者之间的空间联系通过"大动物园"（Grossen Tiergarten）建立起来，相当于"中央公园"的作用，相比之下，2 个主要中心的两极性减弱了单中心布局在功能结构及建设密度方面的可能存在的区域限制（图 16-2）。

将两部分城市重新组合成具有共同的城市结构与基础设施体系的任务，是通过战略规划及必要的建设措施来共同完成的。短期及长期的目标设定之间必须保证不断相互联系。而在私人投资者的直接建设意愿得到允许之前，需要保证城市的管理者已经在土地利用与建筑开发方面建立了深入而完整的概念。对于具有战略性重要意义的区域（波茨坦广场、斯佩尔河湾、亚历山大广场等），在 1991～1993 年间分别举办了相关的城市设计竞赛，使这些地区能较快地进行建设。对于东部中心的部分，例如弗里德里希大街地区，则制定

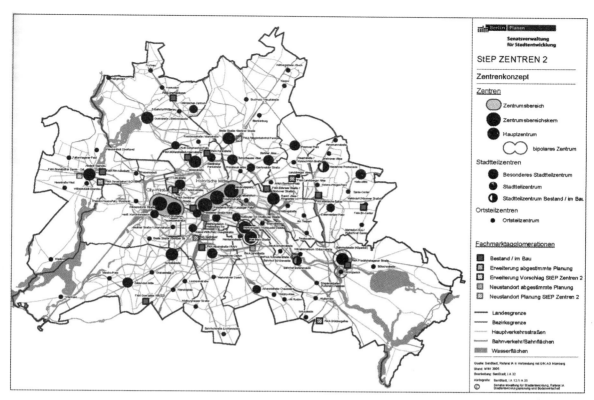

图16-2 柏林城市中心体系结构方案

来源：Albers，Gerd und Wekel，Julian. Stadtplanung. Eine illustrierte Einführung. Primus Verlag，Darmstadt，2007.

了专门的城市设计导则（框架规划）。尽管这些导则并不具有法律效力，但是以它们为基础能与投资者共同成功地推进建设工作。导则中明确要求，在商业建筑中，20%～30%的建筑面积必须用于住宅功能，以保证在市中心仍能具有最低限度的功能混合。这一时期，柏林重新制定了整个城市的土地利用规划，市议会得到通过后在1994年最终生效。短期与长期目标之间的协调同样涉及交通设施方面。规划要求快速恢复短途和长途公共轨道交通线路的同时，不能与重新规划布局的整个铁路系统相冲突。其他的措施还包括对城市西部主要轨道进行电气化，建造一条新的南北向地下线路，兴建若干新的车站（其中包括中央火车站），这些工程一直持续到2006年才完成。

整个城市建设中，规划及措施主要包括：

（1）确定统一后城市的核心功能区域，包括国家与城市自身的公共管理部门、文化及社会机构、贸易与服务业等领域。

（2）对城市东西部之间的边界地区及城市东部的大部分技术性基础设施进行改造或改建。

（3）制定居住功能发展及城市更新计划，以及工、商业布局的规划概念，

（4）制定关于东部新、旧主要中心区域的功能利用、建筑群及造型方面的完整概念。

作为城市规划的重要战略性工具，1994年的土地利用规划致力于从本质上强化城市的多中心性趋势，并提高内城以外地区的建筑密度。新建地区应当尽可能不占用绿地与开放空间，主要利用现有空置的产业用地、军事用地和老的铁路用地等。以此降低居住与工作场所分布的不平衡性，同时保证在所有城区都实现不同功能种类的混合。规划希望在铁路环线沿线约100km²的区域中，选择合适的地点设置产业开发地区，从而减轻2个主要中心的负担。尽管有好的开发配套，但是投

资者并没有接受并跟随这一趋势，还是更偏爱选择主要中心。此外原来规划作为新的居住区的土地也只有部分得到使用。现实发展情况与原方案产生偏差的原因不仅仅是由于城市没有如预期般快速增长，同样也是对市场力量错误估计的结果。与这两方面相比，交通规划基本上算是成功的。城市及郊区轨道系统得到改建，内城的道路交通明显得到了控制。相关的指导方针希望未来中心区域80%的人员出行能够采用公共交通工具。然而作为代替过去2个旧机场的新机场规划和建设工作还未取得成功。新机场选址在距市中心东南方向20km这一紧邻城市边缘的位置，但是17年过去了，这个机场还没有建成开放。这个项目延迟的原因首先是由于其不明朗的融资问题，其次是由于居民的反对而带来的漫长法律程序，最后是很多艰巨的技术问题。

为议会、政府及其他联邦部门的选址是一项具有重大意义的任务。规划的问题在于，它们是应当被集中安排在某个特定区域，还是应当均匀分布在内城之中？它们是应当被安置在现存的建筑中，还是在新建的大楼里？它们是应当与其他功能相联系，还是出于安全方面的考虑被单独设置？最终的决定选择尽可能地利用1945年前及原民主德国时期留存下来的政府建筑，这在很大程度上也是出于经济方面的考虑。

这同样也意味着，东部的老中心将重新成为政府所在地，单独政府部委的建筑像当年一样位于不同的地点，部分与其他的城市建筑物及功能地区混杂在一起。帝国时期曾经的议会大楼，如今再次作为国会大厦成为联邦议会所在地。唯一完全新建的建筑是联邦总理府，这里将是政府首脑的办公场所，而作为国家元首的联邦总统官邸则设在"大动物园"的一个18世纪的宫殿内。

随着到1993年为止的高档办公楼投机建设热潮的结束，以及1994年柏林的新土地利用规划的生效，忙碌的城市规划活动告一段落。这个土地利用规划以可持续与内向更新发展原则为依据，提出了柏林城市空间总体发展构想，其内容非常详实而有说服力，因而受到广泛接纳。而老的城市中心的城市设计方案则需要作进一步的具体规划，内容需要进一步完善。

1996年起草的"内城规划框架"涵盖2个主要中心以及其他内城区域，并于1999年获得通过。该"方案"明确了一个具体的城市设计框架，以"批判性重建"为基础，同时兼顾内城投资开发中合理的利益诉求。由于该规划不具有法律效力，所以可以及时调整以适应以后的发展需求（图16-3）。该方案重点关注城市建筑物与外部空间的表现形式，因而清楚地区分了哪些建筑是现存的，哪些建筑是新建的或者是已经规划要建的，以及哪些部分需要补充建造。此外，街道与广场、甚至那些已经不存在的地方也被标记出来。这样，一幅按照"对话的城市改造"原则描绘的全景被呈现出来。在那些经过现代主义城市设计塑造的内城区域，新的要素被重新引入，呈现出不同的历史层次，这些层次包括以前历史上的城市平面，过去50年建设措施的结果以及今天以及未来对于城市的需求，从而形成相互之间的"对话"。"对话"的第二部分在于所谓的规划工作组，在这些工作组中细分了更小的次领域，由不同管理部门、专业规划管理部门、协会、市民活动者等共同参与处理各方面的具体问题。

实际上，编制的规划方案对复杂需求和问题体现了开放的态度。例如，人们考虑允许将超大尺度的交通干道拆除，将相关土地重新向私人出售，这样又可以为公共项目提供相当比例的资金。规划方案考虑通过将用地划分为较小的地块推动功能混合的实现，同时要求所有建筑保证其面积中的30%必须作为居住用途。总体来说，"内城规划框架"从最初展示方案的形式，发展成为一个过程以及一种工作方法。也许这点最能说明规划及建造一个新的城市中心的任务所面临的艰巨性。

城市更新工作从一开始就是一项重要的任务。它不仅涉及旧的内城街区，同时也包括从1960～1990年间在城市东、西部建造的大型居住区。依靠早在1990年就发展起来的"谨慎的城市更新"概念作为思想基础开展内城方面的工作。这个概念是关注于那些被忽略的由旧建筑组成的

（a）1945 年情况（浅灰色为战争摧毁部分）

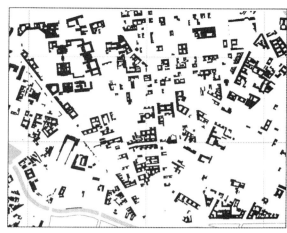

（b）1953 年情况

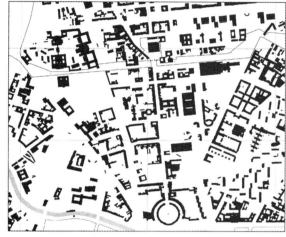

（c）1989 年情况

（d）"批判性重建"方案

图 16-3　"批判性重建"概念及方案

来源：Albers，Gerd und Wekel，Julian. Stadtplanung. Eine illustrierte Einführung. Primus Verlag，Darmstadt，2007.

密集地区，当地的旧建筑不再符合使用需求，并且由于各种原因面临衰败或拆除的命运。规划的工作首要是要保持现存的建筑实体及开放空间，同时引入密切相关的社会及经济策略，保证更多的居民及企业留在这些待更新区域。因此放弃了拆除的方式，转而通过尽可能减少建筑现代化改造费用的方式来达到这个目的。深具特色的方面在于，更新过程是与居民共同规划完成的，分阶段实施并且逐步补充完善，以使租金的提高程度处于可承受范围。公共设施、街道、广场及绿地按照居民的需求被更新。规划致力于保持街区的特征，以重新唤起人们对区域熟悉的印象和认同

感。尽管如此，旧城区的城市更新过程带来了街区价值的提升，部分导致了所谓的绅士化过程。这意味着高收入家庭迁入这个城区，而原居民则不得不由于无法承受租金的提升而逐步迁出。应对这种情况的方式，是把住宅中足够高的比例保留为公共所有，然而这种方式受限于公共资金不足。此外，位于与中心区位相邻地区的小型企业也面临类似的问题。

　　针对 1960 ~ 1990 年的大型居住区的更新，采取了一系列的社会、经济以及建筑空间组织方面的措施，这些居住区大部分是由工业预制材料建造。相关措施包括建筑技术方面的现代化、拆

除建筑的一部分以及将某些住宅建筑整体清除；在此基础上对平面布局进行改动、住宅之间重新合并组合，并引入补充性的新建部分；在公共街道空间集中提供停车位以减轻街区内部区域的负担；以行道树来绿化街道空间，为居民提供花园。在公共与半公共的外部空间配置多样性的用途，降低道路交通量，改善社会及商业的服务设施，提供工作岗位以及加强功能混合。在对道路与街巷网络的重新组织中，规划考虑强化这些大型居住区现有外部空间和景观方面的开阔特征。因而不考虑对大型居住区的建设性空间结构强加新的模式，相反更多地通过引入附属元素来加以改善。这些工作在一定程度上获得了成功。

在区域层面，柏林的城市空间与行政边界外的聚居区，以及与更外围属于勃兰登堡州范围的郊区，不是那么容易就能建立起新的功能和空间关系来的。周边越来越广大的地区正越来越被紧密地联系起来，但是当地的居民却疑虑重重地注视着他们中间一个新的大都市的产生，尽管这个大都市为他们带来了各种好处，生活质量显著提升，而且利用今天的交通技术很容易到达。城市对于附近的农产品及手工业服务部门来说也是一个重要的销售市场。但这并没有阻止周边地区的居民在 1995 年对柏林与勃兰登堡州的合并计划投下否决票，因此合并计划没有实现。

周边地区的居民区模式从 20 世纪初开始就以星形方式沿着铁路交通线发展，这种现象在今天仍然清晰可见。与德国及欧洲其他的大城市相比，柏林的郊区化趋势是非常有限的。在 1940 ~ 1990 年期间，由于种种原因，郊区化几乎完全没有发生。在今天，区域内部只有 20% 的总人口居住在柏林的市域范围以外。早在 1990 年，规划部门就产生了根据星形模式，按照轨道交通轴线发展的思想。然而一直到 1998 年，柏林与勃兰登堡州才经过协商确定了区域发展规划。一个核心问题在于，那些位于规划居住的各个轴线之间的社区不愿意其扩张受到约束。这一时期由于政府方面的控制较弱，这些地区实际上已经开发了大量新的建设地区。结果正式颁布的区域发展规划（"关于勃兰登堡州与柏林连绵区的州域发展规划"）实际上是一项妥协，星形概念只有部分得到了考虑，结果造成汽车交通所占的比例提高。但是另一方面，区域内部非常有限的增长也使得某些可能会对整体发展构想造成损害的项目无法实施。在区域中，城镇间轴线、景观空间以及区域公园被不断确定出来并受到保护，这些区域有些部分甚至延续到柏林内城的边界。除了娱乐及休闲功能之外，一系列包括环境保护、改善城市气候等方面的广泛目标，以及保护饮用水、生态友好的垃圾处理等措施，均扮演了重要的角色。

总体来说，当地公众能够比较多样及全面地了解柏林的统一进程（图 16-4）。与此相比，公众对于特定的规划和建筑过程则不尽相同。例如专业人士这些希望了解相关信息的人，能够获得准确的材料。然而这些材料需要通过一些专业知识才能提取，并且需要把这些材料以适当的方式组织起来。这些材料包括那些面向研究机构和相关者所分发的规划和项目措施的出版物和报告，以及来自科研机构的研究报告。在当地以前和现在都有一个相对广泛的专业公众群体，其成员涵盖经济学家、社会学家、城市规划师与建筑师，以及房地产及建筑公司的范围。

"柏林城市论坛"是一个由城市发展部门的负责人定期举办的座谈会，它有着特别的意义。虽然不具有任何决定权，这个论坛在 1991 ~ 1995

图 16-4 柏林的城市设计模型
来源：Albers, Gerd und Wekel, Julian. Stadtplanung. Eine illustrierte Einführung. Primus Verlag, Darmstadt, 2007.

年间在发布专业信息和沟通方面处于焦点位置。关于城市规划及建筑政策的官方信息每次总是提早一段时间对外公布，使得讨论和反对意见有准备的时间。在这里人们可以表达批评，提出与官方概念完全不同的想法并且会受到重视。城市发展部门的负责人总是会亲自出席。这个城市论坛一开始是每两周一次，后来改成每四周一次，每次持续开放 8 小时。在这里，50 个常务成员及 50 ~ 100 个感兴趣的人就"柏林的统一和发展"集体行使职权。随着时间的推移，这一论坛拥有了某种"沙龙"的特点，在这里人们可能碰到某些希望见到的人，也可以参与到共同的交流中。来自勃兰登堡州的周边区域的声音也能够在这里被提出和被听取。城市论坛在柏林内外产生了很大的反响，同时被认为是城市发展方法中的一个新的要素。在本质上，这一论坛提供了一种在一般公众、专业人士以及负责的官方机构之间进行广泛而全面交流和讨论的平台。很明显，在重塑一个首都过程中，它帮助避免了规划和实际措施中的一些错误。

第 17 章

莱比锡：或者一个城市的生存—— 一个后社会主义城市发展的实例[①]
Leipzig: or survival of a city? An example of post-socialist urban development

马丁·祖尔·内登
Martin zur Nedden
丁凡 译　易鑫 校

短暂回顾"二战"之后莱比锡的历史，对于理解该城市近 20 年来的发展是很必要的，同时也有利于理解位于在德国中部原民主德国地区近期发展的背景。在"二战"之前，德国中部，尤其是萨克森州，属于德意志帝国的经济中心的一部分。在此仅举几方面，就显示出莱比锡在德国大城市中的特殊地位。重工业，特别是机械制造、采矿、贸易和小型工业是莱比锡繁荣的经济支柱。城市通过贸易展览会在国际贸易中起着重要作用，同时城市还是出版业的中心。

莱比锡属于东方阵营中的地缘政治，再加上原民主德国政权下的管理不善削弱了其经济，所以在德国统一后，几乎所有较大的本地生产工厂都倒闭了，再加上经济日益全球化的影响，许多人离开了这座城市到其他地方找工作，他们主要是前往原联邦德国。

人口的自然增长率方面，死亡人口比出生人口多，更加剧了人口下降。此外，城市失去了居民很多迁移到周边的地区。直到 1990 年代中期，由于来自欧盟和德国联邦政府，以及区域政府的大量的直接和间接补贴，在萨克森州和德国其他中部一些地区的经济开始起步。然而，迄今为止，这种恢复远远没有达到抵消以前损失的水平。

伴随着从 19 世纪下半叶开始的稳定的人口爆炸式的增长，1913 年莱比锡的人口超过了 70 万，成为德意志帝国的第四大城市。在 1900 年前后相对短期内建立起来的建筑物，塑造了这个城市今天的特征。从 1935 年开始，人口开始下降，最初主要是由于在大屠杀期间犹太人被驱逐出境，虽然在原民主德国政权时期人口减少有所减缓，但是从 1990 年开始人口减少又明显加快，1990 年代中期人口约为 46 万（图 17-1）。

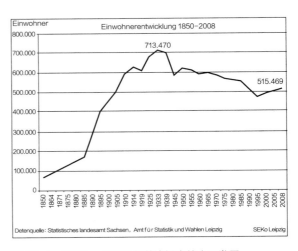

图 17-1　1850 ~ 2008 年莱比锡市的人口发展
来源：Stadtregierung Leipzig

---

① 注：本文原载于：《城市·空间·设计》，2013，Vol.29，No.1，pp.39-43。

1990 年后的人口减少，部分原因是大量工作人口的外流，但也由于许多本地居民搬迁到新的住宅，主要是在短时间内建于城市边缘和附近的乡村社区中的独栋住宅。当城市的工业企业倒闭的时候，以前制造业中的 12 万个岗位有 11 万个都流失了。由于在原民主德国时期缺乏维护，莱比锡许多有价值的历史街区，变得破旧不堪并且处于摇摇欲坠的危险中。在 1980 年代末一个房子的外立面上涂写着标语："不用武器就创造废墟"，就是当时情况的缩影。在 1989 ~ 1990 年之间，一个名为"莱比锡能否被拯救？"（'Ist Leipzig noch zu retten?'）电视纪录片中，当时的首席城市规划师表示，有必要对一部分城市地区进行彻底拆除（图 17-2）。

图 17-2　莱比锡老城区
来源：Stadtregierung Leipzig

在这种情况下，1989 年 10 月 9 日在莱比锡发生的事件，再加上 11 月 9 日柏林墙倒塌的历史，人们开始做出努力保护莱比锡的历史建筑。不少市民在整个过程中发挥了重要作用，他们拯救城市的努力。在"'莱比锡人民第一'建设研讨会"得到展示，在会上他们与来自原联邦德国的专家，讨论了城市更新和发展方面可行的策略。

远远早于其他原民主德国城市，莱比锡市最早提出把实体空间建设和经济措施结合起来，阻止城市进一步衰落，并促进其未来的（再）发展。

最重要的概念包括"住宅和城市更新""贸易和工业地产"和"交通和公共空间"。所有这些曾经是并且仍然是发挥利用现有潜力的重要方式，通过创造工作机会，增加对当地现有的和未来的居民，以及对游客的吸引力，来使莱比锡重新在区域和国际水平上恢复竞争力。为了达到这些目的，人们已经做出了相当大的努力，促进当地的经济，重建城市建筑的肌理和振兴文化生活。以下段落列举出一些例子。

长期的工作机会对于是创造积极而可持续的城市发展至关重要，甚至算得上是其先决条件。新的莱比锡贸易博览会综合体，是一个重要的初始性发展推动因素，而莱比锡/哈勒机场的扩建，以及相邻的贸易和工业区的开发规划，也有类似的效果。城市致力于吸引了大型的国际企业，其中包括宝马和保时捷的工厂、亚马逊和敦豪快递（DHL）。敦豪快递现在已经将其欧洲的航空货运业务中心搬到了莱比锡。IT 公司和其他企业，利用大学的医学、生物学和环境科学等学科领域的氛围和机会，已经或者正在迁入莱比锡，该城市也成功地说服弗劳恩霍夫研究所（Fraunhofer-Institute）和马克斯·普朗克研究所（Max Planck Institute）在此建立研究机构。

除了这些比较"传统"的经济发展措施，城市把人口减少和由此产生空地的挑战（通常被看作有问题）变成了"创造空间"的机会——无论是在实体空间还是在象征意义上，用来提供新的思路和用途。利用视觉艺术学院等文化教育机构的知名度和质量优势，把废弃的厂房建筑重新修复，变成有吸引力氛围的建筑结构，租给那些年轻有创意的人，为其提供负担得起的生活和工作空间。这其中最大的建筑结构之一是曾经在欧洲最大的"棉纺织厂"（Baumwollspinnerei）。这个综合体关闭于 1993 年，之后一直保持空闲状态。几年后，一个私人投资者开始对它逐步地恢复和再利用。作为其他文化活动场所之一，其中设有艺术家工作室、艺术画廊和打印店。国际艺术画廊建立了分支机构，在每年春季和秋季举办定期的"画廊之旅"，吸引来自世界各地的游客。

正如已经提到的，另一个行动的中心领域是"住房和城市更新"计划，对城市的建筑和结构进行重估和再开发，计划减少空地的数量（到1990年代中期的6万个空置公寓），同时保留原先被密集建设起来的城市结构。目的是保持城市有形和无形的品质，（完全或至少部分地）弥补赤字，同时建设能够增加住宅单元的品种和数量的居住街区。

因此，第一项任务包括对15000个历史街区的公寓进行翻新，工程的规模与柏林差不多，但是后者的规模比莱比锡大6倍。国家补贴、税收贬值和公共开放空间的改善，使许多开发商和私人投资者对旧建筑进行翻新（图17-3）。这表明，因为这些建筑普遍具有"灵活"的平面布局，使人愿意对那些1850～1914年建筑物进行改造，特别是用于当代的住宅或其他用途（例如，服务公司的办公室或IT公司），以创建多功能的城市地区。

由于人口减少，因此有必要拆除城市中的一部分空置建筑物，使城市的规划者们能够创造出更急需的绿化，使人们的居住空间更接近于这些绿地。其中一部分绿地，例如新的城市公园将是永久性的（图17-4），有的则是暂时性的，当对出租房屋的需求增长时，将被新建的建筑物覆盖掉。城市规划部门也关注发展新型绿地。由德国政府资助的旗舰项目"城市森林"，专注于以一种新的方式将公园和森林地区结合起来，又可以为当地居民创造高生态价值的休闲空间，同时保持相对

较低的维护成本。

城市也为市民组织提供财政和组织方面的支持措施，使得年轻人或低收入家庭，能够以负担得起的价格共同出资，成立合作社，购买那些现有或者新的建筑。城市委托物业发展办公室，寻找感兴趣的人组成由理念相近的客户群，由他们来成立社区住宅的合资企业。挑选特定的建筑师，由这些"客户合作者"来为他们共同拥有的房屋发展方案，并且在一起执行这些计划。在新建筑施工方面，住宅建筑的"城市别墅"类型已被尝试和检测。它使年轻的家庭，在位于市中心之前的荒地上或空隙出来的场地，而不是在郊区甚至更远的地方，就能够获得他们的"梦想家园"。这加强了历史城市中心的结构，同时也考虑到了生态因素，避免使建筑物阻隔开放空间，并更有效地利用现有的基础设施。

为了进一步补贴合作社，城市也从其自身利益出发，支持对历史建筑进行翻新的倡议，这将为年轻人、创业企业家、艺术家和其他人提供负担得起的生活和工作空间。一个已成为众所周知，且不仅在莱比锡的倡议，是对守夜人的房子进行翻新（Wächterhäuser）。虽然由城市资助，它主要由那些坚持上述目标（提供出租房屋）的个人来执行，这些人采取了在所有者、使用者和地方当局之间合作的新形式。

创建新的或升级现有的城市绿地并不是莱比锡所采取的唯一重要措施。开发高品质的广场和

图 17-3　引导开发商和私人投资者对旧建筑进行翻新
来源：Stadtregierung Leipzig

图 17-4　拆除建筑物发展开放空间
来源：Stadtregierung Leipzig

其他公共场所具有同等的重要性。1990年后，城市是在以前努力的基础上努力创造城市品质。在原民主德国时期，这在一些地方已经存在，然而多年的忽视再加上新的发展目标和条件主要关注交通和相关设施，因此必须加以重视，重新投入巨资塑造有吸引力的公共开放空间。虽然已取得很大成就，但是也有许多工作尚未完成。投资不仅能够使得补救措施成为可能，同时也为这一领域的私人投资者提供激励措施。

每个城市设计项目中，城市都旨在将功能性和审美情趣联系并协调起来。因此，城市规划师制定了一系列的原则和指标来引导街道的断面设计、铺地材料，并选择合适的城市家具，以建立一个统一、高品质的审美整体。

当然其中一个核心的组成部分是城市交通及各种相关的需求。城市政府的目标是，重新调整城市的交通和运输系统，这样到2020年，莱比锡居民出行的70%可以提供"复合生态手段"，即步行、自行车和使用公共交通，到达不同的目的地，只有30%的出行选择私家车。

尽管在1990年代，一些电车线路被迫关闭，莱比锡仍然拥有德国第二大的电车轨道系统，这是保持城市的高效率公共交通网络的"脊柱"。在这期间电车系统不仅得到了保持，大量资金也用于对其升级改造，以提高行驶速度，缩短出行时间，为残疾乘客建设无障碍站台和更新电车库存。目前，基于城市最近所出现的积极发展趋势，建设新电车线路的想法再次被讨论。大部分的电车轨道从终点站从外围穿越以向心的方式与市中心相连。同时，通过一套公共汽车线路系统以相切的方式，将人口密度较低的外部地区与内城和电车网络联系起来。公共汽车系统通过路线和缩短的公共汽车站点得到了优化，令人欣喜的是，在接下来的一年，公交系统的使用人数增加了超过100万人次。这表明城市在本地区运输系统的目标投资显然满足了现有的需求。

同样，自行车道的建设已被证明是正确的。由于城市紧凑的结构，莱比锡恰恰可以被称为"一个短距离的城市"。这一点再加上地形条件，使骑自行车同样能够覆盖汽车的范围，在白天的运行速度和汽车相同，甚至更快。今天，自行车交通占据了城市交通总量的14%左右。未来的目标是，到2020年增加至20%。建设自行车道成本估算的基础是"自行车交通发展规划"（2010年通过），其中提出了大量的措施支持自行车交通的发展。

城市政府还努力减少个人机动化交通对环境的负面影响，例如通过在居民区降低车速限制，建立资金的汽车共享试点方案，以及最近推广使用电动汽车等。

莱比锡的城市隧道，不仅对于莱比锡本身，而且对于整个区域和（潜在的）长途交通，都是另一个促进环境友好型的机动性的重要因素。从2013年12月，它会将城市北部的莱比锡中心火车站和城市南部的巴伐利亚站连接起来，从而使这原来两个作为终点站的站点之间将能够相互连通。这将实现对德国中部区域和城市的铁路系统进行重组，在该地区最多缩短20分钟的时间，使整个系统对乘客更具吸引力，并且实现操作方面明显提高效率，成本也更节约。对莱比锡的城市发展也将有额外的好处：从周边地区的人将能够更轻松地到达市中心的商店和文化场所，这将增加城市，特别是内城的经济和社会重要性。

对于城市和它的吸引力来说，历史中心是一个重要的身份认同因素。由于历史中心充斥着废弃的建筑物，而在城市外围于1990年代初建立了大型超市和购物中心，这就造成城市中心有完全荒废的危险。后来自从大多数的历史建筑都得到了翻新，城市有了莱比锡典型的商业拱券和通道——用来作为典型的贸易和图书展（图17-5）。依靠新的建筑，以及得以重新设计和改善的公共空间，城市再一次形成有吸引力的商业区位，具有较高的购买力指数。然而，在历史城市中心推动城市更新的指导思想，不仅仅是促进商业，也还有其他功能。例如，每一个新的建筑必须包含至少20%的居住空间，而不仅仅是办公功能。其他重要的功能还包括莱比锡大学的高等教育，在其600周年庆典前几年，该所大学得到了重新的设计和重组；在文化生活方面，包括莱比锡音乐厅

图 17-5　面向老年人、步行友好的购物空间
来源：Stadtregierung Leipzig

（Gewandhaus）、圣托马斯教堂、圣尼古拉教堂以及博物馆等，其他的还有餐饮等功能，最后还包括建于 1905 年用于市政管理的所谓新市政厅。

除了振兴内城作为一个商业中心以满足中期和长期的消费需求，为当地居民提供靠近自己居住地的基本生活服务，是城市政府的另一个优先选择。与德国其他地方一样，零售行业发生了巨大的变化。从 1990 年开始，大型折扣店在莱比锡大量出现，在车辆可达的地方开设分店，结果有些地方全部或大多数的小商店就消失了。现在，人们不得不坐汽车离家到一定距离的地方，购买他们的基本生活用品。然而，高龄人口增多造成人口结构变化显著，因此莱比锡在内的邻里零售行业正在恢复市场。城市政府将这方面工作明确为自己的任务范围，以保障老年人的生活质量，并制定了"社区中心的城市发展规划"及相应的指标，来鼓励零售企业根据人口的分布来建立适合于满足人口需求的门店零售格局。

如之前介绍中提到的，本地经济和产业结构的调整，也导致了莱比锡北部和南部露天褐煤矿开采业务大幅缩水，同时大量的就业机会流失。

然而，这个原本为负面的过程中也为对那些废弃的露天矿山重新自然化提供了机会，从而为包括莱比锡城在内的地区创造新的就业机会并且为这些领域的积极发展提供新鲜动力。"莱比锡的新湖地区"概念的实施，为莱比锡和周边地区的居民提供一个出色的休闲区，吸引了众多游客并且提供了就业机会和居住的场所。通过从贯穿当地的河流和运河将水引入矿区，使被遗弃的褐煤泥坑成为湖泊，它们一起构成了一个区域系统的水系（图 17-6）。对于莱比锡来说，最抢手的建筑物就是建于这些水道边，用于各种用途。

通过所有这些不同结构性的调整措施和其他活动，目前大约 90％ 的老建筑已经被翻新，空地的比率已从超过 20％ 减少到大约 10％ 左右。失业人数也以相同的程度减少了一半（从超过 20％ 减

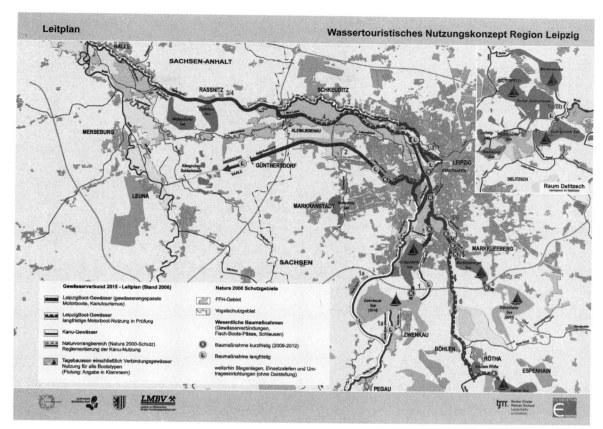

图 17-6 莱比锡区域滨水旅游利用概念

来源：Stadtregierung Leipzig

少至约 10%），而且近几年城市中心的人口已经增加了约 45000。有趣的是，在这个过程中，需要注意的是莱比锡的"新移民区"在城市各个地区之中的平均年龄是最年轻的。这意味着，依靠恢复和重建措施，已经成功地吸引年轻人留在曾经被遗弃的城市中心或吸引他们搬迁到那里。

目前，莱比锡登记的城市人口为 535000 人，而到 2025 年预计将达到至少 550000 人。这种增长是不同条件下的结果。首先，自然人口增长进程的趋向于积极平衡；其次，像以前一样离开城市去其他地方寻找工作的人口迁移越来越少（甚至与"老"的原联邦德国联邦州相比）；第三，1990 年代城市居民迁移至乡村地区的现象已经得到扭转。因此，在德国目前正在被讨论的再城市化，在莱比锡城已经成为现实。

然而，城市必须应对进一步的挑战，才能取得进一步的成功。意识到这一点，在 2007 年市政府决定起草"整合性城市发展构想"（IUDC）工作的基本原则，并于 2009 年通过了最终草案。这个项目代表了综合上述和其他早期发展的概念，以构建新的框架性条件，同时将目标和措施结合在一起，从而最优化资源输入和结果的平衡。基于城市可持续发展的《莱比锡宪章》，这意味着，首要是创造一个平衡的经济、生态和社会的解决方案。以此为参照，"整合性城市发展构想"明确了协调性的目标和一系列措施来实现 10 个核心的城市规划和政策性任务。

"整合性城市发展理念"主要考虑问题之一是使莱比锡居民参与到规划过程中。通过举办许多公共活动，在活动中向市民们提供重要和有益的建议，以及可行的解决方案和方法。正如所提到的，城市发展过程的成功，在很大程度上是有献身精神的公民参与制定和实施"整合性城市发展构想"的结果。参照美国的地区商业促进和地区住房改善的模式，新的公私伙伴关系工具得到了发展，目前人们正在等待萨克森自由州通过必要的法律框架，这一方式就将会被试行。

除了确定城市发展的目标和措施，"整合性城市发展理念"还确定了优先的城市地区，作为努力的焦点，以弥补赤字，同时发展和利用未来几年的潜力（图17-7）。考虑到城市有限财政资源的情况，这种方式在未来也将仍然是一个确定优先事项的重要模型。对"整合性城市发展构想"的成功实施来说，绝对重要的是每一个城市政府部门的成员不仅能够注意到其有关目标，同时也努力亲自实施，这样就好像对自己的私人事务那样热心。如今在采取"整合性城市发展理念"的3

年后，这一点至少在很大程度上已成事实。负责上面提到的10个优先领域的城市规划行政主管部门，不可能出现对自己的职责采取放任自流的态度，他们通过相互协调的措施，帮助消除不同区域之间相互冲突的干扰。

在"整合性城市发展理念"中，不仅有城市内部管理的"内部效应"，同时也有"外部"其他的私人和公共部门的城市开发相关者，他们也被要求理解和接受城市政府追求的目标，同时采取相关的措施把这些目标付诸实践。因此这个构想也是一个重要的信息工具，帮助促进使私人投资者和城市总体发展政策相符合。

莱比锡的经验很好地证明了，城市发展在困难的初始条件下，需要多种、有时甚至是"非传统"的方法来寻找未来导向的解决方案，并创造新的

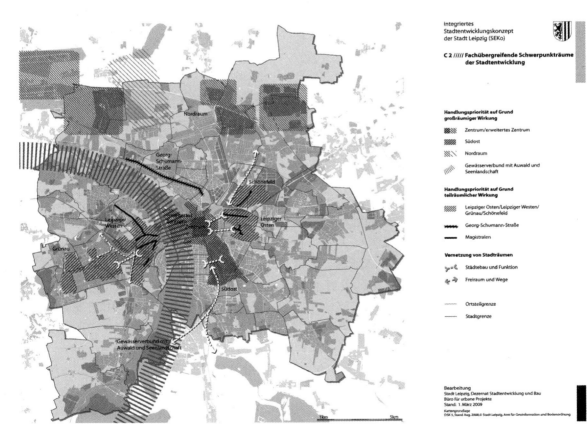

图17-7 "整合性城市发展理念"及相关优先地区
来源：Stadtregierung Leipzig

发展激励机制。这也需要为有献身精神的公民提供的空间和机会，把个人的想法付诸实践。然而，城市行政管理部门，应确保私人开发项目和整体构想是一致的，以防止对公共福利造成不利。

"整合性城市发展构想"的另一个优点是，它采用"非正式"的规划工具。这意味着，无论工作流程还是内容不必直接"落实到"正式的法律法规之中，这样人们能够根据具体的空间和不同问题的要求加以调整。然而，这种"非正式性"也有它的缺点，因为"整合性城市发展理念"的实施，无法以法律的方式强制执行。这也是为什么规划者必须继续保持现有"正式"的法律工具，为市政府提供能够不顾第三方的反对来推行计划的可能性。

当然，以共识为导向的战略来实施城市发展项目，总是比采取强制措施来得更好。然而，莱比锡自 1989 ~ 1990 年的政治变革以来的发展也表明，一些私人投资者和开发商追求自己的短期利益，往往会对城市的中期和长期发展带来损害。

总体上可以公平地说，虽然相对于世界上的大都市区来说规模较小，莱比锡城依靠它在历史上以及近年来成功应对所面临挑战的成果，有信心发展成一个拥有紧凑的、文明的、多功能传统的"欧洲城市"。莱比锡，我们相信，将在欧洲城市之间的竞争中维持自己有吸引力的区位，并且将能把握未来的挑战！

第 18 章

"社会公平的土地开发"——慕尼黑经验[①]

Social-compatible land use: Munich's experience

易鑫，克里斯蒂安·施奈德
Yi Xin，Christian Schneider

18.1 导言

"社会公平的土地开发"（Sozialgerechte Bodennutzung，简称 SoBon）是德国第三大城市慕尼黑从 1994 年开始实施的一项城市土地开发制度和政策。作为德国主要的经济、文化与科技中心之一，慕尼黑的城市经济在全球化过程中快速发展，同时也带来了房地产开发市场的不断增长。城市开发的加速反过来对于城市建设和运行的成本，乃至现有社会结构的格局都产生了多方面影响。"社会公平的土地开发"是慕尼黑当局为了平衡城市经济增长与社会稳定，所发展出的一套特殊的土地开发政策和程序，运用包括制度、资金以及规划设计等多方面工具，保证城市开发能够兼顾广泛的社会需求，进而维持城市的多样性的生活方式与社会结构。

18.2 "社会公平的土地开发"的政策实施

18.2.1 立法过程

德国基本法规定，地方政府（社区层面）有权制定针对自身行政区范围内引导、规范城市建设内容的建设指导规划，通过一系列包括公众参与在内的程序，经过上级的规划建设主管部门的审批后，完成的建设指导规划（Bauleitplanung）经当地所在的议会批准以法律的形式予以确认和实施。根据《建设法典》（Baugesetzbuch）的规定，上级的规划审批部门仅能对规划制定过程中包括对法定的公众参与等必要形式的完成进行审查，无权对规划本身的具体内容进行审批。在地方主导的城市发展模式下，使得德国不同城市和地区的城市建设和管理方式，根据当地的需求以及与城市发展相关的政策选择，呈现出非常多样化的特点（图 18-1）。

该项政策的源头来自于 1989 年慕尼黑市议会生效的一项用于地方社会住宅建设的法律，称为"投资缓解与住宅建设用地法"（Investitionserleichterungs- und Wohnbaulandgesetz），以缓解公共财政在相关领域的投资压力。以该法为依据，社区政府能够明确地向私人部门提出将城市建设过程中的部分成本转由所谓规划受益人承担。法律要求：作为规划受益人的房地产所有者和投资者，有义务参与"社会性住宅的建设"，由此其应当将 40% 新批准的建筑许可用于社会性住宅的建设，或者 20% 的新批准的建筑许可用于社会

[①] 注：本文原载于：《城市·空间·设计》，2013，Vol.29，No.1，pp.74-77。

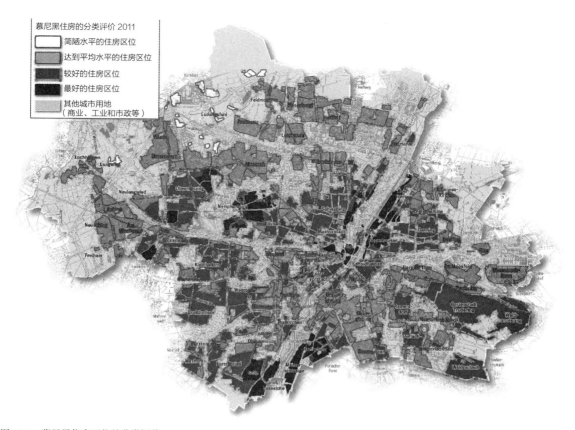

图 18-1　慕尼黑住房区位的分类评价
来源：http://www.abendzeitung-muenchen.de/inhalt.mietatlas-2013-in-welcher-lage-wohnen-sie-der-neue-mietspiegel.36145651-95dc-4453-a0de-3fb2d5361764.html

收入底层的人群——即所谓的"依靠社会救济的人群"。

该法于 1993 年进行了调整，以此为基础，慕尼黑市议会于 1994 年 3 月作出了"社会公平的土地开发"的决议。"社会公平的土地开发"相关政策的实施主要着眼于两点：第一点是推动规划活动的受益人参与承担部分开发成本，降低城市政府的财政压力。之前的问题主要在于，城市开发虽然带来了巨额的经济效益，但是按照传统的开发模式，开发地块的增值收益由地产所有者和投资者获得，而城市政府则需要负担周边的基础设施开发成本，这就给城市政府的财政带来较大的负担。第二点是要求规划受益人承担相关的用于特定社会性目的的住宅和就业设施的建设和运行成本，以便保持开发所在街区的城市社会结构多样性，平衡经济增长与社会稳定之间的关系。

该政策于 1995 年初步调整，并于 1997 年 12 月根据联邦层面的《建设法典》的相关要求，对相关的原则、程序和内容作出了进一步调整。

18.2.2 "社会公平的土地开发"的程序内容

虽然德国很多其他的城市政府在开发过程中也采取了类似的方法，要求规划受益人部分承担相关的基础设施和满足当地社会需求相关设施建设成本，但是到目前为止，慕尼黑是唯一采取法律形式的城市，将"社会公平的土地开发"政策作为一项制度来指导城市建设和开发。该项制度的施行，很大程度上是当地房地产市场长期旺盛需求的结果。由于自"二战"结束之后经济长期保持繁荣，几十年的开发引起城市未来发展备用地不足。而且房地产价格又居高不下，给城市政府带来了各类社会设施投资过高等问题，给城市中低收入阶层提供服务的工作制造困难。在1993年经历了一场严重的财政短缺危机之后，城市议会制定了相关的法律和政策程序。

作为法定规划，德国引导城市建设的建设指导规划分为两个层面，全覆盖整个行政区的土地利用规划（Flächennutzungsplan）和针对具体街区层面、非全覆盖的建设规划（Bebauungsplan）。土地利用规划覆盖整个行政区范围，能够体现城市政府的总体发展思想，指导具体开发的建设规划必须依据施行的土地利用规划来制定。但是土地利用规划本身被当作仅能约束公共部门内部管理行为的工具，规范私人部门的具体开发建设活动，需要依靠针对街区层次制定的建设规划。建设规划的制定采取分片逐步实施的方式，根据政府对相关地区的具体开发建设的设想施行，而私人部门的建设活动必须依据该地区的建设规划并获得批准。

这种制度安排确保了规划制定过程中公共部门的优先性地位。依据正常的程序，先由城市政府制定土地利用规划和建设规划，并开展具体基础设施的建设活动。之后才轮到作为规划受益人的私人土地所有者和投资者参与到实际的建设活动中。

相比之下，"社会公平的土地开发"恰恰改变了公共部门与私人部门在规划制定方面的先后关系，从制度的层面提供了反映私人部门的建设意愿，并接纳其参与制定相关法定规划的可能性。私人部门可以依据"社会公平的土地开发"的制度框架，向相关政府主管部门提出制定某一特定地区的建设规划的要求，当然作为交换，城市政府就可以依据这一框架中的政策要求开发者承担一系列的建设成本以及服务当地社会居民需求的各类设施，以此来换取城市政府的规划建设主管部门根据申请者的基本意图制定并通过相关规划程序。在此基础上，相关的私人部门与城市政府签订城市设计合同，推动规划的实施。

18.2.3 相关负责机构

由此可见，通过提供私人部门参与公共部门的规划决策环节的可能性，能够激发项目发起者的投资热情。为了进一步增强该项政策的权威性，维护其公正性，并保障签订城市开发协议后实施的顺利进行，慕尼黑市政府专门成立了由相关的主要职能部门共同组成的"社会公平的土地开发"工作委员会，直接向市长负责，其成员的部门包括：

（1）城市规划与建筑规范管理部门；

（2）社会事务管理部门；

（3）市财政局；

（4）劳动与经济管理部门；

（5）建设管理部门；

（6）学校与文化管理部门也参与每次例会，提出本部门的意见。

通过这种跨专业、高级别成员组成的委员会，能够推动和促进规划受益人与城市的公共部门，以及在不同的公共部门之间的直接沟通协作，提高城市建设的经济、社会和文化等多方面效益，在保证决策的透明化的同时，确保工作本身持续进行，加速决策和审批的过程。此外，面对面的沟通能够推动项目根据具体情况进行调整。在各方签订城市设计合同之后，由工作委员会进一步监督具体的实施过程。

18.3 "社会公平的土地开发"的程序性原则与实施

18.3.1 开发收益的分配原则

对于按照"社会公平的土地开发"程序的开发建设计划，"社会公平的土地开发"的决议有权要求"规划活动的受益人"在享受建筑开发带来的增值的同时，部分承担由于规划安排所引起的成本和负担。所谓的土地增值通过在地产开发前后的地产价值差异计算得出。一般来说，经过规划之后，相关土地的价格会随着建筑开发剧烈上升（图18-2）。

根据该框架的要求，通过房地产开发，原则

图18-2 "社会公平的土地开发"的代表项目

来源: Die Sozialgerechte Bodennutzung-Der Münchner Weg.Referat für Stadtplanung und Bauordnung, Kommunalreferat, Landeshauptstadt München, 2011.

上保证至少 1/3 的土地价格增值应当完全属于规划活动的受益人。也就是说，地产所有者只是参与至多 2/3 的土地价格增值所涉及的开发建设成本和负担。

18.3.2 确定开发成本的内涵

满足社会性住宅与就业需求的设施涉及三方面的成本问题，城市建设的基础设施和公共服务设施、社会住宅建设，以及服务社会目的的就业设施建设。

相关框架对具体的开发成本进行了如下界定，相关的成本包括：

（1）规划的开发配套设施（绿地、交通用地、污染排放治理及其他设施），满足社区需求的设施，以及环境保护所需的平衡置换用地。如果这些用地最终不要求规划受益人持有，在特殊情况下，可以对公共部门回购这些地产进行补贴。

（2）开发配套设施以及用于环境保护的平衡性用地的建设与安置成本。

（3）社会性基础设施的建设；可能情况下，根据每平方米建筑面积参与融资的份额分摊。

（4）特殊情况下，城市设计竞赛的成本，额外的公共关系事务的成本，（根据）《建筑师与工程师劳动报酬规定》涉及第三方的工资，评估与土地重划所需的成本。

（5）由于某些商业或其他设施的建设，造成相关其他社会需求不得不被放弃引起的负担。

18.3.3 针对社会性住宅与就业设施建设的要求

根据"社会公平土地开发"的有关框架，规划受益者在获得土地转让的同时，需要提交有关的款项，并接受某些开发费用相关的条件（例如社会性住宅的成本）。此外，投资者有义务负责对其土地内部相关服务中心的建设。投资的成本和负担包括用于绿地、道路、幼儿园的土地转让，用于道路、幼儿园、小学、环境保护方面的平衡型措施的建设成本等。

基本上，规划受益人必须提供 30% 的土地作为新住宅建设用地，其中 20% 用于一类社会性住宅建筑，10% 作为三类社会性住宅建筑[①]。

对于社会性基础设施的成本，慕尼黑当局还作出如下规定：投资者根据其参与投入的每一楼面面积的比例，承担新批准的住宅建设计划。在这些情况中，规划受益者不再须要参与承担那些基于城市财政计划中根据长期的城市发展所要求建设的基础设施成本，这些计划的成本由一般性的城市公共财政承担。

---

① 一类社会性住宅建设开发地块是指，相关住宅单元将根据"成本租金"向那些由城市推荐的住户出租，其获得 25 年的租赁权，资助框架根据城市授权机构确定的楼面面积以及每平方米楼面面积的开发配套设施的成本进行计算；三类社会性住宅建设开发地块是指，相关住宅单元将根据私有住房的规定向那些以自用住房为目的的居民出让，资助框架根据城市授权的机构对于特定的开发地产每平方米的价格，以及每平方米楼面面积的开发配套设施的成本进行计算，作为负担，规划受益者将承担自由市场上商业性住房与用于一类和三类的资助类型中的差价。

此外，对于具有社会性辅助意义企业的扶持条件，相关框架要求为了维持这些作为当地产业结构多样性的副辅助性门类的企业，并保障地区内部的相关就业活动，这些企业的经营属于受扶持计划，规划受益人需要在相关的用地、配套设施和资金方面予以投入。

18.4　城市设计合同的实施程序

根据"社会公平的土地开发"的框架签订城市设计合同，整个合同程序的完成需要经历3个环节（开发申请的原则同意、开发申请的基本约定，以及合同的实施）：

（1）开发申请的原则同意：首先需要由规划活动的受益人接受"社会公平的土地开发"程序中的基本原则，城市政府则由此明确规划程序本身的效力与相关具体目标，并准备对未来建设计划进行批准。

（2）开发申请的基本约定：明确法律上对规划活动受益者在"社会公平的土地开发"中的约束力，并确认具体的建设内容所需承担的成本和负担。建设规划的制定以基本约定为前提，以便获得市议会的批准。以此为基础，规划发起者与城市政府签订正式的实施性合同。

（3）合同的实施：在实施性合同中，具体的费用被进一步具体化以便管理，同时也明确根据开发内容，约定可能对例如特定的基础设施或者幼儿园等服务设施的相关成本进行调整（图18-3～图18-5）。

18.5　结论与展望

"社会公平的土地开发"已经实施了超过18年的时间，这一过程中，该框架有效地缓解了慕尼黑城市建设过程中政府财政紧张与社会服务设施短缺的矛盾。

到2009年11月30日为止，根据该框架共制定和实施了91项具有法律效力的建设规划，与14项基础设施开发规划。其中涉及的建设规划的用

图18-4　15年来慕尼黑根据"社会公平的土地开发"完成的住房单元开发量

来源：Die Sozialgerechte Bodennutzung - Der Münchner Weg.Referat für Stadtplanung und Bauordnung, Kommunalreferat, Landeshauptstadt München, 2011.

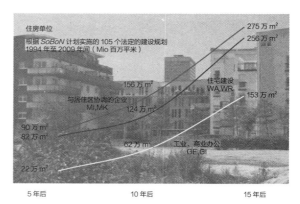

图18-5　15年来慕尼黑根据"社会公平的土地开发"实现的建筑开发面积

来源：Die Sozialgerechte Bodennutzung - Der Münchner Weg.Referat für Stadtplanung und Bauordnung, Kommunalreferat, Landeshauptstadt München, 2011.

图18-3　根据"社会公平的土地开发"完成的项目"Am Hirschgarten"

来源：Die Sozialgerechte Bodennutzung-Der Münchner Weg.Referat für Stadtplanung und Bauordnung, Kommunalreferat, Landeshauptstadt München, 2011.

地1048hm²，建设了31080套住宅单元，其中用于社会性目的的住宅单元8450套，提供了1572个托儿所的位置，4750个幼儿园位置，1075个课后小学生管理中心的位置，以及1408个小学生的学校位置。

慕尼黑的相关工作以满足社会需要和平衡政府的基础设施建设压力为出发点，增加社会服务设施，在这方面的经验为中国城市建设中从制度的层面加强公共部门与私人开发者的直接沟通，以满足社会公平的需求为导向，共同制定规划提供了可供参照的经验。通过以法律制度的形式制定具有操作性的工作框架，保证了公共部门与私人部门之间沟通工作的规范性和透明性，多部门的参与有助于在规划阶段解决相关的矛盾，同时加快规划的制定和实施过程。从而提供了私人部门正式参与规划建设决策实施的渠道，有利于提高私人投资者的积极性，更好地满足城市建设，特别是社会性服务设施的需要。

本章参考文献

[1] Hien E. Bemerkungen zum städtebaulichen Vertrag In：Planung und Plankontrolle, Entwicklungen im Bau- und Fachplanungsrecht, Köln, 1995.

[2] Stang G., Dürr K. Vereinbarungen zu Las-tenübernahme im Zusammenhang mit der Aufstellung von Bebauungsplänen im Rahmen von Baulandumlegungen. In：Baurecht, 1996.

[3] Dürr K. Einvernehmliche gesetzliche Umlegung im Rahmen des Modells der Münchener Sozialgerechten Bodennutzung. In：Vermessungswesen und Raumordnung, 1996.

[4] Oerder M. Praktische Probleme der Städ-tebaulichen Verträge nach § 11 BauGB. In：Baurecht, 1998.

[5] Wallraven-Lindl M.L. Die Beteiligten an Kosten und Lasten städtebaulicher Planungen, Sozialgerechte Bodennutzung, der Münchener Weg. In：Der Bayerische Bürgermeister, 1998.

[6] Landeshauptstadt München. Referat für Stadtp-lanung und Bauordnung, Kommunalreferat：Die Sozialgerechte Bodennutzung – Der Münchner Weg, 2009.

第19章

2005年慕尼黑国家景观展：城市设计作为协调空间发展的工具[①]

Bundesgartenschau 2005 in Munich: Urban design as coordination instrument for urban development

易鑫
Yi Xin

19.1 城市设计的概念

城市设计这一专业词汇最早产生于19世纪末的德语国家，在1890~1914年间，德国的城市建设实践拥有世界领先的水平，与此同时，也产生了一批以卡米罗·西特（Camillo Sitte）的《根据艺术性原则进行城市设计》（Der Städtebau nach seinen künstlerischen Grundsätzen）为代表的关于城市设计的重要理论著作，从而推动城市设计这一概念在世界范围内的传播。

城市设计在德语中对应的是"Städtebau"，从字面来说表示城市建设的意思。与关注于建筑单体自身的建设不同，城市设计工作以建筑物和其他设施相互之间的空间关系为主要的工作对象，对建筑物、技术设施与绿化的兴建、变更或者清除等建设活动作出安排。不同于主要由单一业主推动的单体建筑的建造工作，城市设计工作面临着非常多样化的公共和私人部门的建设活动，因此工作中涉及对这些广泛而复杂的工作进行组织，以便保障整个城市空间方面的有序性，维持整个地区内的经济、社会和生态等方面的正常运行。

与城市和区域规划工作关注于城市和区域发展所涉及的经济、社会、生态和建设性空间组织等多重维度之间的综合协调不同，城市设计工作的核心集中于不同的空间层次之间（从单一地块、街区、片区、城市、乃至区域），对包括开发地块、建筑物、技术设施、绿化等不同空间要素在建设过程中进行空间组织方面的问题。

19.2 转变中的城市设计工作

19.2.1 城市设计在德国的工作范围

德国现有的空间发展制度强调地方自治的导向，在此基础上，城市设计工作有着特定的内涵。目前城市设计的工作范围，主要围绕传统的地方行政机构——社区政府，以制定法定的建设指导规划为主要任务，对社区内部的全部或者部分地区在建设性和空间性方面的发展提供具有前瞻性的引导性要求，这些要求同时与包括联邦政府制定的《建设法典》和各联邦州政府制定的《建筑规范》在内的一系列法律法规相联系，从而保障了其稳定性和实效性。因此，城市设计关注于地方层面的空间发展格局问题，并与社区政府制定的投资与发展政策相结合，推动地方层面可持续的空间发展。因此德国城市设计常常被称为社区

---

① 注：本文原载于：《城市·空间·设计》，2013，Vol.29，No.1，pp.59-62。题目有调整。

性规划，与狭义上城市规划的概念相同。

从 20 世纪初到世纪中期，作为新兴起的学科，城市设计主要集中于通过具体的规划建设方案，满足当时社会发展过程中所急需的建设计划，更多集中于物质性层面，依靠的是政治家和重要投资者提供的政治和经济力量的执行。而随着城市和空间发展内涵的不断扩大，当前德国的城市设计则首先被理解为实现与政治态度相联系的社会价值体系的表达，同时基于德国传统的福利国家体制，城市设计也是在城市建设中公共部门实现相关社会政策，实现市场繁荣与维持社会稳定目标的平衡，确保根据城市发展的长期目标，对土地利用和基础设施的布局作出规定，同时塑造社区中的整体或部分地区场所和景观方面的意向。

19.2.2　全球化对城市设计体制的挑战

随着全球化和解除管制的不断加强，目前德国基于社区自治基础的城市设计体制正面临挑战。一方面城市面对着不断联系成为一体的全球性市场力量，而另一方则是地方政府与上级的联邦、联邦州、区域政府之间的复杂政治性和行政体制之间的相互制约，而影响工作效率的提高，城市设计越来越不再能够满足平衡市场压力、推动地方有序发展的任务要求。两者之间关系失衡的直接后果就是代表市场力量的私人部门在城市建设过程中的影响力不断扩大。

当前全球和地方之间的张力，很大程度体现在不同尺度的空间层次之间越发割裂的问题上：面对全球化对地方场所的不断渗透，不同的街区、片区、城市乃至区域之间相对稳定的空间联系正受到冲击。由于资金投入、基础设施水平、媒体关注等方面的差异，造成城市和区域空间中不同场所的发展境遇有着极大差异。

一方面是城市经济的复兴，部分场所被全球资本所青睐，并基于其软硬件条件，特别是文化上的吸引力，成为充满活力的地区；另一方面，除了部分被隔离和遗忘的地区受到广泛的社会批评之外，城市内部和外部的很多地区，正面临着蔓延和无序发展的困扰，新建居民点大范围的无序

发展造成经济上的低效、不同社会阶层之间关系的破碎化，在生态方面也产生大量消极影响，文化上更是令所在区域的居民之间面临区域认同感逐渐缺失的困扰。

19.2.3　城市设计任务的转变

因此，在全球化过程中，缓解不平衡的经济发展对空间总体发展，特别是不同空间尺度层次之间联结的影响，并将发展的机遇从城市局部引导至更广泛的空间尺度层次及其相应的场所，就成为城市设计在区域空间发展的重要任务之一。

这就促使城市政府的角色越发向着协调者的角色转变，将城市设计工作的重点放在推动包括公共部门、私人投资者、房地产所有者、社区居民之间的广泛合作基础上，通过构建相应的议程和平台，使各方对城市空间的影响力能够相互得到反馈，从而实现协调性的发展。在这一过程中，通过引入战略性的发展框架，最终提高城市生活的吸引力。

基于本文开头对城市设计概念的定义，城市设计不仅是指导城市建设的技术手段，同时也是协调公共部门与私人部门关系的管理工具。因此，作为承载城市设计工作的主要技术文件的城市设计方案也同样面临其自身角色的调整。

在德国日常性的城市设计工作中，城市设计方案往往被当作具有法律效力的建设规划（Bebauungsplan）的前身。在对城市空间内部包括开发地块、建筑物、技术设施和绿化等要素的布局和安排的同时，城市设计方案能够依靠公共空间网络的建设将公共和私人领域结合在一起，从而构建针对地区内部建设性空间发展的基本轮廓，在维持特定的发展方向的同时，为各类空间要素进一步的发展变化提供必要的弹性空间。

目前德国对城市设计方案的认识并不局限于单纯物质性建设的进行规定，而是希望帮助城市设计方案承担以下 3 种不同的角色：

（1）通过探讨为空间和场所引入新的价值和意义，以此为出发点在城市建设中不同的相关者之间建立城市空间发展新的价值体系，并作为发

展平台的出发点；

（2）通过适当的图示性方式，将各方所关心的社会、经济、生态等方面的问题以综合性的解决方式展示出来，供各方讨论，以便形成完整的共同接受的行动框架；

（3）在此基础上，依靠城市设计方案的传统实施功能，对其进行深化并作为未来建设决策和实施的依据。

19.2.4 不同空间尺度层次之间的联结

在此基础上，城市设计方案也就不再仅仅作为传统的蓝图式的工作成果指导工程项目的实施，每个方案本身更多的是一系列工作成果的一个环节，并在下一步的工作中得到更新，将城市建设中面临的包括空间结构、功能利用、交通与市政设施建设、建筑与外部空间的开发、绿化与植被维护、地块细分、现状周边的环境等各类技术性问题，给予适当的安排。

而在具体的时间维度上，也就要求涉及不同的场所和空间层次的城市设计工作相互之间同样进行协调，并有侧重地服务于城市和区域内部在经济、社会、生态和建设性空间方面的要求。鉴于全球化过程中所带来的空间层次之间的不平衡乃至割裂的情况，就要求城市政府采取积极的措施来缓和相关的张力，特别是建立由局部受到全球经济青睐而获得发展机遇的地区向周边乃至区域导出影响力的渠道。以下关于慕尼黑国家景观展的案例将具体的介绍相关平衡性策略和措施的经验。

19.3 慕尼黑国家景观展经验：场所间协调的区域发展

19.3.1 慕尼黑在城市和区域发展中面临的挑战

慕尼黑位于德国南部（图19-1），作为德国第三大城市（仅次于柏林和汉堡），是德国主要的经济、文化和科技中心之一，也是欧洲最繁荣的城市之一。随着1970年代开始的全球资本主义经济调整，慕尼黑面临着不断加深的去工业化过程，

图19-1 慕尼黑区位（改绘）

来　源：Albers, Gerd und Wekel, Julian. Stadtplanung. Eine illustrierte Einführung. Primus Verlag, Darmstadt, 2007.

这就要求发展更加灵活的空间结构以增加对区域内部空间利用的多样性。这一过程中，城市的经济意义调整主要在于一方面成为面向全球层面的跨国公司的决策和服务机构的所在地，另一方面又成为向城市内外居民提供生活体验的场所。因而城市空间不断地向着场景化、美学化的方向发展，以旅游业和商业等服务业来弥补工业的流失，以便和乡村的工业发展势头竞争。

19.3.2 国家景观展"BUGA 2005"

国家景观展（Bundesgartenschau）是德国国内举办的以园林和景观为主题的最高等级展览（图19-2、图19-3）。通过申办的方式，每2年1次由不同的德国城市举办。2005年国家景观展的具体位置在慕尼黑东部的里姆（Riem），是慕尼黑1990年代之前机场的所在地，随着机场搬迁，里姆地区紧邻城市的大面积土地成为城市开发的重要资源。在20世纪90年代初城市政府就进行了几轮包括设计竞赛在内的对该地区的开发研究，计划发展以会展为主要职能，兼有居住、商务办公等就业设施，并具备良好交通条件的综合社区。

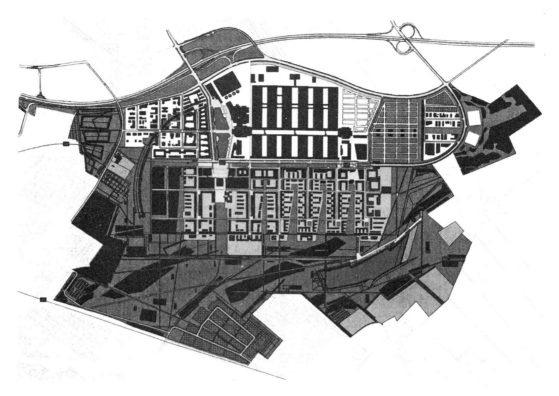

图 19-2　2005 年慕尼黑国家景观及里姆"生态社区"开发方案

来 源：Andrea Gebhard. National Garden Show as Driving Force for Economic Growth and City Development. In：international Conference "Chinese-German GCDM-Conference on Urban Sustainability"，（Green City Development Mechanism），Beijing，2006.

图 19-3　2005 年慕尼黑国家景观展图片

来 源：Andrea Gebhard. National Garden Show as Driving Force for Economic Growth and City Development. In：international Conference "Chinese-German GCDM-Conference on Urban Sustainability"，（Green City Development Mechanism），Beijing，2006.

BUGA2005 的举办成为城市政府的重要营销工具，通过媒体的宣传，一方面取得展览的直接收益，另一方面为该地区的会展、居住等设施提升知名度和影响力。规划的基本概念以景观公园和生态城市社区为侧重点，致力于通过景观公园的建设提升当地的基础设施水平和环境质量。新开发的城市片区占地约 560hm²，将成为欧洲最大的会展业基地之一。

里姆地区的综合开发通过 2005 年历时半年的国家景观展迅速扩大了影响力，生态、节能等技术手段致力于提高当地的生活质量水平，而一系列与机场、中心火车站相联系的基础设施建设，将该地区与全球层面紧密地结合在一起，该地区的会展业与其他办公场所，使之转化为全球网络的重要节点。

19.3.3 "区域中的景观展——与景观展同行"

如果说国家景观展的举办及其空间效果体现了全球经济发展集中于少数节点的不平衡侧面的话，由慕尼黑所在区域的各个社区共同参与策划的另一项活动"区域中的景观展——与景观展同行"（BUGA in der Region-mit der Region）则更多反映了地方层面缓解全球经济的冲击，并将其影响导入到整个区域的尝试。

当前德国各个城市，特别是南部经济比较繁荣的地区，正经历着快速的郊区化过程，由于国家各个地区之间发展的不平衡，原民主德国地区以及鲁尔区等老工业区人口不断外流，向慕尼黑、法兰克福、斯图加特和汉堡等地区集中，与此同时，社会结构的个人化趋势越发加强，从而出现了大量单身家庭的模式，与此对应的则是居住人口虽然相对稳定，但是人均居住面积不断增加。社会机动性水平的提高也直接推动了城市和区域的郊区化，给地区整体的有序发展及降低对环境压力的努力带来消极影响，个人化的高速流动也给维持社会凝聚力带来困难。

与可持续发展的思想相结合，欧洲的规划师尝试提出"紧凑的城市发展"作为城市应对未来在资源、环境和社会各方面挑战的策略，在区域层面，德国的空间发展策略提出了"分散的集中"发展口号（图 19-4）。

景观及其所代表的生活质量对于空间发展来说就具有多重意义：

（1）景观质量成为区域改善形象，提高全球竞争力的重要因素；

（2）通过维护好开放空间，在保证居民生活质量的同时可以有效地控制无序郊区化的蔓延问题；

（3）通过在区域层面塑造共同的空间和景观认同，成为当代德国维护社会稳定、塑造凝聚力的重要社会政策手段。

在以景观为主题的"区域内的景观展——与景观展相伴"的活动，由于获得的外部资助有限，整个活动以自我融资为主，少数项目得到部分资助：因而在主要由社区自己出资的情况下，加强围绕文化方面（软环境方面）的积极交流，塑造共同的发展理念，就成了整个规划工作的核心内容。

区域内部不同的社区（慕尼黑与其他中小城市）以自愿参与为原则共同举办此项活动，围绕休闲、旅游举办了多层次的合作。在该主题下，一系列规模不同，内容广泛的项目被实施，根据规模的大小，分为区域整体、社区间和单一社区内部 3 个层次组织。

相关的活动推动改善硬件与改善软件相结合：硬件方面，各方共同出资建设了环绕慕尼黑周边的自行车道，提高基础设施水平。社区间和内部也出资建设基于各自需要的旅游设施。软件方面，提高生活质量和休闲水平，涉及一系列的文化活动，从而改善区域的形象，都需要居民的参与。通过相关的努力，"区域内的景观展——与景观展相伴"将全球性的影响力通过景观这一出题，引导到地方解决自身未来需求的努力中，从而为区域的协调发展作出一定的贡献。

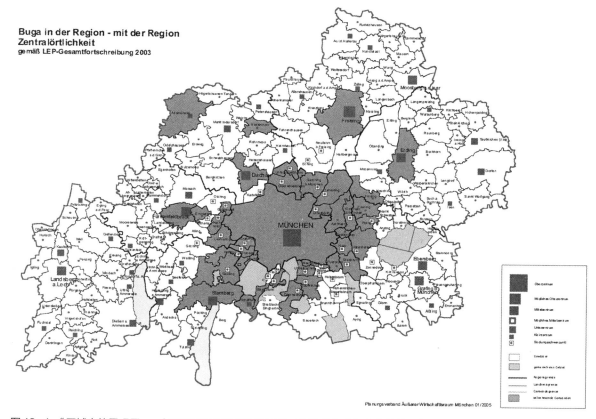

图19-4 "区域中的景观展——与景观展同行"的区域合作（深灰色为参与合作的社区）
来源：Bundesgartenschau 2005 München（BUGA 2005）und Planungsverband Äußerer Wirtschaftsraum München（PV München），2005.

19.4 结论与展望

随着全球化影响的不断深入，城市和区域的发展面临着越发多样化的挑战，城市设计的工作早已不仅仅局限于为社区政府服务、制定直接与法定规划相联系的各类规划文本。相反，传统的由城市政府所主导的城市发展模式，正处于不断被消解的过程中：在全球经济中的不同角色造成城市内部空间之间关系的不断疏离；社会结构的多样化与复杂化，不同群体之间需求差异越来越大，使得传统的以统一标准化导向的规划政策不再有效；私人部门的影响力不断增加，居民自我管理、参与乃至主导自身社区发展的意识不断增强。

这都要求城市设计超越传统的工作范畴，以协调性为核心重构其工作范畴，依靠城市设计的研究、交流职能，特别是其图示性技术特点带来

的优势，能够将不同的来自公共部门和私人部门的相关者依靠不同的发展主题结合在一起，以推动包括经济发展、生态更新、社会改革等不同类型的城市和区域的发展项目。

本章参考文献

[1] Albers, Gerd, Entwicklungslinien im Städtebau. Ideen, Thesen, Aussagen 1875-1945: Texte und Interpretationen. Düsseldorf: Bertelsmann Fachverlag, 1975

[2] Carmona, Matthew, Heath, Tim, Oc, Taner und Tiesdell, Steve. Public Places - Urban Spaces. The Dimensions of Urban Design: A Guide to Urban Design. Architectural Press, Oxford und Burlington, 2005.

[3] Frick, Dieter. Theorie des Städtebaus. Thübingen/
Berlin, 2011.

[4] Castells, Manuel, Space flow - der Raum der Ströme,
in: Kursbuch Stadt. Stadtleben und Stadtkultur an der
Jahrtausendwende. Stuttgart: Deutsche Verlagsanstalt, 1999.

[5] Läpple, Dieter, Essay über den Raum. Für ein
gesellschaftswissenschaftliches Raumkonzept, in:
H. Häußermann u.a., Stadt und Raum. Soziologische
Analysen. Pfaffenweiler: Centaurus, 1992.

[6] Oswald, Franz/Baccini, Peter, Netzstadt. Einführung
in das Stadtentwerfen. Basel: Birkhäuser, 2003.

[7] Selle, Klaus, Öffentlicher Raum - von was ist die
Rede? in: Jahrbuch Stadterneuerung 2001. Berlin:
Technische Universität Berlin, Universitätsbibliothek,
Abt. Publikationen, 2001.

[8] Sitte, Camillo: Der Städtebau nach seinen
künstlerischen Grundsätzen. Basel ; Boston ; Berlin,
Birkhäuser, 2002.

第20章

鲁尔区：工业区域转型的挑战与成就

The Ruhr: Challenges and achievements of transforming an industrial region

克劳斯·昆兹曼

Klaus R. Kunzmann

邱芳 译 易鑫 审校

20.1 鲁尔区：一个承受工业遗产负担的地区

在20世纪，鲁尔区一直是德国的工业中心。多年以来，煤炭开采、钢铁和能源生产一直是鲁尔区的经济命脉，主导着整个区域的劳动力市场。不过与其他德国城市相比，该区域近些年来在结构调整的过程中受到了更大的冲击，其他城市依靠更加多元化和国际化的地方经济而获益良多。在1960年代末，市场对鲁尔区成本高昂的煤炭需求开始下降，一般的钢铁生产也逐渐变得昂贵，转变鲁尔区传统经济基础的任务已经上升为政治问题。鲁尔区曾经的经济成就使得该地区成为世界上最强大的工业区域之一，但这同时也使得鲁尔区的城市面貌满目疮痍，城市中随意散布着道路、铁路、排水渠、煤气管道、下水道以及大量的工业废弃地。当地的水和土壤都被污染，烟囱充斥在城市各处，这种城市的工业景观根本无法与慕尼黑、法兰克福和杜塞尔多夫这些蓬勃发展的德国城市相媲美。与德国其他区域相比，在鲁尔区和埃姆歇河沿线区域，既没有历史悠久的封建宅邸，也没有独立的上层资产阶级城镇。这个普鲁士省份在进入工业化以前，杜伊斯堡（Duisburg）、埃森（Essen）、多特蒙德（Dortmund）只不过是几个次要的城市中心，后来依靠丰富的煤炭资源，这里的村庄转化成了一个个工业村落，进而形成了一个密集的集聚区网络。

经过多年发展，这些工业村庄逐渐成长为功能性的工业城镇，各自发展出自己的文化并形成了自身认同感。随着煤矿和钢铁工厂的建设，企业在矿井附近兴建住宅区，公共基础设施也随之被建立起来。铁路运输行业一开始也是为工业服务，然后才被用于满足当地社区的需求。采煤业、钢铁生产和能源企业的既得利益者多年以来一直主导着鲁尔区的空间发展，他们还从公共补贴中获得大量的好处，到今天仍然在该地区发挥着影响力。1990年德国重新统一后，随着首都由波恩迁到柏林，有一些联邦政府的部委也跟着移走了，这些变化又给区域的结构调整进一步造成了重要影响，原来用于原联邦德国地区结构改革的投资以巨额公共补贴的形式，被转移到了原民主德国地区（Kunzmann，2008）。

如今鲁尔区已经是一个完全城市化的区域，面积大约4500km²，共有53个自治社区，2016年的人口总数为520万（图20-1）。虽然它本身也成立了一个区域管理机构——鲁尔区域联合会（Regionalverband Ruhr），但是鲁尔区在政治上完全受杜塞尔多夫州政府的控制。北莱茵—威斯特法伦州的州政府直接干预鲁尔区创新经济的发展，并负责引导该地区在交通运输、通信、教育和研究方面的发展（RVR，2012a）。

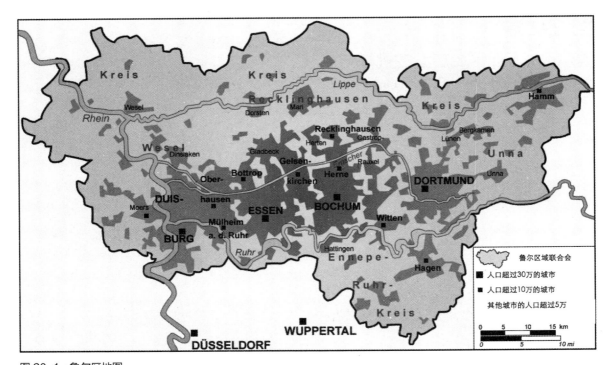

图 20-1　鲁尔区地图

来源：https://de.wikipedia.org/wiki/Ruhrgebiet

早期的工业化已经塑造了该区域的实体环境，人们主要是根据技术和功能标准决定了煤矿、钢厂、相关产业以及工业居民区的位置。鲁尔区内部不存在首府或核心城市，只有埃森、杜伊斯堡、多特蒙德、波鸿等几个较大的城市，然而这些城市之间主要是竞争而非合作关系。在探讨区域转型方面，这个多中心的区域是一个很有价值的实验室，对于政客、规划师和建筑师而言也是极具挑战的舞台。

在第二次世界大战期间，鲁尔区的各个历史中心在轰炸中遭到严重破坏，战后人们又匆匆加以重建，目的是满足煤炭和钢铁等行业所需的基本城市功能。事实上，鲁尔区是战后德国经济奇迹开始的地方之一。鉴于其工业历史，鲁尔区历来都不是游客想要前往欣赏优美城市风景的区域。

在很大程度上，多层次的复杂政治环境限制了区域规划和决策过程，作为一个转型中的多中心工业区域，鲁尔区表现出日渐衰落的工业区域通常所具有的特征：高失业率、环境污染、城市吸引力不足和公共基础设施的日益恶化（WBGU，2016）。

20.2　鲁尔区：挑战似乎永远存在

在全球化和技术变革时代的大背景下，鲁尔区所面临的转型问题与世界上大多数去工业化地区所面临的问题没有太大区别。煤炭开采业和大型的工业综合体正在不断衰退。现代服务业并不倾向于那些处于废弃工业和工人聚集区当中的区位。这个地区的企业家精神不强，工人们习惯于在终身固定的服务业和产业岗位上任职，地方政府和劳动力市场也非常依靠巨额的国家补贴。很长一段时间以来，当地的中小型企业都要依赖这些大型煤炭和钢铁企业的分包合同，它们没有动力去国际上寻找客户。在德国其他地区，中小型企业则是优势经济的代表。等到鲁尔区张开臂膀迎接全球化的时候已经太晚了，人们很难从中赢得收益。

这个多中心城市区域的基础设施一直以来都是人们投诉的对象。持续不断的交通堵塞限制了私人汽车的机动性。公共交通则是由德国铁路与8个不同地方的公共运输当局共同运营，技术方面的问题和高额的成本限制了公共交通拓展业务，而传统专用于工业的许多私人铁路则不对公众开放使用。虽然新的智能手机和地理信息系统使得人们在多中心的鲁尔区出行更加方便，但是数字领域的高速网络基础设施尚未覆盖整个区域。

从1960年代煤炭开采和钢铁生产下滑时开始，人们已经采取了大量措施，试图加速结构调整，推动这个多中心城市区域的现代化进程（Bohumil，2012；Kunzmann，2009）。北莱茵—威斯特法伦州和各个地方政府实施了多种政策方案，并出版了诸多总结和评估现有政策的报告和书籍，希望发展出更多富有创意和针对性的战略。通过强有力的环境监管，鲁尔区又拥有了蔚蓝的天空。波鸿、埃森、杜伊斯堡、多特蒙德和哈根也开设了新的大学，为煤矿和钢铁工人的子女提供了接受高等教育的机会，同时还为公共部门的扩大提供了高质量的毕业生。密集的区域高速公路已经很好地被嵌入到绿色走廊中，帮助改善区域的交通机动性，大量的社会住房项目和附近的休闲公园为工人阶级提供了可负担的住房和休闲场所。

尽管这些努力并没有将这个区域转化为一个经济繁荣的后工业区域，但是它们极大地推进了这个工业化区域的现代化进程。近几十年来，区域内部的采矿业一直都通过大量的煤炭补贴获益。尽管主流的政策顾问和智库提出了各种建议，北莱茵—威斯特法伦州也采取了许多发展策略，鲁尔区依旧无法克服其工业区域历史所面临的所有挑战。

因此也就不难理解，尽管人们实施了许多区域性的市场营销活动，但该地区仍然被认为是缺乏吸引力的工业地带，也没有什么来自封建时期或上层资产阶级的历史遗迹和地标。鲁尔区仍然是一个功能性区域，缺乏吸引力，更谈不上是一个国际化或拥有世界性文化特征的区域。这里不是一个时尚的地方，也不是弄潮儿。虽然许多附近的荷兰游客周末会来这里购物和娱乐，它也算不上是一个旅游区。它本身也没有旅游业的传统，居民缺乏接待游客和提供服务的热情。所以鲁尔区说不上是一个受欢迎的地区。另外食品和区域美食文化也不是强项，这些挑战似乎会一直留存下来。

2016年，鲁尔区的失业率明显高于德国的其他地方（除德国东部的一些地区以外）。由于一些原因，这个区域的外来投资非常少，大企业几十年来一直主导该地区的经济，因而这个地区缺乏创业精神和服务业，工会力量强大，但是缺乏具有创新意识的人才（Kunzmann，2004）。

与德国大多数的城市区域相比，鲁尔区的失业率较高，高素质劳动力占比较低，并且严重依赖公共部门提供的就业岗位。从传统上看，大型煤炭、钢铁、能源和物流企业在本地区占主导地位，公共部门也是大学毕业生就业的主要对象，该区域的创业精神也因此相对较低，落后于柏林或慕尼黑等城市区域。尽管多特蒙德作出了各种努力，该地区在数字技术革命方面仍然滞后。国际上的外来投资更多集中在科隆和北莱茵—威斯特法伦州的首府——杜塞尔多夫。开发商没有足够的动力向市区内价格昂贵的写字楼或住房项目投资，第四次工业革命提供的机会和技术并没有得到充分的利用，鲁尔区在这一领域是后来者。

可想而知，这一切都使得鲁尔区在潜在的房地产开发商和投资人眼中不具有吸引力，这些人并不了解该地区，他们也没有与那些具有影响力的活动家建立联系，无法应对当地复杂的决策环境，区域内部的相互嫉妒和竞争往往会破坏合理的分工协作（Benedikt，2000）。在推进现代化的过程中，这个传统的工业地区一直面临压力，由于区域内部的活动家在结构改革的手段和目标方面不能达成一致，这使得城市和区域的振兴变得十分棘手。

在国际房地产展览和旅游交易会上，鲁尔区的机构致力于把鲁尔区打造成一个欧洲的大都会，但是这些似乎都没有吸引到外国投资者。

这个碎片化的多中心区域没有吸引人的城市中心，深陷结构改革的困境，没有展现出大都市所具备的世界性文化特征，结果给人留下了比较明显的负面印象。不过鲁尔区居民主观上享受到很高的生活质量，并且这里的薪资也相对较高。该区域是社会民主党（social-democratic party）和具有重要影响力工会的根据地，他们在大型煤炭和钢铁企业的董事会上坚持捍卫劳资双方共同决策（codetermination）的经营制度。在这些因素的影响下，再加上该区域一贯以来形成的印象，使人无法吸引外国投资者在该地区进行投资。

20.3 鲁尔区：实施区域治理面临困境的政治地带

在推进区域结构调整方面，鲁尔区算是一个困难的政治地带。这个多中心区域内部不存在核心城市，多特蒙德和埃森这两个比较大的城市一直在争夺区域领导者的地位。其他较大的城市如波鸿、杜伊斯堡、盖尔森基兴则是为了调整旧有的工业经济基础而挣扎，努力维持其停滞甚至下降的人口规模。鲁尔区域联合会则希望将鲁尔区打造成一个大都市区，但是在这个过程中却一直面临来自大城市和大型企业的阻力，这些大企业并不希望将权力移交给一个在政治上缺乏影响力的行政机关。尽管人们还在多种场合发起努力，希望与莱茵河沿岸的城市进行合作，但是最终都以失败告终。位于杜塞尔多夫的州政府也没有任何兴趣来帮助鲁尔区建立起口径统一的政治影响力（BBR，2008；Krings，1996）。

鲁尔区的治理面临十分复杂的局面。由于德国具有比较浓厚的地方自治传统，在城市发展方面地方政府被赋予了很多权力。此外作为一个联邦制国家，德国将很多权力都赋予州政府，而杜塞尔多夫的州政府还必须要仔细权衡，在为鲁尔区提供政策支持的同时，也要综合考虑该州内部对其他城市的支持问题，包括莱茵地区的波恩、亚琛、科隆和杜塞尔多夫等城市，以及明斯特、赛尔兰德、席根兰等州内部的其他地区。还要指出的是，鲁尔区内部次区域的行政职能则是由鲁尔区以外的行政部门负责的。

大多数地方政府都要接受州政府强有力的监督，它们本身的财政状况一直都处于破产边缘，而且州政府也不允许它们实施面向未来、要长期才会见效的项目。十多年来，尽管社会民主党一直处于领导地位，但是由于政治庇护、对大型能源公司的依赖，（其中地方政府持有相当大的股份）

再加上自满且封闭保守的政治阶层（源于传统的工人阶级环境）等方面的限制，都使得鲁尔区很难在一个市场导向、政治上越发提倡新自由主义的经济环境中发展出共同的愿景。

鲁尔区的 11 个市县都保持了相对的独立性。他们主要是在"鲁尔区域联合会"（Regionalverband Ruhr）内部进行区域合作，不过合作仅局限在某些方面，比如区域市场营销、旅游、垃圾处理和林业等。这个机构可以追溯到 1922 年，人们根据罗伯特·施密特（Robert Schmidt）的倡议成立了"鲁尔矿业社区联合会"（Siedlungsverband Ruhrkohlenbezirk）（Schmidt，1912/2009），鲁尔区域联合会的监事会里面有 60 多个区域利益相关者的代表，这个机构尽管没有实际权力，但是却保持着参与区域事务的话语权。

在鲁尔区还有两个非常具有影响力的区域联合会，公共事业（特别是水和污水管理）是由两个强大并且具有经济影响力的区域协会管理：鲁尔联合会（Ruhrverband）成立于 1899 年，负责向区域产业和家庭供水；埃姆歇合作社（Emschergenossenschaft）成立于 1904 年，它是由埃姆歇河沿岸的地方政府组成的协会，负责进行污水处理、防治洪水以及地下水处理的事务。这两个协会都相当独立，不愿与区域政府分享它们的区域影响力。此外，还有 4 个商会也发挥着重要的影响力，这些商会则更加支持城市的发展，因为那是它们的根基所在，以服务当地商业和企业的利益。

20.4 多中心工业区域的愿景、蓝图和计划

管控多中心区域的空间秩序并致力于结构调整的努力可以追溯到一百多年前，在一份关于居民区总体规划（General-Siedelungsplan）设计原则的备忘录中，罗伯特·施密特主张发展一份共同的总体规划，用于指导鲁尔区城市空间发展的区域计划（Benedikt，2000；Schmidt，1912/2009）。该规划的一个主要特点就是安排了一系列的南北通道，希望将那些主要城市彼此分开。如今这套复杂的"秩序之手"已经所剩无几，罗伯特·施密特富有远见的精神更谈不上了。不过他的这种

精神在德国以外的国家却备受关注，得到人们的广泛认可。在规划史上，这个计划已经成为一个颇受赞誉的神话。如今这些通道是保护各个狭小的地方政府的绿色边界，同时成为高速公路两侧的绿色边框，内部还安置了一系列的输电线路和农场。

从 1930 年代开始直到 1945 年，鲁尔区的工业企业积极为德国军队生产重型武器。第三帝国当时积极准备征服欧洲大陆，并发动了第二次世界大战，但却以失败告终。不过战后人们却发现，与城市中心和住宅区相比，工业基地的损毁程度相对较低。在盟军（法国和英国）的控制之下，这些设施很快就恢复了运行，开始了工业方面的重建工作，并在传统领域为区域内的人口创造了足够的就业机会。

1960 ~ 1970 年期间，鲁尔区新建了多所大学，这是州政府迄今为止最有远见的公共政策。在近一个世纪的时间里，大学一直都没能列入鲁尔区地方政府的愿望清单，都是依靠亚琛、汉诺威和明斯特等周边城市的大学为该区域提供工程师、医生和律师等人才。在很短的时间里，新的大学就在波鸿、多特蒙德、埃森、杜伊斯堡、伍珀塔尔和哈根等地纷纷开办起来。

在 1969 年，当时的"鲁尔矿业社区联合会"（Siedlungsverband Ruhrkohlenbezirk）发起了为整个鲁尔区制定区域规划的努力。为了满足区域产业的需求以及战后以汽车导向的城市交通模式，规划旨在让该地区的小汽车拥有无限的交通机动性，并发展出整个高速公路网络。当时人们认为，如果没有这些网络，这个区域很有可能会瘫痪。这一高速公路网络被设想成为整个多中心区域的基础设施骨架，并帮助划分道路、城市中心和次中心的等级体系。由于市民活动团体的反对，埃森和多特蒙德之间有几条通道没有建成，除此之外整个高速公路网络已逐步实施。那些绿道为建设高速公路和埋设区域输电线路提供了便利。相比之下，公共铁路运输网络的建设问题却被大大地忽视。较大的城市缺乏远见，也没有意识到区域的发展要求，更倾向于利用州政府的大力支持，

打造以自己为中心的地铁网络，不愿意优化现有的有轨电车线网来加强区域间的联系。他们这么做只是为了推动各自市中心购物区的开发，以满足当地企业的期望和要求。类似地，德国联邦铁路公司（D-Bahn）也认为没有必要将位于该地区工业中心埃姆歇河沿岸日渐衰落的城市相互连接起来（Ache, et al., 1992）。现在回想起来，该地区本可以发展成为泛欧高速铁路网的最佳线路，并由此帮助鲁尔区北部新开发的区域节点获得新的投资。但是当地的采矿业和有影响力的物流公司只是从自身利益出发，并不支持这种发展。

为了应对 1960 年代传统产业日渐衰落的挑战，北莱茵—斯特法伦州政府和当时的区域政府"鲁尔矿业社区联合会"共同实施了第一个极具创新的尝试，希望对多中心的鲁尔区结构加以改造，致力于沿现有的区域轨道交通线路发展高密度的重点城市地区（类似于今天的 TOD 公交导向开发模式）。尽管这一点体现了地区的发展需要，不过在交通运输站点附近建造高密度的住宅区的试点项目却无法满足人们的预期，结果这个富有远见的战略很快就被抛弃了。这项策略的失败也反映出当时的建筑师、开发商和当地决策者的时代局限性，再加上不符合那些由地方政府所有的房地产企业的固有利益，因此也就没有把满足居民的要求和期望放在优先的地位。这些建成的住宅区很快也就成了过渡性的居住地，最终成为低收入和边缘化家庭的租赁房。

后来，政府也做出了许多努力来应对鲁尔区在转型方面的挑战，希望推动该区域经济基础的创新，不过这些努力并没有带来预期的成效，于是人们也就开始相关方案的征集和遴选工作。

（1）2002 年，应北莱茵—威斯特法伦州的城市发展部之邀，一个来自荷兰的规划顾问团队（MVRDV）为莱茵—鲁尔地区的城市提出一个构想，不过这个构想只是一个纸老虎，只能用作展览中的项目和目录（MVRDV, 1995）。

（2）州议会的自由党（FDP）建议将鲁尔区设为一个自由经济区，但是州政府的多数党派放弃了这个念头（Kunzmann, 2011）。

（3）联邦政府的科学技术部发起了一个项目，希望说服各个城市开展区域合作。鲁尔区也参加了这一项目，并且支持"城市区域2030"（Städteregion 2030）的倡议（Davy，2004）。但是资金用尽时，这个项目便结束了。

（4）在私人企业赞助商提出的倡议下，他们聘请德国著名的建筑师阿尔伯特·施佩尔（Albert Speer）开展一个可行性的调查研究，讨论为鲁尔区编制总体规划的可行性，但是地方政府对这个构想不感兴趣，这主要是构想中没有照顾到区域政治利益相关者的现实利益（AS&P，2009）。

（5）德国城市与州域规划科学院（Deutsche Akademie für Städtebau und Landesplanung，DASL）为鲁尔区制定了一部宪章，希望能推动该地区的发展，但这个文件仍然也是一只纸老虎（Fehlemann，2010；Reicher，2011）。

（6）鲁尔区域联合会将建筑师和城市规划专家组织起来，举办了一次叫作"鲁尔2030"的竞赛。六个规划团队受邀提出各自的方案，但是他们很快就发现人们没有再进一步讨论这些计划（RVR，2012b）。

以上这些举措只是作者在从经济、空间和社会方面振兴鲁尔区的诸多提议中随机挑选出来的例子而已。大概除了鲁尔区以外，德国的其他区域都没有出现过这么多来自个人、市民团体、公共机构和私人利益相关者的想法。不过有一个倡议在国际社会广为流传称颂，并被誉为是一个成功的案例，即"埃姆歇园国际建筑展"倡议（IBA Emscher Park Initiative）。

20.5 埃姆歇园国际建筑展（IBA Emscher Park）

有很长一段时间，工业废弃地再开发并未成为鲁尔区地方和区域机构的重要政策，至少没有被当作主要政策。传统的土地使用者也对出售带有环境负担的地产不感兴趣。只有在少数情况下，之前的煤矿场地会被清理出来，并转化为公共的工业园区，企业用于生产和服务的新空间。在其他场地中，短期的用户只能与土地使用者签订短期合同，然后在之前的办公区和工作室中进行商业或文化活动。鲁尔区以外部的开发商也没有兴趣在无利可图的地方进行投资。早在1980年代早期，工业废弃地开始成为一个公共问题，当时北莱茵—威斯特法伦州政府针对工业废弃地建立了一个流动超级基金（rotating superfund），地方政府都有权申请使用，并成立了一个开发公司来负责管理基金。然而，财政资金并不是制约工业废弃地再开发的主要因素。更多的问题是人们想不出对这些工业废弃地进行再开发的主意。这恰恰是雄心勃勃的"埃姆歇园国际建筑展"旨在克服的问题（图20-2），这一项目是效仿了德国长期以来的建筑展传统，例如"内部重建"（Interbau）建筑展（1957）、柏林国际建筑展（1978～1984年），这些建筑展展示了当时人们应对城市发展的各种方法（Kunzmann，2004）。

在1989年，根据卡尔·甘瑟（Karl Ganser）的提议，年轻的北莱茵—威斯特法伦州住房与城市发展部部长克里斯托弗·佐佩尔（Christoph Zöpel）提出了埃姆歇园国际建筑展的倡议，这是一个为期十年的非凡战略，旨在重塑埃姆歇河两岸工业区域的形象（Ganser，1999；Ganser，2015；Zöpel，2016）。埃姆歇园国际建筑展的倡议旨在为鲁尔区打造新的形象，并向外界传达鲁尔区的新气象。这一倡议得到了大量报道，并赢得了广泛的国际关注（Kunzmann，2011）。

不过这一倡议没有得到该地区有影响力的经济团体（及其经济方面顾问）的支持，也没有得到地方政府以及鲁尔区域联合会（由区域内部地方政府组成的联盟）的欢呼与喝彩。在发起埃姆歇园国际建筑展的时候，州政府下属的住房和城市发展部坚持认为，只有确保该倡议不受该区域内部任何既定权力机构的操纵，才有可能使这个倡议取得成功。人们成立了一个专门的国际建筑展负责机构，由卡尔·甘瑟负责领导，再加上几位挑选出来的规划师。在最初的至少5年时间里，来自不同大学的4位杰出专家担任联合主任，为这个机构提供咨询建议。这个机构存在的时间有限（1989～1999年），配备的经费也很有限，只

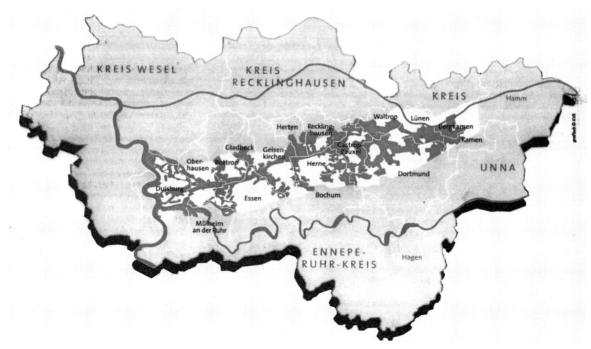

图 20-2 位于鲁尔区内部的埃姆歇园国际建筑展的范围
来源：https://de.wikipedia.org/wiki/Phoenix-See

有少量的预算用于支付工作人员工资、发布信息、交流和组织建筑竞赛等方面费用，但没有安排用于实施项目的预算。该机构负责审核那些申请作为建筑展内容的项目，一旦审核通过以后，无论是否满足可持续性、社会和美学方面的原则，这些项目都会在州政府的各个部委那里登记，并得到财政支持。州政府并没有制定专门的预算用于资助国际建筑展的项目。多个委员会参与指导国际建筑展执行机构的工作，其成员是分别来自政界、区域利益相关者和大学的代表。有一个委员会代表地方政府，另一个代表州政府的各个部委，第三个则是由来自不同行业和学术机构的专家组成。在这项倡议的第二阶段，新成立的科学顾问委员会取代了原来的学术主任，依靠国际建筑展负责人精心的沟通和领导工作，他们非常完美地完成了相关工作。

依靠一份备忘录和一本记载目标和原则的小册子，人们开始了国际建筑展的实施工作。建筑展倡议原则的核心内容强调：拒绝蓝图和总体规划，也

不接受那些沉睡在地方政府抽屉里的老旧项目。

人们并没有用可行性研究来验证这项倡议的可操作性，也没有制定综合性的战略规划来选择项目或者是确定需要进行干预的区位，项目征集公告发布后，就直接启动了这一进程。项目的标准事先得到了明确的界定，只要是来自该区域中的人就可以提交提案，不过只有那些提供了具体的实施方法和措施的项目才具有说服力，确保申请被选用并得到处理。渐进主义始终被用来作为这种战略进行辩护的流行用语。在备忘录中，明确规定了优先的事项：保护工业遗产，对现有工业结构的现代化改造；只在工业废弃地上开发项目，不能在未建设的绿草地上进行开发；小项目优于大项目；过程的质量优于数量。此外，所有的项目均应满足环境和社会方面的标准。

在 10 年的时间里，共有 100 多个项目被选中并得以实施。重点项目集中在延 80 公里长的埃姆歇河周边，在逐步建设景观公园的同时，对埃姆歇河进行再自然化沾埋。有好几个旗舰项目

得到了国际社会的广泛赞誉，比如埃森的矿业同盟（Zeche Zollverein）、杜伊斯堡的景观公园、杜伊斯堡的内城港区改造或者波鸿的世纪剧院（Jahrhunderthalle）改造（人们将一个废弃的工业生产站点改造成了一个音乐厅），其他的试点项目还包括建造新类型的可负担住房，技术园区的开发，改造煤矿厂的景观或者是将小型工业场地改为文化产业的设施。所有这些项目都得到了大量报道，在欧洲和世界范围内广为传播。尽管整个倡议被称为埃姆歇园国际建筑展，但是它其实并不是一个关于建筑的展览：

（1）人们确实完成了几个工业建筑的旗舰项目，并新建了几个现代建筑作为示范。

（2）不过整个活动并不是针对整个区域的战略，相反它只是针对埃姆歇河两岸工业地带（20km×80km 范围）的战略，该地区也是鲁尔区受工业负面影响最重的区域。

（3）该倡议也不是一个综合性的区域再生策略，国际建筑展机构有意识地没有纳入经济发展、交通或教育等关键的政策部门。

（4）它也不是一项经济发展战略，因为国际建筑展的目标并不是促进创新和就业，而是希望消除那些在实体环境和心理方面的障碍，帮助人们克服制约经济发展中在身份认同和形象方面面临的束缚。

（5）它同样也不是一个自下而上的策略，相反体现了自上而下的鲜明政策，只是包含了一些自下而上的价值观和原则。

回顾看来，埃姆歇园国际建筑展所取得的成就仍然非常引人瞩目，人们通过国际建筑展拯救了几个工业遗产标志建筑，并将它们转化为文化活动中心、博物馆和创意产业集群，例如埃森的矿业同盟。如今废弃的工业结构和煤矿得到了人们更多的重视，并且被作为该地区的资产。以前该地区非常缺乏建筑遗产。当地景观也被认为没有审美价值。

这一倡议有效地改善了工业区域过去的沉闷形象。它强化了区域的认同，帮助鲁尔区的许多市民将眼光从家门口转向外部，前往区域内部的其他城市前往那些新的地标，并参加各种文化活动。一般来说，文化基础设施和文化活动被视为维持后工业区域生活质量的重要维度。国际建筑展也帮助提高了文化创意产业的地位，现在它们被视为当地经济的重要成分，得到了更多的政治支持。如果没有国际建筑展所取得的成就，埃森（与鲁尔）肯定不会在 2010 年赢得"欧洲文化首都"（Cultural Capital of Europe）活动的举办权（图20-3）。

在创造性地推动老工业区更新方面，国际建筑展已经成为全球认可的典范，不过这个区域的现实却使得最后的结果喜忧参半。一些项目确实帮助这个工业区域的景观增加了新的价值，也涌现出一些新的场所。在利用工业厂址开发的旗舰项目和活动都已经成了代表区域的标志，吸引了国际上的文化消费者和区域内部的游客。巨大的区域景观公园也正在持续建设过程中，埃姆歇河的再自然化也正在逐渐落实。杜伊斯堡的老港区也已经成为一个蓬勃发展的多功能地区，把居住、文化设施、办公、美食和休闲空间结合在一起。

国际建筑展的特殊方式（在有限的时间内，将某些城市政策作为主题，实施那些精心挑选，并可起到催化剂作用的项目，同时帮助人们进行广泛的交流，以带动其他新项目的出现），使得来自政府机构和经济方面的相关者、专业人士、开发商和市民之间能够开展区域层面的对话。大多

图 20-3　2010 年"欧洲文化首都"活动
来源：https://de.wikipedia.org/wiki/Ruhrgebiet

数区域性的项目也都确立了新的创新标准，这些没有国际建筑展是不可能实现的。

无论在当地、德国国内还是在世界范围，国际建筑展项目都成了一个灵感的绝佳来源，源源不断地提供了有关工业遗产再利用和创新型区域现代化的新想法。依靠大量看得见的信息和沟通工作，国际建筑展向世界展示出这些新的想法是可行的，以前的城市问题有可能被转变成正面的资产（Kunzmann，2011）。在国际建筑展倡议的启发下，地方政府和区域内的利益相关者已经开始投资一系列的项目。位于多特蒙德的凤凰湖项目（Phoenixsee）就是一个例子（Ganser，2015）。

国际建筑展的经验表明，为了协调各个部委和行政机构之间的工作，有必要发展基于项目的新合作形式。将选择和管理创新项目的过程交给一个独立机构的做法，已被证明是一个幸运的政治决定。不过虽然经历了复杂的规划和决策过程，人们也没有忽视巩固民主合法性方面的工作，所有的国际建筑展项目都必须获得各个地方政府批准。考虑到每个项目都属于更大的区域项目中的一部分，这一点有助于各个项目得到地方层面的政治认可。对于所有参与了那些创新性城市发展项目启动和实施的人来说，国际建筑展本身就是一个大型的区域学习项目。

国际建筑展对于另一个大型节事活动也极有帮助。在1980年代初，鲁尔区与德国其他15个城市相互竞争，希望主办"欧洲文化首都"的活动。根据这个在欧洲范围内举行的活动要求，主办城市需要在一年的时间内实施各种文化活动，鲁尔区决定推举埃森作为参赛城市。国际建筑展在当地实施的工业废弃地再生项目给评审团留下了深刻的印象，鲁尔区也因此赢得了申办权，成为2010年"欧洲文化首都"的主办者。埃森也成为带动其他53个地方政府的引擎，使人们共同参与了这个项目，并从活动带来的文化和经济影响中获益。再后来，人们又利用这一机会发起更加广泛的项目和活动：波鸿的世纪剧院等几个废弃的工业结构得到翻修，以适应文化活动的需要；鲁尔区还发起了一个"鲁尔三年展"（Ruhrtriennale）的

活动，吸引高水平的戏剧活动和游客前来；人们还在本区域的不同地方建立了创意产业园区，为那些从事文化相关活动的启动机构提供服务。在为期一年的活动期间，本区域的居民都能够从丰富的文化活动中受益。至少在一年的时间里面，通过与当地政府及其文化机构的密切合作，区域文化从中收益颇丰。

由于国际建筑展没有解决短期经济发展活动目标，也没有制定实与相关目标有关的策略，整个活动对于短期经济的影响很小。不过，埃姆歇园国际建筑展倡议和2010年"欧洲文化首都"这两个大事件仍然会留下深刻的影响。可以肯定的是，它们使人们产生了新的希望，帮助鲁尔区获得了更好的能力来应对第四次产业革命。通向区域崭新未来的基础已经被铺设好了。

20.6 凤凰湖项目

多特蒙德是德国的第6大城市（人口约60万），凤凰湖项目值得在这里加以介绍（图20-4）。这个项目并不是埃姆歇园国际建筑展倡议的产物，而是从这个项目的创新精神中发展而来。这个项目一开始的时候，人们只是想给这块城市内部巨大的工业废弃地寻找新的功能。不过这里处在一个经济衰落的区域，并没有吸引私人投资者的开发动力，城市人口也是停滞不变（没有萎缩），当地缺乏积极的外部形象，并且面临着结构改革的巨大挑战。钢铁厂关闭后，来自中国的投资者很快就拆走了这里的厂房和设备，把它们运回中国的张家港重新组装起来，用来为中国的汽车行业制造钢铁。整个凤凰湖地区都受到工厂关闭的影响，为钢铁厂工作并且住在附近的人都失去了工作。公司为部分人员安排了新的工作，有的人则不得不选择提前退休。当地政府面临的主要问题就是怎样处理大片的工业废弃地。

当地一个规划师的大胆提议获得了当地政府的政治支持，他建议抽取埃姆歇河的水来冲刷整个工业废弃地，然后建造一个人工湖，用于开发一个面向中产阶级住户和投资者的居住区。由于多特蒙德的市长本身就是多特蒙德大学空间规划

图 20-4　凤凰湖航拍图
来源：http://mapio.net/pic/p-23395530/

学院的毕业生，他支持这一想法，并且推动了项目的实施，由此把一个工人阶层区域转变成了一个现代化的城市街区，用来为附近科技园工作的中产阶级提供了住房，并且在沿湖的滨水空间提供了新的娱乐场所，反过来这个湖又吸引许多人来此过周末。

20.7　结论：失意的希望，流失的机会

从 1960 年代初开始，人们就已经注意到煤炭行业会失去其在鲁尔区经济中的重要性。自那时起，人们制定了为数众多、由州政府主导的倡议和战略，希望减轻结构调整带来的挑战，并寻求该区域新的发展路径。

该区域最有远见、当然也是最成功的倡议就是在区域内部设立了一系列大学：首先是在波鸿、多特蒙德、杜伊斯堡、埃森、哈根设立了大学，后来又在盖尔森基兴、哈姆、伊瑟隆以及米尔海姆／奥伯豪森设立了州立的应用技术大学，威滕还成立了一所私立大学，这些机构为这个区域带来了新的前景。由于许多原因，在 1960 年代初以前，当地根本没有合适的大学能够提供合格的劳动力

来应对结构改革。许多来自州政府的政策倡议和项目都变成了当地大型公司的变相补贴，他们宁愿固守着现有的工业经济不放，也不愿意探索新的创新途径。丰富的补贴不但没有推动鲁尔区发展成为一个面向未来的新技术区域，反而延缓甚至阻碍了区域结构改革。此外，由于地方上和区域内部缺乏企业家精神，再加上一直以来由少数大型企业占主导地位的传统，这些都严重阻碍了该地区的创新与发展。新的大学也无法打破或改变企业的氛围。区域内部之所以形成这种保守的态度，还有一个原因是鲁尔区从未发行过一份高质量的地区性报纸，因此鲁尔区以外的人也就无法了解到鲁尔区的成功故事，当地在广播和电视方面的宣传工作做得也好不到哪去。

在过去几十年里，威斯特法伦州和鲁尔区尽管出台了一系列的产业政策，但是也错过了许多机会。发展区域竞争力和新能源方面技术的内生潜力没有得到开发，在帮助该区域重新定位的信息通信技术方面也没有多少进展。鲁尔区只是发展了物流和医疗这两方面的内生潜力和优势。尽管在世界范围内得到了认可，并且得到人们的大

力支持，但是物流业至今尚未转变成为绿色、环保和资源友好的新型物流产业。对于医疗方面来说，尽管当地数十年来处理煤矿和钢厂事故的水平一直很出众，但是却一直未吸引到国际公司参与开发有创新性的医疗科技，因而无法在世界范围内推广这些产品。尽管鲁尔区的人口从高质量的医疗机构中受益，但是这些先进的医疗技术却是在区域以外的其他地方发展起来的。一个世纪以来，无论是依靠区域竞争力形成的积累，还是后来在应对结构调整、塑造本区域国际形象的努力，不是得不到发挥就是完全被忽略了。保守的想法占据主导地位，面向外界的国际视野也得不到重视。工业界从来没有真正主动在国际市场上去推动销售，只是等着那些想要购买煤炭和钢铁的人来鲁尔区，大多数高质量的煤炭只是被用来生产电能而已。

综上所述，尽管面临许多经济和空间结构调整的挑战，再加上老工业区遗留的环境问题，鲁尔区500多万居民中的大部分人还是过着质量相对较高的生活。世界上没有其他老工业地区能够像鲁尔区这样，在维持社会平衡的情况下较为从容地应对巨大的技术和结构改革，也没有哪个高科技的区域能够像鲁尔区这样成功地保留住当地的工业遗产，并对环境进行更新。

在这里，合格的劳动力基本上都拥有工作机会，人们可以方便地获得高质量的公共服务。住房的价格是负担得起的，每个人都可以享受高质量的教育和医疗设施。不管是当地人还是留学生都可以免费接受高等教育，人们可以方便地接触到大量文化基础设施、参与丰富的文化活动，在大部分住宅区都可以步行前往各种休闲娱乐设施。这里的生活花费要比德国很多城市便宜得多。那些想要前往杜塞尔多夫、科隆等附近的城市或者拜访邻近国家的居民，只需几个小时就可以开车或者乘火车抵达阿姆斯特丹、安特卫普、布鲁塞尔甚至巴黎，而该地区最大的财富就是处在整个西欧地区核心的区位优势。

尽管人们从实体空间到象征性内容等方面采取了很多措施，希望解决结构调整带来的巨大挑战，鲁尔区内部贫富社区之间的经济和社会差距都会持续变大，这一点跟欧洲许多城市区域是一样的。即便对市场为导向的发展趋势加以限制，这种现象照样还是会发生。考虑到占主流地位的自由市场意识形态、传统的经济增长战略和欧盟推动的竞争政策，这种趋势缓和下来的可能性非常小。区域政策是由当地最大的4个城市的政府所主导的。由于经济情况的差异，这些中等规模的城市无法形成足以平衡外部挑战的战略联盟。它们更多的是作壁上观，遵循由州政府制定的主流区域政策，人们然后再通过各种方式让这4个大城市各自执行这些政策。鲁尔区域联合会只有有限的话语权，无法采取切实的行动进行干预。

考虑到中国和德国之间在文化、社会、经济和政治行政方面的巨大差异，中国的老工业区内部的长春、哈尔滨和沈阳这些城市无法从鲁尔区的经历中获得太多经验。像鲁尔区这样的大区域，实施结构改革本身就是处于一个更广的区域和全球语境下进行复杂学习的过程，这些区域的利益相关者和政策制定者要不断地学习如何应对新出现的挑战、相互沟通并适应社会和经济方面的变化，同时学习调和由于不同的价值观所引发的冲突。

本章参考文献

[1] E. Hien: Bemerkungen zum städtebaulichen Vertrag In: Planung und Plankontrolle, Entwicklungen im Bau- und Fachplanungsrecht, Köln 1995.

[2] Ache, Peter, Hansjürgen Bremm, Klaus R. Kunzmann und Michael. Wegener, Hrsg. Die Emscherzone: Strukturwandel, Disparitäten und eine Bauausstellung. Dortmunder Beiträge zur Raumplanung, Bd. 58, Dortmund, 1992.

[3] Ache, Peter, und Klaus R. Kunzmann. Bleibt die Emscherzone als Verlierer zurück? In: Ache, Peter, Hansjürgen Bremm, Klaus R. Kunzmann und Michael. Wegener, Hrsg. (1992). Die Emscherzone: Strukturwandel, Disparitäten und eine Bauausstellung. Beiträge zur Raumplanung, Bd. 58, Dortmund, 1992: 7-19.

[4] AS & P. Ruhrplan 21 Wandel Vielfalt, Fairness. Projektskizze zu einem Strategieatlas für die Zukunft des Ruhrgebiets. Frankfurt, 2009.

[5] BBR (= Bundesamt für Bauwesen und Raumordnung) Hrsg. Metropolregion Rhein-Ruhr; Ein Kunstprodukt. Bonn, 2008.

[6] Benedikt, Andreas und Gerd Willamowski. Kommunalverband Ruhrgebiet. Essen, Klartext, 2000.

[7] Bohumil, Jörg. Viel erreicht-wenig gewonnen: Ein realistischer Blick auf das Ruhrgebiet, Essen, Klartext, 2012.

[8] Davy, Benjamin. Die neunte Stadt. Wilde Grenzen und Städteregion Ruhr 2030. Wuppertal, Müller+Bussmann, 2004.

[9] Fehlemann, Klaus, Bernd Reiff, Wolfgang Roters und Leonore Wolters–Krebs, Hrsg. CHARTA RUHR. Denkanstöße und Empfehlungen für polyzentrale Metropolen. DASL (= Deutsche Akademie für Städtebau und Landesplanung), Essen, Klartext, 2010.

[10] Ganser, Karl. Liebe Auf den zweiten Blick. Internationale Bauausstellung Emscher Park. Dortmund, 1999.

[11] Ganser, Karl. IBA Emscher Park. In: Reicher, Christa und Wolfgang Roters, Hrsg. Erhaltende, 2015.

[12] Stadterneuerung. Ein Progr amm für das 21. Jahrhundert. Essen, Klartext.

[13] Grohé, Thomas und Klaus R. Kunzmann. The International Building Exhibition Emscher Park: Another Approach to Sustainable Development In: N. Lutzky, et al. eds. Strategies for Sustainable Development of European Metropolitan Regions. European Metropolitan Regions Project.Evaluation Report. Urban 21: Global Conference on the Urban Future, 1999.

[14] IBA Emscher Park, Hrsg. IBA 99 Finale: Das Programm. Gelsenkirchen, 1999.

[15] IR (= Initiativkreis Ruhrgebiet). Future Ruhr 2030 Strategy Paper. Essen, 2008.

[16] Initiativkreis Emscherregion, Hrsg. IBA Inspektion von Unten Strukturwandel im Ruhrgebiet. IBA Emscherpark: eine Strategie? Kongressdokumentation. Essen. Initiativkreis Emscherregion e.V., 1994.

[17] Knapp, Walter, Klaus R. Kunzmann und Peter Schmidt. A cooperate spatial future for RheinRuhr. In: European Planning Studies 12, S. 2004: 323-349.

[18] Krings, Josef, Klaus R. Kunzmann. Eine kommunale Agentur Rhein-Ruhr (A.R.R.). Ideenskizze zur Zukunft des KVR, Raumplanung, 1996, 72, 51-53.

[19] Kunzmann, Klaus R. Creative Brownfield Redevelopment: The Experience of the IBA Emscher Park Initiative in the Ruhr in Germany. In: Greenstein, Roslalind and Yesim Sungu- Eryilmaz, eds, Recycling the City: The Use and Reuse of Urban Land. Lincoln Institute of Land Policy, Cambridge, 2004, 201-217.

[20] Kunzmann, Klaus R. Drei Szenarien zur Zukunft der unbekannten Metropole RheinRuhr. In: BBR (= Bundesamt für Bauwesen und Raumordnung) Hrsg. (2008) Metropolregion Rhein-Ruhr; Ein Kunstprodukt. Bonn, 2008: 51-62.

[21] Kunzmann, Klaus R. Welche Zukunft für das Ruhrgebiet? Sechs Szenarien für 2035 und danach. In: Prossek, Achim, Hartmut Schneider, Horst A. Wessel, Burkhard Wetterau und Dorothea Wiktorin Hrsg., Atlas der Metropole Ruhr. Vielfalt und Wandel des Ruhrgebiets im Kartenbild. Köln, Emons, 2009.

[22] Kunzmann, Klaus R. Die internationale Wirkung der IBA Emscher Park. In: Reicher, Christa, Lars Niemann und Angela Uttke, Hrsg. Internationale Bauausstellung Emscher Park: Impulse. Essen, Klartext, 2011: 68-183.

[23] KVR (= Kommunalverband Ruhrgebiet), Hrsg. Wege, Spuren. Festschrift zum 75- jährigen Bestehen des Kommunalverbandes Ruhrgebiet. Essen, 1995.

[24] MVRDV. RheinRuhr City. Die unentdeckte Metropole. The Hidden Metropolis. Ostfilder, Hatje Cantz, 2002.

[25] Prossek, Achim, Hartmut Schneider, Horst A. Wessel, Burkhard Wetterau und Dorothea Wiktorin, Hrsg. Atlas der Metropole Ruhr: Vielfalt und Wandel des Ruhrgebiets im Kartenbild. Köln, Emons, 2009.

[26] RUHR 2010. Hrsg. RUHR.2010. Die Unmögliche Kulturhauptstadt. Chronik eine Metropole im Werden, Essen. Klartext, 2011.

[27] Reicher, Christa, Lars Niemann und Angela Uttke, Hrsg. Internationale Bauausstellung Emscher Park: Impulse. Essen, Klartext, 2011.

[28] RUHR 2010, Hrsg. Ruhr 2010. Die unmögliche Kulturhauptstadt. Chronik einer Metropole im Werden. Essen. Klartext, 2011.

[29] RVR, Hrsg. Konzept Ruhr, Essen, 2010.

[30] RVR, Hrsg. Metropole Ruhr. Landeskundliche Betrachtung des neuen Ruhrgebiets. Essen, 2012a.

[31] RVR, Hrsg. Masterplan Kulturmetropole Ruhr. Essen, 2012b.

[32] Schmidt, Robert. Denkschrift betreffend Grundsätze

zur Aufstellung eines General-Siedelungsplanes. Hrsg. Vom Regionalverband Ruhr. Essen, Klartext, 1912/2009.

[33] SVR（=Siedlungsverband Ruhrkohlenbezirk）Hrsg. Siedlungsschwerpunkte im Ruhrgebiet: Grundlagen eines regionalen Planungskonzeptes. Essen, 1969.

[34] WBGU – German Advisory Council on Global Change. Humanity on the move: Unlocking the transformative power of cities. Berlin: WBGU, 2016: 257-275

[35] WMR（=Wirtschaftsförderung Metropole Ruhr）und ECCE（=European Centre for Creative Economy. Kreativwirtschaft Ruhr. Innovationsmotor für Wirtschaft,

Kultur und Stadtentwicklung. Mühlheim, 2012.

[36] WMR. Konzept Ruhr. Strategie zur nachhaltigen Stadt- und Regionalentwicklung in der Metropole Ruhr. Mülheim, 2008.

[37] WMR. Konzept Ruhr 2010: Gemeinsame Strategie der Städte und Kreise zur nachhaltigen Stadt- und Regionalentwicklung, 2010.

[38] Zöpel, Christoph. erhaltende Stadterneuerung; Praxis in Nordrhein Westfalen und in der postmontanindustriellen Agglomeration Ruhr. In: Reicher, Christa und Wolfgang Roters, Hrsg. Erhaltende Stadterneuerung. Ein Programm für das 21. Jahrhundert. Essen, Klartext, 2016: 161-340.

第 21 章

纽伦堡大都市区
Nuremberg metropolitan region

克丽斯塔·斯坦德克
Christa Standecker
薛姝敏 译 易鑫 审校

纽伦堡大都市区是德国一个具有多中心特点的城市群，除了核心城市纽伦堡之外，该地区还有部分中等规模的城市，如埃尔朗根（Erlangen）、菲尔特（Fürth）、班贝格（Bamberg）、拜罗伊特（Bayreuth）和科堡（Coburg）。该都市区位于欧洲经济增长区内部，处于由伦敦、汉堡、慕尼黑、米兰和巴黎围合出的"五边形"以内。纽伦堡大都市区内部的 350 万居民创造了约 1060 亿欧元的国内生产总值，与上海或匈牙利的经济产值相当。该地区的出口率高达 50%，体现了该地区具有强劲的国际竞争力。该地区是德国 11 个大都市区之一，这里也是西门子、阿迪达斯、彪马等众多公司的总部所在地，此外还有很多在国际市场上活跃的中型家族企业（图 21-1）。

纽伦堡大都市区是由那些区域内部跨行政区的利益相关者所组成的自愿性联盟，这个联盟成立于 2005 年，涵盖了 11 个城市和 22 个县，表现出这些地区致力于共同应对全球化。该区域依靠创新性的城乡合作关系吸引了全世界的关注。纽伦堡大都市区被认为是欧洲多中心城市区域治理的典范。位于城市和乡村地区的各个地方政府通过相互之间的密切合作，积极地促进了整个区域的经济发展。这种合作为区域经济发展奠定了重要基础，同时也为区域内部的居民提供平等的生活（Kawka，2012）。

图 21-1　纽伦堡大都市区
来源：Die Europäische Metropolregion Nürnberg. One out of Eleven.

这个区域特有的特征表现在哪些地方？纽伦堡大都市区是德国发展最成功的区域之一。该地区的发展证明，一个多中心的城市区域能够实现和大型城市群（如伦敦、巴黎、马德里和布鲁塞尔）一样的繁荣。

该区域发展战略是坚持多中心主义，以城市、郊区以及乡村地区各个政府之间的共存为基础。在区域发展的过程中，纽伦堡大都市区重视推动城乡之间的合作，加强相互之间的联系，为此就发展出了一种适合未来发展的治理模式，这种模式能够很好地促进全球范围内城市区域实现可持续的经济发展。

与如今在世界范围内大量涌现的巨型城市相比，纽伦堡大都市区把自己看作是一个更为可靠的替代选项。后者不会出现无法控制的城市扩张，平衡的城乡合作关系属于区域追求的整体发展构想。这种合作关系认可由中小城镇组成的多中心城市区域，这些城镇可以充分发挥各自的特长和优势，为当地居民和区域的经济发展提供动力。纽伦堡大都市区（Metropolregion Nürnberg，MRN）的政治宗旨指出："依靠我们颇具远见的联盟，我们能够创造出国际化大都市所具备的条件，但不会遇到那些国际化大都市存在的典型不足。我们是那种由许多颇具实力的节点所构成网络。我们就是纽伦堡大都市区。"。

纽伦堡大都市区的区域治理体现在 5 个战略性行动上。

21.1 城乡合作关系保证了区域的可持续发展

纽伦堡拥有 50 万人口，是大都市区中最大的城市，不过纽伦堡行政区内的人口只占总体人口的 1/7。大部分人居住在这个多中心城市区域的其他城市或乡村地区。

大都市区的核心城市（纽伦堡、菲尔特和埃尔朗根）人口密集，呈三角形布局关系，在其周边还分布着由众多较小中心和节点构成的网络，这种多中心性正是纽伦堡大都市区的主要发展优势。

大都市区能够为居民提供同大城市一样的多种便利和设施，但是又避免了大城市惯常的"负面特征"，例如交通拥堵、环境污染、飞涨的房价和社会矛盾。这种多中心结构减轻了区域基础设施和环境的压力同时也有利于区域多样性和高质量的生活，纽伦堡大都市区对于对那些有孩子的

家庭来说充满吸引力。这些特点也能解释为什么在很有争议性的城市排名中，巨型城市的排名往往相对靠后，反而是其他城市或城市区域更适宜居住。

21.2 该区域从多中心结构中受益

学术界的主流观点往往认为：由于高等教育、研究和生产部门的机构在大都市区内部更为普及，因此大都市区理应是创新和企业家的中心。位于边缘性的区域只是因为与都市中心的地理距离较远就会被认为创新不足。

纽伦堡大都市区内卧虎藏龙，有很多在创新方面不为人知的黑马企业（图 21-2）。它们带给我们的是真正的发现和惊喜。不过如果我们考察这些黑马企业的空间分布，可以很清晰地看到，城市集聚区与创新之间的联系并不明显。例如很多工业的市场领导者（如 Kleintettau，Rehau，Selb 等）一般都位于上弗兰肯（Upper Franconia）行政区相对边缘的区位（图 21-3）。这些企业的高度竞争力与它们距离城市集聚区的远近无关。它们大多数属于家族企业，经过了几十年甚至几百年的发展。依靠自身的竞争力和技能，他们开发出的创新产品在利基市场[①]上处于全球领先地位。这种公司远离都市却拥有令人惊讶的创新能力的现象尚未被深入研究过，或许是因为这种现象与基于构成簇群或邻近性的经济学理论相悖的缘故。对于城乡合作关系来说，地域条件在区域环境发挥着非常重要的作用。

乡村地区的经济实力在数据上也得到了清晰的体现：在纽伦堡大都市区，约 2/3 的工业交易额是在乡村地区完成的。

在纽伦堡大都市区，人们所享受的高质量生活首先是源于该地区的 10 个自然公园，它们占了整个地区土地面积的近一半。自然公园的每平方米都在展示着引人入胜的美景。当地的居民总说，"除了大海和高山，我们这里什么自然美景都有"，人

---

① 利基市场（niche markets）指那些被市场中的统治者和有绝对优势的企业忽略的某些细分市场或者小众市场，某些企业选定了一个很小的产品或服务领域，集中力量进入并成为领先者，在当地、全国乃至全球市场建立各种壁垒，逐渐形成持久的竞争优势。（译者注）

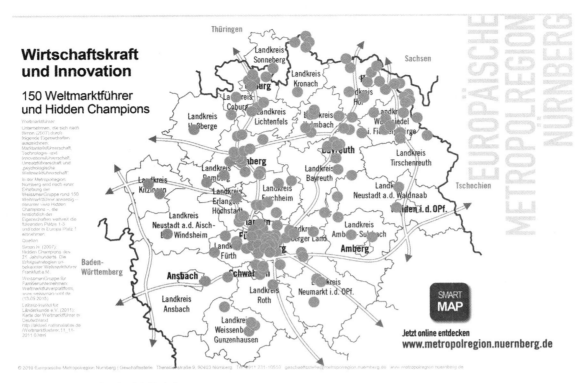

图 21-2　大量充满创新动力的企业

来源：Die Europäische Metropolregion Nürnberg. One out of Eleven.

图 21-3　纽伦堡大都市区内部的重要企业

来源：Die Europäische Metropolregion Nürnberg. One out of Eleven.

GEMEINSCHAFT STATT KIRCHTURMPOLITIK.

metropolregion nürnberg
KOMMEN. STAUNEN. BLEIBEN.

图 21-4 纽伦堡大都市区内部文化的多样性

来源：Die Europäische Metropolregion Nürnberg. One out of Eleven.

们享受着"远足旅行，而家近在咫尺"的闲适。文化景点也不缺乏：这里有 3 处经过联合国教科文组织认证的世界文化遗产：班贝格的历史古镇、拜罗伊特的侯爵歌剧院和韦森堡 – 贡岑豪森（Weißenburg-Gunzenhause）的古罗马边境堡垒（图 21-4）。

21.3 纽伦堡大都市区通过合作举措和项目将多中心的优势发挥出来

通过多种多样的项目，超过 8000 万欧元的资金注入了纽伦堡大都市区。仅德国联邦教育和科研部一家就向该地区提供了 4000 万欧元补助。

正如其"原汁原味的区域性"（Original Regional）口号所言，大都市区为各种区域发展举措提供平台，帮助本地的生产厂商展示商品和服务。这也进一步缩短了运输距离，降低了能源等

资源消耗，支持本土企业并帮助维护了当地农业的多样性，同时也把工作机会和购买力留给了本地人。本地区有独特的啤酒文化、国际知名的葡萄酒、传统的弗兰肯面包、被人们忽视的古老水果种类和无数的特色美食（图 21-5）。这里美食的多样性和原真性对"慢食运动"的鉴赏家和顾客来说简直就像天堂。

该地区一个成功的例子是医药谷战略。2010 年，纽伦堡大都市区医药谷（Medical Valley Nuremberg Metropolitan Region）获得了德国优秀簇群评比的冠军，这项活动由联邦教育和科研部举办，参赛者之间的竞争异常激烈。医药谷能够赢得比赛的关键在于医药谷内部的各机构和企业与大都市区的其他各方利益相关者保持了紧密的联系，形成了密切合作的关系。簇群理论认为，构成一个成功簇群的关键是其内部相互间的距离不能超过一个小时车程。而这个距离差不多就是纽伦堡大都市区的半径长度。

21.4 新的区域治理和合作需要多层次的治理

2005 年，超过 50 位政客、学术精英、企业家、旅游经理和市场营销专家共同为区域合作宪章起草了相关的框架和准则，今天这一宪章和准则依然有效。

大都市区提出了 2 项原则："作为平等伙伴相互合作"和"城乡合作关系"，二者在欧洲范围内获得了广泛知名度。城市和乡村地区的各个机构之间作为平等的伙伴进行合作，不论人口数量和经济实力的强弱，各个地区在大都市区委员会中都享有发言权。根据这个原则，纽伦堡这样的人口 51 万的主要城市和只有 1.7 万人的小镇（如 Selb）享有同等的话语权，决策过程强调网络合作关系优先，而不是按照等级关系进行。

选择发展项目时，所有参与方都要坚持辅助性原则[①]，大家只会选择那些能够提升整个大都

---

① 辅助性原则（priciple of subsidiarity）是欧盟法中的一项重要的基本原则。辅助性这个词来源于拉丁文 subsidiarius。其基本含义是，只有在成员国所采取行动不充分的情况下，欧盟才能够介入。

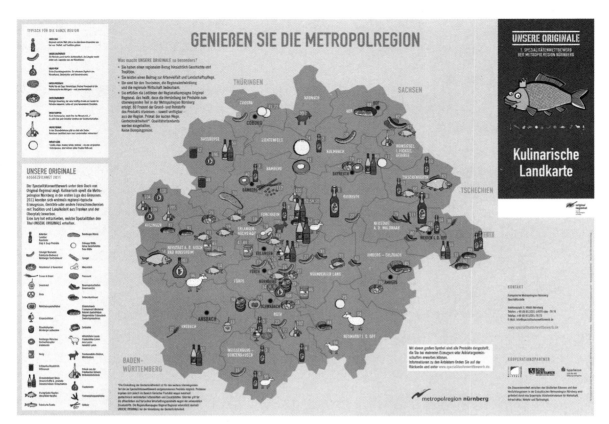

图 21-5　享受纽伦堡大都市区内部的美食

来源：Die Europäische Metropolregion Nürnberg. One out of Eleven.

市区价值的项目，通过凝聚区域内部的各方力量，这些项目也要保证能够容易被实现。还有一点很重要，约 400 个利益相关者是基于自愿（而非法定义务）进行合作的。这些利益相关方涵盖了各个层次的地方和区域行政部门的代表、学者、政客、企业家、市场专家等广泛的组成。拟通过的项目通过 7 个专家论坛的讨论进行决策："经济和基础设施""科技""交通""旅游""文化"以及"运动"。这些专家论坛组织作为独立的实体运作，同时又构成了一个网络。这些合作机构的总体定位源于"创造力之家"的宗旨，同时它们还提出了 5 个在 2020 年时要达到的战略目标。项目的进展正是从这些专家论坛开始的。

上文提到的经合组织在 RURBAN[①]研究中明确指出了以下关键点："我们发现纽伦堡大都市区形成了一种紧密的合作关系，在对待城市和乡村地区的各个利益相关者时，工作的处理过程非常详细。其中最有趣的部分在于治理系统。"

21.5　区域坚持通过市场营销来宣传自身的优势

纽伦堡大都市区深知，它们所具备的共同实力需要辅以持续的对外沟通与市场营销工作。该区域的各利益相关者也很清楚，只有当该区域在国际社会被当作一个整体，这种城乡合作关系才能达到预期目标，同时被认可为一个创新、成功

---

① Rurban（Rural-Urban）Partnerships. 参见：http://www.oecd.org/gov/regional-policy/rurbanrural-urbanpartnerships.htm

并拥有很高的生活质量的国际化大都市区。"创造性思维"举措是成功的一个因素，目标是加强传统企业、小型创业公司和文化企业在创新和创造性方面的优势。通过合作，我们将会为有创意的企业家营造适宜的家园。

只有通过区域性交流平台，那些在乡村地区和小城镇从事工作和生产的企业才能联合在一起，并为外界所熟知。而城乡合作关系是城镇、城市和区域能够获得国际社会认知的关键先决条件。

最后一点也很重要：纽伦堡大都市区意识到，全球的竞争并不是国家或是城市之间的竞争，而是区域之间的竞争。纽伦堡大都市区的建立是应对全球化的成功策略，此外也是一种帮助该都市区应对有时候来自巴伐利亚州首府慕尼黑政治影响力的有效手段。还有一点值得一提，纽伦堡大都市区的不断进步也是开明领导阶层不断努力的结果。试想如果没有核心城市纽伦堡的市长（如今的德国城市联合会主席）的热情、奉献和沟通技巧，那么这个城市区域治理的成功经验也就无从谈起了（图21-6）。

图 21-6　区域对外营销

来源：Die Europäische Metropolregion Nürnberg. One out of Eleven.

本章参考文献

[1] Rupert Kawka. Metropolitane Grenzregionen. Abschlussbericht des Modellvorhabens der Raumordnung （MORO）. "Überregionale Partnerschaften in grenzüberschreitenden Verflech-tungsräumen", 2012.

第 3 部分　中小城市的发展

Part Ⅲ　Medium-sized cites and small towns

第 22 章

德国中小城镇在国土开发中扮演的重要角色（克劳斯·昆兹曼，尼尔斯·莱贝尔）

The vital role of small and medium-sized cities and towns for territorial development in Germany

（Klaus R. Kunzmann，Nils Leber）

第 23 章

班贝格——世界文化遗产的保护与建设管理策略（奥特马尔·施特劳斯）

Strategies for the urban conservation of world heritage in Bamberg（Ottmar Strauss）

第 24 章

雷根斯堡：在世界文化遗产中进行规划与建设（库尔特·维尔纳）

Regensburg – Planning and construction in a UNESCO world heritage（Kurt Werner）

第 25 章

康斯坦茨：通过资源友好的城市发展来实现城市性（库尔特·维尔纳）

Konstanz-Urbanity based on resource-friendly urban development（Kurt Werner）

第 26 章

巴尔尼姆县——地处大都市区边缘的无规划发展？（威廉·本弗）

Barnim County – Unplanned development on the metropolitan fringe?（Wilhelm Benfer）

第 27 章

滕普林：勃兰登堡的一个小镇（克劳斯·昆兹曼，黛克拉·赛福特）

Templin: A small town in Brandenburg（Klaus R. Kunzmann，Thekla Seifert）

第22章

德国中小城镇在国土开发中扮演的重要角色①
The vital role of small and medium-sized cities and towns for territorial development in Germany

克劳斯·昆兹曼，尼尔斯·莱贝尔
Klaus R. Kunzmann, Nils Leber
刘源　译

22.1　德国中小城镇的定义

同很多其他国家一样，中小城镇在德国并无明确的定义。一般来讲，小型城镇的人口在1万~2.5万之间，中型城市界于2.5万~10万之间，而大型城市的人口则普遍超出10万（BBSR，2012）。2010年，全德8 100万的人口中有67%生活在城市（中国相应的数字为51%），但仅有4座城市可称为百万人口城市，它们分别是柏林、汉堡、慕尼黑和科隆。其后是一些拥有50万以上人口的重要经济城市，如法兰克福、斯图加特、杜塞尔多夫、莱比锡、埃森和多特蒙德。除此之外，有66座城市的人口在10万~50万之间，418座中型城市（人口数量2.5万~10万）以及682座小城镇（人口数量1万~2.5万）（Statisches，2012）（图22-1）。

尽管南与北、东与西的区域之间仍旧存在差距，但无论从家庭收入，还是就业以及享受公共和私人基础设施的角度来讲，所有城市的人们都能享受到高质量的生活。宜居度在大中城市和小城镇不分伯仲。诚然，中小城镇在职业选择、住房、购物以及娱乐设施方面不及大城市，但在房价、环境质量、自然和休闲设施的便利程度方面却有过之而无不及。

22.2　德国均衡城市发展的演变

德国的均衡城市体系主要受路径依赖的因素影响，其中悠久的人居历史扮演了重要角色。许多德国城市经过几个世纪的发展，从早期罗马帝国的军事驻地（如科隆和雷根斯堡），到封建时期的城堡和王宫（如海德堡、曼海姆、什未林和德累斯顿），到汉萨同盟的自由市（如汉堡、不来梅和吕贝克），或者仅仅是乡村或商业聚居地，发展至今。这样的城市遍及全国。它们的发展历经了漫长的岁月，集合了市民、当地政府、教会，以及封建地主的共同努力。

中世纪时期的早期自由市营销运动推动了第一波从乡村到城市的移民浪潮。在"城市空气带来自由"（Stadtluft macht frei）口号的带动下，大量的农村人口为了获得更大的安全感，从乡村来到城市，进入封建税收以及征兵的范围内。在此期间，一些自由市（如南部的奥古斯堡、纽伦堡、雷根斯堡，以及北部的汉堡、不来梅和吕贝克）逐渐成为德国区域和政治上强有力的组成部分。手工业、贸易和银行业成为这些城市重要的经济支柱。在奥古斯堡和纽伦堡，一些贸易和银行业的佼佼者将其事业延伸至欧洲各地甚至欧洲

---

①　注：本文原载于：《国际城市规划》，2013，Vol.28，No.5，pp.29-35。

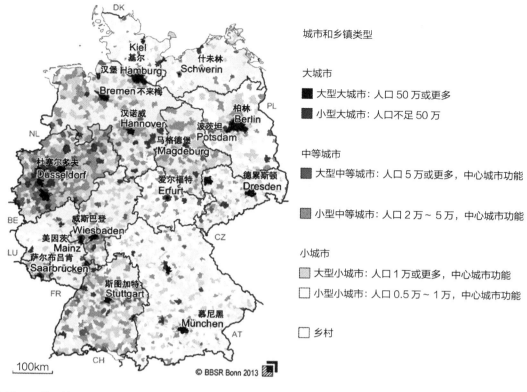

图 22-1　德国城市体系
来源：BBSR.Bonn，2013.

以外，使这两个早期名副其实的全球城市跻身当时欧洲最具影响力的城市之列。18 世纪后期，一部分贵族为了展示他们的财富和权力而大兴土木，不仅履行了他们对自己的领地和人民应有的承诺，也促进了一些城市的迅速发展，如杜塞尔多夫、卡尔斯鲁厄（由建筑和城市规划师魏因布来纳于 1797 年规划）以及曼海姆（1800 年规划建造）。

在历史的长河中，德国是一个相对年轻的国家。1870 年时，欧洲中部的各个日耳曼王国和公国才决定成立民族国家，并保证在统一的同时不丧失区域主权。这些王国和公国均各自拥有作为重要政治文化中心的首都。19 世纪末期以后，它们还兼具工业化城市中心的职能。在 19 ～ 20 世纪的工业化期间，工业城镇加入了德国的城市体系，成为新的城市类型，如杜伊斯堡、伍珀塔尔、奥博豪森、埃森。它们主要分布于莱茵和鲁尔河沿线，且拥有丰富的煤矿和铁矿资源。矿产主要

用于铸造钢铁，进而投入到快速发展的铁路系统以及战争装备的使用中。工业化的过程也吸引了大量移民涌入新兴的工业城市。

"二战"后，盟军成立了德意志联邦共和国，权力得以重新下放至联邦州。分散的权力进一步加强了均衡的城市体系。1989 年两德统一后，原民主德国的 4 个省成为新的联邦州，而东、西柏林合并后成为与汉堡、不来梅一样的"州城市"（Stadtstaat）。在统一一年后的德国议会选举中，柏林被重新确立为德国的首都，而原联邦德国首都波恩仍保留了其一部分政治职能，一些联邦的政府部门以及公共机构的办公地点仍在那里。

均衡的城市体系不仅仅根植于德国的领土历史中，也深受福利国家制度的影响。福利国家制度遵循联邦宪法条例，要求全国各地提供均等的生活水平（Fürst，2011）。半个多世纪以来，德国在实践空间规划的过程中始终遵守这个原则。地

方政府的权利也是德国形成相对均衡的城市体系的重要因素。联邦宪法以及规范化的税收重新分配体系也保障了城市和城镇自主管理的能力，并协调了不同城市的发展。

22.3 中型城市和小型城镇对于空间发展的功能作用

中型城市和小型城镇对于空间发展至关重要，它们的作用分别是：

（1）供给及稳固：维持区域的经济、社会、文化中心，包括为当地家庭及企业提供产品和服务的保障。中心地理论在某种程度上反映了这一功能。

（2）促进发展：中型城市作为区域经济发展的"发动机"。

（3）疏导：区域内多种职能（如住房、工业、物流、知识产业综合体）由核心城市疏导至周边地区。

（4）边界、门户及交流功能：德国坐落于欧洲的中心，毗邻10个国家，且有许多具备跨境功能和关系的边境城市。因此，这些位于欧洲内部的城市也具备作为门户中心以及文化交流和学习的功能。

虽然每座城市通常会有一个主导功能，但随着发展规模的扩大，上述各个功能与主导功能逐渐相互融合。如基森、图宾根、马尔堡这一类的大学城，以及路德维希港、沃尔夫斯堡这一类的企业城，对于周边的乡村来讲，通常也具有中心城的服务功能。中小城镇常常是曾经半城市化时期乡村区域的中心。与大城市毗邻的它们如今成为大都市的居住区，并承接由中心城市迁出的服务业。中小城镇的实际地理位置——位于大都市圈的内部、边缘或外围——也决定了它们在空间发展过程中的意义。但即使是处于类似地理位置的城镇，在微观区位优势、当地特色和文化传统、临近的国界，以及政治管理等方面仍旧存在区别。

此外，还有两个方面解释了这些中小城镇虽然人口不到2万，却仍不失其重要作用的原因。

首先，由联邦州政府主导的区域空间规划（Landesplanung）建基于中心地理论（Kunzmann，2001；Blotevogel，2001）。州级发展规划需制定中心城的级别，并分配给每个级别固定的公共服务。在一些联邦州，如北莱茵-威斯特法伦州的发展规划中，中心城被分为10个等级。完善中心相应的属性是地方公共管理机构职责的重要组成部分。这也保证了地方政府在发展和运营公共服务中，如学校、医院、警察局或邮政局，能够得到相应的支持（Christaller，1933/1968）。

其次，所有中小城镇的地方政府管理机构都雇有专业城市设计师。他们负责指导当地的土地发展，颁发建筑许可，调解相关的法律纠纷，为当地发展寻求公众支持，参与区域规划战略，与市民沟通并了解其需要。

中小城镇的区位优势主要在2个方面。一方面对于世界成功企业来讲，它们拥有合格的人才、悠久的手工艺传统以及较高的服务水平；另一方面为了吸引人才，这些城镇也能够提供薪水不错的岗位以及高品质的公共及私人配套服务。可见，它们不仅肩负着供给和疏导职责，对区域发展也起着不容忽视的作用。在全球化经济的时代，中小城镇是区域经济发展的引擎，也是区域或次区域潜在的增长极。是否能推动并保持增长、鼓励并支持参与者很大程度上取决于区域的潜力、自上而下与自下而上体制的互动和政治环境。另外，中小城镇通常也是一些个体经营的家庭传统型中小企业的所在地。不同的企业特点使这些企业各自活跃于地方、区域或全球市场。企业所在的城镇形成集聚，而越来越多的中小城镇成为区域集聚中的一员，并在全球化市场中凭借城市网络的聚集效应增强自身竞争力。

另外值得一提的是，中小城镇的宜居程度——大部分人可负担工作和生活的程度——往往高于大城市。高品质的教育和健康服务、环境状况、充满吸引力的市容市貌和文化设施，通往自然和休闲设施的便利程度，都使得中小城镇无论对于德国家庭，还是公司企业，都是不二的选择。同时，密集的高速公路网络，高速铁路网络以及区域机场，都使前往欧洲甚至世界其他地点方便快捷。许多享誉全国的高校都坐落于中型城

向德国城市学习
——德国在空间发展中的挑战与对策

市，而不少中小城镇距离度假胜地不论驱车或乘坐火车仅几小时之遥。综上所述，除大都市以外，中型城市也因此成为生活的便捷之选（Adam，2006）。

22.4 位于多中心城市区域的中小城镇

许多著名的中小城镇都位于多中心的城市区域中（现称为"大都市圈"［Metropolregionen］）。1995年，德国16个联邦州负责空间规划的部长召开常务会议，确立了11个这样的城市区域。贴上"欧洲大都市圈"的标签也强调了它们在欧洲城市体系中的重要性。11个大都市圈覆盖了德国37.5万 km² 中几乎50%的领土（图22-2）。其边界也有别于客观定界，是根据城市区域内诸多当地政府在大都市圈背景下寻求区域合作的政治愿望制定的。在所有的大都市城市圈中，中小城镇在政治和经济方面都起着相当重要的作用（Knieling，2009；Grotheer，2011；Portz，2011）。

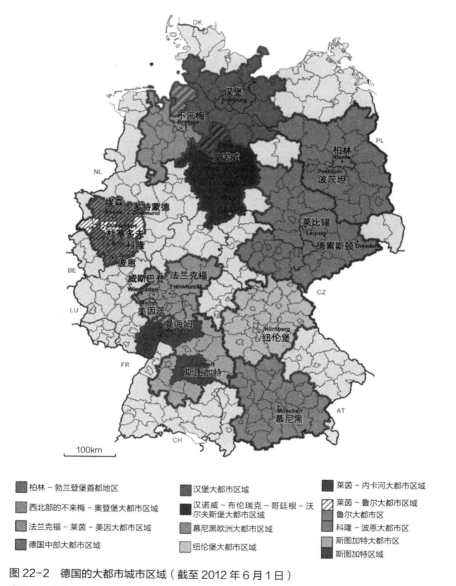

柏林－勃兰登堡首都地区	汉堡大都市区域	莱茵－内卡河大都市区域
西北部的不来梅－奥登堡大都市区域	汉诺威－布伦瑞克－哥廷根－沃尔夫斯堡大都市区域	莱茵－鲁尔大都市区域
法兰克福－莱茵－美因大都市区域	慕尼黑欧洲大都市区域	鲁尔大都市区
德国中部大都市区域	纽伦堡大都市区域	科隆－波恩大都市区
		斯图加特大都市区
		斯图加特区域

图22-2 德国的大都市城市区域（截至2012年6月1日）

来源：BBSR. http://www.bbsr.bund.de/cln_032/nn_1067638/BBSR/DE/ Raumbeobachtung/Raumabgrenzungen/ StadtGemeindetyp/StadtGemeindetyp__node.html?__nnn=true), 2012.

尽管如此，大都市城市区域决定了中小城镇的区域经济定位：

（1）德国南部的慕尼黑、斯图加特、法兰克福及莱茵 - 美因、莱茵 - 内卡及纽伦堡的城市区域的经济呈现多元蓬勃发展、低失业率以及高宜居度的趋势。

（2）在莱茵 - 鲁尔大都市城市区域，莱茵河畔的杜塞尔多夫、科隆、波恩的城市区域呈现蓬勃发展之势，并与衰退的鲁尔旧工业区以及伍珀塔尔、雷姆沙伊德和索灵根的城市三角洲之间呈现高度极化现象。尽管鲁尔区在 1920 年时成立了德国最古老的城市联盟，但是它们并没有真正联合起来提高这个多中心区域的国际竞争力。

（3）汉堡 - 不来梅大都市区域的中心城市居于主导地位，周边腹地面积有限。汉堡作为欧洲重要港口，经济繁荣，但不来梅的地方经济增长却几近停滞。

（4）汉诺威大都市圈囊括了下萨克森州首府汉诺威，以及接壤城市布伦瑞克、沃尔夫斯堡、希尔德斯海姆和哥廷根，地区经济得益于享誉国际的汉诺威展会以及汽车工业集聚，如沃尔夫斯堡。

（5）德国中部大都市城市圈跨越多个原民主德国联邦州，如萨克森州、萨克森 - 安哈尔特州和图林根州。都市圈中共有 11 个成员城市，其中最大的分别为萨克森州的德累斯顿和莱比锡，萨克森 - 安哈尔特州的萨尔河畔的哈勒和马格德堡，以及图林根州的埃尔福特。这个松散的城市网络至今仍面对着去工业化过程以及社会主义经济遗留的问题。

柏林 - 勃兰登堡大都市圈连接了首都柏林及其周边地区，包括勃兰登堡州的首府波兹坦以及全州 67 个中小城镇。首都及其乡村腹地共同面临诸多挑战。

大都市圈中的中小城镇通常反映着核心城市的经济状况。例如，柏林周边的城镇经济增长停滞甚至倒退，但南部城市区域中的城镇却相当繁荣。在大都市圈中，不断集中的经济发展对于 3 种不同类型的中小城镇有着不同的影响：

位于大都市圈以内的中小城镇结合了居住在核心城市的优势以及到达乡村的便捷度，被认为是德国地方发展中最大的受益者。通常，这些城镇历史悠久、特征明显并且高度宜居。其宜居性一般体现为固有的地方传统，优质的教育和公共资源，高度的安全，到达自然和休闲场所的便捷度，"通透度"（Clarity）和"慢生活"（Slowness），最后但也是不可忽略的一点是——廉价住房的供给。对于热爱传统生活方式，或是承受不了核心城市高房价的家庭来说，这些由公路铁路连接起来的中小城镇无疑获得了他们的青睐。另外，大都市航空港也给欧洲境内一日往返的公务旅行提供了便捷和可能。因此，这些城镇往往人口和经济比翼双飞，而健康的财政运行也使得相对高水准的公共交通得以维持运营。公共管理行之有效，且公私合作关系也易于管理。

在大都市圈边缘的中小城镇则面临着不同的境况。通常，如果这些中小城镇能通过快速有效的城铁设施或是顺畅的都市高速公路系统与核心城市相连接，它们便能受益于大都市圈。在这种情况下，这些城镇如同"世外桃源"一般——既靠近优美的自然环境，又可方便快捷地到达中心城市。这些小城镇的住房价格更低，年轻的家庭如果既要在大都市寻求多样化的工作机会，又可以接受长距离的通勤，即可在这里找到适合的房产。但如果这样的城镇与核心城市连接并不紧密，那就不得不面对边缘城市的诸多困难。虽然同样坐落于大都市圈的腹地，这些城镇相对来讲没有足够吸引家庭和企业的能力。经济活跃的人口大多数会离开，剩余的人口则趋于老龄化，公共交通也逐渐退化。长期来讲，扭转负面局势的唯一机会就是建立与核心城市更紧密的连接。

相对前二者，大都市圈外围的中小城镇是全球化背景下最大的受害者。由于缺乏同国内或欧洲其他城市在航空、铁路、公路上的连接，当地经济面临着区位劣势带来的挑战。很少有投资青睐这样的城镇，而现有的投资也仅建立在大量的公共补贴或吸引投资的特许经营权之上。劳动力市场缺乏吸引力，多数学成者得不到合适的培训机会。同时长期失业率不断增长，经济活跃的年轻家庭选择到就业市场更加丰富的核心城市发展。人口的老龄化使得中小学不得不关闭，或是减少种类及选择。地方税收的不断流失导致政府不得不削减公共服务。地方的社会和经济差异逐渐增长，导致社会关系紧张以及治安问题的出现。这些中小城镇周边地区的公共和私人服务也将随着竞争力降低而流失，边缘化不断加深（Kunzmann，2006）。

这些大都市圈外的中小城镇通常距离核心城市100km之外，主要受到欧洲或德国的主流经济

发展政策影响，除非它们位于如波罗的海或瑞士边境等高品质休闲区。在这些区域里，多数成功的中小城镇主要得益于南德及瑞士的经济增长。

在原民主德国，能避免人口流失的中小城镇屈指可数。对比1989年两德统一前，一些城镇甚至失去了30%的人口（图22-3）。在梅克伦堡-前波莫瑞州和萨克森-安哈尔特州，人口减少和老龄化的影响尤其严重，地方经济和公共服务的状况雪上加霜，当地有限的工作种类以及娱乐设施对年轻人和移民毫无吸引力。如果这样的城镇无法

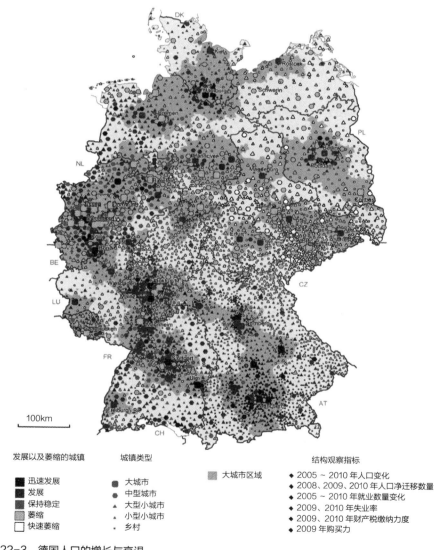

图22-3　德国人口的增长与衰退

来源：BBSR（Bundesinstitut für Bau-, Stadt-, und Raumforschung）. Bundesraumordnungsbericht 2011. Bonn, 2011.

提供廉价的住房、健康的生活环境、良好的医疗条件、优美的自然环境和慢节奏的生活，它们无疑将成为全球化和城市竞争中最大的受害者。即便是引入新技术的举措也无法取代热闹的城市生活和社区精神。工作室的人，或是为了逃离城市喧嚣的都市人在这里休憩，但这些临时的租住者无法全面长久地为地方经济发展提供切实有效的发展基础。

22.5 纽伦堡大都市区的中小城镇

坐落于巴伐利亚州弗兰肯地区的纽伦堡城市区域，被认为是城市与城镇网络的成功案例。纽伦堡城市区域拥有 350 万人口，区域内有 11 座城市、22 个县、大学以及私人企业等，在市长的鼓励下，它们建立了大都市区内的合作关系，共同增强区域的国内以及国际竞争力（Grotheer，2011；Growe，2012；Metropolregion Nürnberg，2012）。

通过以下 4 座城镇的概况，可以粗略了解中小城镇在繁荣的城市区域中所扮演的角色。除了依普霍芬隶属于基钦根县（Kitzingen）以外，其他 3 座城镇都有独立的地方政府，并在区域和联邦州规划法规框架下制定自己的经济、社会、文化发展目标，控制当地土地利用。同时在区域战略发展，基础设施建设，以及城市区域营销等方面，它们也与大都市圈的其他城市合作。

（1）埃尔朗根（Erlangen）是纽伦堡大都市区里的第二大城市，2011 年人口为 106 329 人。城市始建于 1002 年。在一场几乎毁掉整座城市的大火后，勃兰登堡·拜罗伊特伯爵于 1706 年着手重建，并接纳了 1685 年南特敕令被取缔后不得不从法国流亡的大量胡格诺派教徒。现今，在城市占主导地位的有 1743 年成立的埃尔朗根 - 纽伦堡大学，西门子公司的多个分支机构，弗劳恩霍夫应用研究促进协会的一个大型研究机构，以及马克思普朗克光学研究所。埃尔朗根 - 纽伦堡弗里德里希 - 亚历山大大学（FAU）目前是德国最大的大学之一，2013 年拥有 3.5 万名学生以及 1.2 万名教职员工。大学共有 5 个学院，科目包括人文科

学、法律、经济、科学、药学、机械等。在纽伦堡都市圈，这所大学在就业、刺激革新、教育等方面扮演着重要的角色。"二战"之后，西门子公司将相当大的一部分产业转移至慕尼黑和埃尔朗根。埃尔朗根的中选很大程度上是因为西门子公司的医药技术部早于 1924 年就坐落于此，并已成为当地在该领域的创新型工业。时至今日，埃尔朗根有 1/3 的工作岗位来自于大学、知识相关产业以及研究机构，1/3 依靠西门子的多元化产品以及附属的研发机构。此外，西门子的管理层和大学的教师也对城市和大都市圈有着重要的影响力。

（2）班贝格（Bamberg）是一座相当古老的城市，公元 902 年第一次出现于历史记载。2011 年人口为 20 084 人。班贝格曾一度是神圣罗马帝国的中心。而城市的成名源于 16 世纪时被确立为采邑主教所在地，以及 19 世纪时被当时的希腊国王设为居住地。班贝格是纽伦堡城市区域北部的中心地和大学城，拥有两所高等教育机构，其中班贝格大学成立于 1647 年。同时，班贝格也是天主教班贝格总教区，并拥有负有盛名的班贝格交响乐团。当地经济主要由手工业、贸易以及轻工业构成，例如啤酒酿造、行政管理和公共服务等。班贝格的老城不仅华丽且保存良好，因此被列为联合国世界文化遗产，也是德国南部的旅游重镇。著名哲学家乔治·威廉·弗里德里希·黑格尔曾居住在这里，并参与编辑了当地报纸，且在这里完成了他的哲学著作《精神现象学》。

（3）赫尔佐根赫若拉赫（Herzogenaurach）2011 年人口为 23 232 人，是巴伐利亚州埃尔朗根 - 赫西施塔特县的一座古老的城市，距离纽伦堡 23km。中心历史城区和就业市场的吸引力让这座小镇有着高品质的生活，它也是许多手工艺者和贸易商的驻地。此外，这座小城也是 3 家全球企业阿迪达斯、彪马、舍弗勒的总部，且为当地经济带来 1.67 万个就业岗位（2011 年）。作为全球体育用品商的阿迪达斯是城市区域里最大的公司，每年营业额为 145 亿欧元，在全球共拥有 4.7 万名雇员。舍弗勒是一个私营的家庭企业，主要生产轴承及零部件，是世界汽车工业的著名供应商，它为这个城

市提供了 7 500 个职位。直到 1992 年，这座城市还一直是美国空军基地之一。

（4）依普霍芬（Iphofen）2012 年人口 4 391 人，是一座极具吸引力的乡村小镇，距离纽伦堡 50 km 以外。当地出产葡萄酒，也是全球活跃的建材家族企业可耐福的总部。该企业在全球 150 个地区共有 2 万名雇员。依普霍芬优美且保存完整的城镇风景、优质的葡萄酒以及餐饮业使它成为大葡萄酒产区内知名的旅游目的地。

由此可见，不同群体在中小城镇的区域网络中各司其职。其中最重要的是私营企业，它们是当地政府以及城市区域的战略发展中的重要合作伙伴；其次是当地的市长以及议会，他们代表人民；公共部门也扮演着相同的角色，它们通常是居于地方政府之上的行政管理机构，包括联邦德国和巴伐利亚州，半公共部门也具有相同的重要性；第三个则是区域公民团体，它们以联盟和互助网的形式代表、表达、维护公民的权益、要求以及愿望。

22.6 促进中小城镇发展的联邦以及区域政策

联邦政府的主要工作是颁布发展框架，它并没有权力干涉各个联邦州的城市发展，但联邦政府可以为规划提供帮助，促进针对城市发展的研究，以及启动研究型规划项目探讨某个特定政策的影响。诚然，各个专业部门的政策（包括交通、能源、农业、环境等）都对城市的发展产生重要影响，其中当然也包括中小城镇。因此，在联邦政府的政策中，严格意义上并没有直接促进中小城镇发展的条目，同样，欧盟政策也不涉及。城市政策仅隶属于 16 个联邦州以及城市区域的政策范围内。

另外，许多广泛适用的法规政策也仅将城市和市民作为客体，极少直接涉及城市发展。例如税收制度保证城市可得到固定份额的收入税，并允许其征收工业和财产税。与其他国家不同的是，财产税的税率在德国是很低的，甚至不足以平衡城市对基础设施和城市发展的支出。另有一部分联邦政策关注家庭社会方面的事务，如社会福利、

退休金、失业率、儿童福利等等。一些政策与重新分配制度联系紧密，或是作为德国福利经济体系的组成部分；另外一些则作为规定框架颁布给下一级相应的管理机构。

在"二战"后的几十年中，国家住房政策在城市发展中有着举足轻重的地位，这一现象一直持续至世纪之交。住房政策为资助住房发展提供了法律和财政基础，家庭、住房合作机构、公共住房公司和开发商均可从中受益。自由市场主导的政策以及相对饱和的住房市场，导致近几年大城市廉价住房紧缺的状况重新成为公共焦点。提供廉价住房也不再属于中小城镇的政策范畴，尽管它在一些经济繁荣城市，如杜塞尔多夫、法兰克福、慕尼黑和柏林，重新成为焦点。

在德国，联邦州及区域从事空间规划的人员对于保障中小城镇乡村地区公共服务设施的挑战了然于胸。许多研究都在探讨这个问题并强烈要求政府着手应对（Baumgart, et al, 2010）。图 22-4 所示的政策图解强调了加强现有中心地点的容纳力的重要性，并进一步反映这个挑战

尽管仍存在实质性的困难，在近 20 年中，联邦政府针对大中小城镇推出了一系列支持城市发

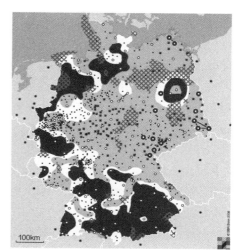

注：该图仅作为概念展示，不代表确定的规划

人口发展预测 2050 年　提高中心地的承载能力并保证供给质量　始于 2005 年的中心地
- □ 下降　　　　　○ 危险的高级中心地　　　　○ 高级中心地
- □ 稳定　　　　　● 高危的中级中心地　　　　○ 中级中心地
- ■ 上升　　　　　⊗ 加强级基础设施薄弱区域　○—○ 具有高级中心功能的城市网络
　　　　　　　　　　　的设施可达性　　　　　　● 邻国具有高级中心功能的城市

图 22-4　保障德国公共服务设施的政策愿景
来源：德国联邦建筑与区域规划处（BBR），2006

展的项目，其中最重要的几个是：

（1）城市保护、支持以及对城市历史文物的保护。

（2）城市更新和城市空间优化。

（3）"社会整合的城市"计划（Soziale Stadt），支持城市解决社会问题和某些城区的不利条件。

（4）支持对 1960 年代破旧的公共住房的更新项目。

（5）"中心复苏"计划（Ab in die Mitte），重振当地地区经济、市中心购物区，促进内城发展。

另外，值得一提的是，在莱比锡城市可持续发展议程的推动下，交通、建设和城市发展部 2007 年推出了"国家城市发展政策"（National Urban Development Policy）。

该政策是一个伞覆式政策（umbrella policy），涵盖了多项在联邦政府政策框架内执行的上述以及新的规划。政策本身在探讨城市可持续发展的政策文件中详加记载，具体包括如下 6 个行动领域：

（1）动员公民组织；

（2）社会城市：针对社会差距；

（3）创新城市：促进经济发展；

（4）提高城市设计的质量；

（5）建造明日之城：气候变化和全球责任；

（6）城市的未来在于城市区域。

提供有限的正规权利和预算，加强学者、公民以及不同级别的政策制定者的认识，是相关部门的首要任务。这体现在有选择地支持一些计划，并组织召开相关会议。就在不久前，交通、建设和城市发展部还宣布了一项新倡议（BMVBS，2013）。

"我们将以完善乡村地区基础设施作为我们的目标，争取让小城镇无论对于居民还是旅游者、商户来讲，都更具吸引力。我们将对此给予大力支持，并发起了'乡村基础设施倡议'。其中一个最重要的组成部分是新的城市发展协助计划。通过这个计划，我们希望小城镇，特别是位于人口稀疏地区的村镇，能够提升为周边腹地的经济、社会、文化中心。我们将为相应区域的人民提供公共服务，并借此帮助当地政府应对并提高城市基础设施以满足需求。"（BMVBS，2013）。

22.7　展望

在德国，中小城镇是均衡的城市发展体系中不可或缺的元素。许多这样的小中心都是跨国企业的驻地，是区域传统重要的组成部分，同时也拥有众多愿意生活在安全健康环境里的高水平人才。这种情况在其他欧洲国家，如奥地利、瑞士、丹麦和荷兰也都大同小异（ÖIR，2006；Groth，2005）。

然而，在全球化、自由市场经济和城市竞争的压力下，这些城市由于处于不同且愈发极化的环境里，发展程度也截然不同。位于大都市圈内距离核心城市 100 km 以内的中小城镇，无论它的城市职能是居住、教育、工业、物流、文化还是旅游，都能得到良好的发展。这样的城镇可以提供大部分公共以及日常生活的服务，其宜居度也融合了大都市和当地特色，生活节奏快慢兼备。但是位于多中心的城市区域边缘之外的中小城镇，由于受到人口萎缩的影响，只能勉强维持其作为次区域中心地的职能，避免高水平人才的流失，并为老龄化的人口提供合适的公共服务。

中小城镇的未来取决于地方的潜力、竞争力、领导力，取决于当地领导者和决策制定者鼓励地方企业、贸易、公民团体和公民从事地方可持续发展项目的能力，取决于欧洲和联邦政府在大都市和边缘区域之间收入重新分配的成就，以及社会对重新分配政策的接受程度。

寻找应对人口萎缩和老龄化的解决方法绝非易事，尽管有现象表明这些挑战也并非坚不可摧。例如，大城市高压生活使慢节奏生活以及城市乡村和马尼吉亚（Magnaghi）提出的小规模地区的概念大获青睐（Magnaghi，2005）；加工运输后的食品变质使得人们对当地出产的健康食品兴趣提升。另外，单一经济增长理论和战略常常忽视了宜居性，包括社会、环境和文化等因素，这即使在经济学家当中也逐渐失去市场。近来，德国政府对相对边远地区的中小城市也提高了关注力度（BMVBS，2013），这说明德国政策制定者也意识到中小城市在整体发展中至关重要的作用。

本章参考文献

[1] BBSR. http: //www.bbsr.bund.de/cln_032/nn_1067638/BBSR/ DE/ Raumbeobachtung/Raumabgrenzungen/StadtGemeindetyp/ StadtGemeindetyp__node.html?__nnn=true), 2012.

[2] Statistisches Bundesamt. Gemeindeverzeichnis-Informationssystem, 2012.

[3] BBSR. Bonn, 2013.

[4] Fürst, Dieter, Mäding, Heinrich. Raumplanung Unter Veränderten Verhältnissen. Akademie für Raumforschung und Landesplanung (ARL)(Hrsg.)(2011): Grundriss der Raumordnung und Raumentwicklung. Hannover, 2011: 11-75.

[5] Kunzmann K. State Planning: A German Success Story?. International Planning Studies, 2001, 6 (2): 153-166.

[6] Blotevogel H-H. Zentrale Orte. Handwörterbuch der Raumordung. Hannover, 2006: 1310-1315.

[7] Christaller W. Die Zentralen Orte in Süddeutschland. Jena/Darmstadt, 1933/1968.

[8] Adam B. European Briefing, Medium-sized Cities in Urban Regions. European Planning Studies, 2006, 14 (4): 547-555.

[9] Knieling J. (Hrsg.). Metropolregionen, Innovation, Wettbewerb, Handlungsfähigkeit[M]. Hannover: Forschungs-und Sitzungsberichte der ARL, Band, 2009: 22-29.

[10] Grotheer S. Das Konzept der Europäischen Metropolregionen in Deutschland–Die Bedeutung seiner Umsetzung für die Regionale und Kommunale Entwicklung am Beispiel der Metropolregionen Hamburg und Nürnberg. Kaiserslautern, 2011.

[11] Portz N. Stadtentwicklung in Mittel-und Kleinstädten: Chancen und Herausforderungen. vhw FWS, 2011, 3: 115-118.

[12] Kunzmann K, Leber N. Entwicklungsperspektiven Ländlicher Räume in Zeiten des Metropolenfiebers. DisP. The Planning Review, 2006, 42 (166): 58-70.

[13] BBSR (Bundesinstitut für Bau-, Stadt-, und Raum-forschung). Bundesraumordnungsbericht 2011. Bonn, 2011.

[14] Growe Anna, Katharina Heider, Christian Lamker, Sandra Paßlick, Thomas Terfrüchte, (Hrsg.). Polyzentrale Stadtregionen–Die Region als Planerischer Handlungsraum. Hannover: Arbeitsberichte der ARL 3, 2012.

[15] Metropolregion Nürnberg. Regional-Monitor: Zahlen, Karten, Fakten. Nürnberg, 2012.

[16] Baumgart S, Rüdiger A. Klein-und Mittelstädte Rücken ins Blickfeld der Städtebauförderung. Planerisches Handeln Abseits der Metropolen Unterliegt Spezifischen Rahmenbedingungen. RaumPlanung, 2010 (150/151): 159-164.

[17] BMVBS (Federal Ministry of Transport, Building and Urban Affairs). 2013. http: //www.bmvbs.de/EN/ UrbanAndRuralAreas/urban-and-rural-areas_node.html

[18] ÖIR (Austrian Institute for Regional Studies and Spatial Planning). The Role of Small and Medium-Sized Towns (SMESTOs), Final Report. Vienna: European Spatial Observation Network (ESPON), Project ESPON 1.4.1, 2006.

[19] Groth, Nils Borje, Soeren-schmidt-Jensen, Vesa Kannninen & Lisa van Well. (eds.) Profiles of Mediumsited Cities in the Balrtoc-sea Region. Fredericksberg: Danish Centre for Forest, Landscape and Planning, 2005.

[20] Magnaghi A. The Urban Village. London Zed Books, 2005.

[21] Blotevogel Hans-Heinrich (Hrsg.). Fortentwicklung des Zentrale-Orte-Konzepts. For schungs-und Sitzungsberichte, Bd. 217. Hannover, 2002.

[22] BMVBS (Federal Ministry of Transport, Building and Urban Affairs). Concepts and Strategies for Spatial Development in Germany, Adopted by the Standing Conference of Ministers Responsible for Spatial Planning.Berlin, 2006-06-30.

[23] BMVBS. Programme des Bundes für die Nachhaltige Stadtentwicklung und Soziale Stadt. BMVBS-Online-Publikation. 2012.

[24] Drewski Lutz, Klaus R, Kunzmann und Holger Platz. The Promotion of Secondary Cities. Schriftenreihe der Deutschen Gesellschaft für Technische Zusammenarbeit (GTZ), Bd. 213. Eschborn, 1989.

[25] Fulbrook Mary. A Concise History of Germany. Cambridge University Press, 1992.

[26] Grüber-Töpfer W, Kamp-Murböck M, Mielke B. (Hrsg.). Demographische Entwicklung in NRW. In: Institut für Landes-und Stadtentwicklung (ILS). Demographischer Wandel in NRW. Dortmund, 2010, 7-33.

[27] Informal Ministerial Meeting on Urban Development and Territorial Cohesion. Leipzig Charta for Sustainable Urban Development. Leipzig, 2007.

[28] Kunzmann Klaus R. Medium-sized Towns, Strategic Planning and Creative Governance // Ceretta Maria, Grazia Concilio and Valeria Monno (eds.) Making Strategies in Spatial Planning: Knowledge and Values. Heidelberg: Springer, 2010: 27-45.

[29] Lenger F (ed.). Towards an Urban Nation: Germany Since 1780. Oxford and New York: Berg Publishers, 2002.

第 23 章
班贝格——世界文化遗产的保护与建设管理策略
Strategies for the urban conservation of world heritage in Bamberg

奥特马尔·施特劳斯
Ottmar Strauss
李双志 译 易鑫 审校

班贝格是南德地区一座中等规模的城市，位于纽伦堡以北 60km。班贝格的主要职能包括地方行政中心和主教驻地等内容，另外它也是一座大学城。城市处于由柏林至慕尼黑的南北铁路与公路交通要道上，此外连接法兰克福、雷根斯堡与维也纳的莱茵-美因-多瑙运河（Rhein-Main Donaukanal）也流经这座城市。城市周边地带以农业经济为主要特征。此外还分布着许多中小型企业，城市范围内的居民人口为 80000 左右。人们在历史悠久的文化区域中享受着高品质的生活（图 23-1）。

23.1 班贝格内城：世界文化遗产的城市建筑群

依靠悠久的历史、文化与建筑传统，联合国教科文组织 1993 年将班贝格古城列入世界文化遗产名录。通过世界文化遗产的称号，班贝格古城的独特价值得到了广泛的认可（图 23-2）。

班贝格以独一无二的方式展现了欧洲中部地区的城市风貌，城市的布局以及城中保留的大量宗教和世俗建筑都体现了由中世纪早期基本格局发展而来的基本特点。在班贝格，不同历史时期都留下了鲜活的建筑样本，这些实例与欧洲其他地区的样本存在着紧密的联系。例如城中的主教大教堂便与德国中部地区、法国和匈牙利的同类建筑存在着广泛的关联。在巴洛克时期，这座中世纪古城通过大量新的石材建筑获得了新的外表，这些建筑显示出该地区与波西米亚地区的巴洛克建筑传统之间有着密切联系。位于在世界文化遗

图 23-1　城市鸟瞰图中清晰地体现了三分的基本格局
来源：班贝格市政府

图 23-2　登记到世界遗产目录地区与受保护的城市纪念物
来源：班贝格市政府

产保护名单范围内的地区涵盖了居民区的 3 个中心部分：山城、岛城与园艺师之城。它们在班贝格的城市发展过程中融为一体。

23.1.1　山城（Bergstadt）

坐落在主教堂山上的巴本堡（Babenburg）有可能是中世纪时期班贝格居民区的发源地。公元 902 年，巴本堡这个名字第一次出现在历史记录中，随后它就被纳入王室领地：日后神圣罗马帝国皇帝的国王海因里希二世（Heinrich Ⅱ.）于 1007 年选择班贝格建立起了由他资助的主教辖区。随后该地兴建了大量房屋、修道院与教会的各种慈善机构，这些建筑物使城市空间获得了清晰的特征。

除了日渐稠密的宗教建筑景观以外，新的王宫等重要的世俗建筑也一一落成。这座山城同时也属于市民居住区的范围，这一部分主要集中在沿河的部分。手工作坊、酿酒工场和市民房屋在这里交替出现，其中有些甚至具有宫殿的气派。在这里，山城依靠其教堂塔楼、古堡和大量绿色植被帮助造就了富有班贝格典型特色的城市意象。

23.1.2　岛城（Inselstadt）

班贝格的岛城由雷格尼茨河（Regnitz）的两条支流环绕。到今天一直都是该城的市民生活中心，班贝格的商业中心也位于岛城中。当地分布着昔日的渔民居住区（"小威尼斯"）、各种手工业（制革厂和磨坊）作坊、市场和市民建筑等。（旧）市政厅建在河中央的位置，连接着较老的桑德城区（Sandgebiet）和较新的岛城。在岛城还有耶稣会的一处分支机构，1972 年当地以这个机构为基础发展起来一所大学。

23.1.3　园艺师之城（Gärtnerstadt）

人们除了在山城和岛城兴建了重要的建筑并形成了各自的城市特征以外，还在雷格尼茨河右岸发展了一片风格独特的地区。在这里，广阔的开放空间和特色鲜明的园艺师建筑共同构成了班贝格的另一个独有特征。在园艺师之城内部、与主教堂山并列的位置坐落着一处源于中世纪的居民区中心——

托伊尔城（Theuerstadt），该地区交通便利，毗邻两条商道交叉口，因此成为今天园艺师之城的核心地带，而国王大街直到今天都还是一条贯穿班贝格的古老南北公路的交通要道的一部分。

园艺师这个行业在班贝格拥有悠久的历史，它形成于中世纪，工作是向主教辖区供应各种植物、花卉和蔬菜，后来很多花圃建筑沿着街道发展起来。尽管从事这一工艺的企业数量已大大缩减，但这些花圃建筑的结构依然保存至今。今天，园艺师这个行业在班贝格又兴起了一股复兴的潮流。

在班贝格，许多地方都可以看到中世纪的城市结构。历经多个世纪之后，这些建筑的许多功能大体上都被保留了下来。主教山一如既往地承担着教会方面的事务（图 23-3），岛城依然还是人们从事商业的地方，而园艺师的街区依然遍布花圃建筑。有赖于这些用途的延续，这些历史建筑实体也才得以继续存留。

图 23-3　主教山
来源：班贝格市政府

23.2　世界文化遗产的保护策略

1973 年，巴伐利亚州出台了一部文物保护法。依照该法，文物保护的对象不仅包括建筑，同样也可以涵盖整片的城市建筑群，班贝格的保护从中受益匪浅。如今，班贝格古城是德国最大的历史城市建筑群，再加上周边严格限制建设的缓冲带在内，受到保护的区域共占地 445hm^2。其中世界文化遗产区域本身面积为 136hm^2，这部分共有建筑 6022 栋，其中 1347 栋是单独登记的文物保护建筑。

为了服务于世界文化遗产的保存要求，班贝格市政府在 2005 年制定了一个临时性管理规划，由城市规划局内部的建筑管理部与文物保护局合作编制，具体内容由这两个单位各负其责来执行。目前这个计划已经有了最新的修订版本，并于 2015 年提交地方议会批准，通过后将作为法律实施。

规划的目标是对"班贝格"这个世界文化遗产的聚集地进行全面保护，除了保留一个个原有的建筑实体以外，还着重强调从长期维护城市设计方面的结构关系，而这种结构关系是让这个世界文化遗产能够长期保持完整的前提条件。班贝格也经历着社会整体变化过程的影响。人们希望通过引导和调控这些变化过程，保持这世界文化遗产在长期发展过程的完整性。

功能多样性与保护：

文物保护工作的目标是保存历史建筑，对建筑进行必要的整修，同时使这些建筑实体能够维持有意义的功能，同时长期保持城市平面格局的结构特征。

历史悠久的城市核心地带所具有的一个鲜明特色便是其功能非常具有多样性。维护文物需要与生态、经济方面的考虑结合起来，将世界文化遗产当作居住、休闲与工作的"中心地"同时采取可持续的措施加以强化。

为了使世界文化遗产能够持久地作为商业、服务与教育的中心地，就需要确保当地建筑的居住功能，同时将一部分建筑用作文化设施，还要使公共空间的造型充满吸引力，并具有良好的可达性（图 23-4 ~ 图 23-9）。

（1）居住：内城的居住功能具有优先地位。把居住安排在城市的中心位置可以减少交通的出行量，提高当地的购买力，同时有助于增强社会安全。

图 23-4　班贝格老城的日常生活场景

来源：Ottmar Strauss 摄

图 23-5　山城全景

来源：Arbeitsgemeinschaft historischer Städte（Eds.）. Historische Altstädte im ausgehenden 20. Jahrhundert. Strategien zur Erhaltung und Entwicklung. Sonderveröffentlichung zum 25jährigen Bestehen der Arbeitsgemeinschaft Historischer Städte. 1999.

图23-6　城市全景

来源：Arbeitsgemeinschaft historischer Städte（Eds.）. Historische Altstädte im ausgehenden 20. Jahrhundert. Strategien zur Erhaltung und Entwicklung. Sonderveröffentlichung zum 25jährigen Bestehen der Arbeitsgemeinschaft Historischer Städte. 1999.

图23-7　鸟瞰班贝格的山城与岛城

来源：Arbeitsgemeinschaft historischer Städte（Eds.）. Historische Altst-ädte im ausgehenden 20. Jahrhundert. Strategien zur Erhaltung und Entwicklung. Sonderveröffentlichung zum 25jährigen Bestehen der Arbeitsgemeinschaft Historischer Städte. 1999.

图23-8　山城的主教堂广场

来　源：Arbeitsgemeinschaft historischer Städte（Eds.）. Historische Altst-ädte im ausgehenden 20. Jahrhundert. Strategien zur Erhaltung und Entwicklung. Sonderveröffentlichung zum 25jährigen Bestehen der Arbeitsgemeinschaft Historischer Städte. 1999.

图23-9　山城全景

来　源：Arbeitsgemeinschaft historischer Städte（Eds.）. Historische Altst-ädte im ausgehenden 20. Jahrhundert. Strategien zur Erhaltung und Entwicklung. Sonderveröffentlichung zum 25jährigen Bestehen der Arbeitsgemeinschaft Historischer Städte. 1999.

通过使世界文化遗产区域内部一直保持较高的居住人口比例，还可以保证现有的基础设施得到充分利用，防止出现空置或者废弃的状态。

（2）文化和教育：使内城地区保持高密度的文化设施（比如剧院和音乐厅）有利于强化世界文化遗产的意义，为此当地许多历史建筑内部安置了各种公共设施（包括大学、10个文理中学和其他多种公共服务设施），这些功能会有利于世界文化遗产的保存工作。

（3）公共空间：充满吸引力的公共空间是维持文化遗产的重要保障。在班贝格，公共空间的边界是不可侵犯的。现在市政府已经采取了各种恢复原状的行动，把以前那些损害历史城市结构的原真性和完整性的各种改动都清除掉。这些工作都是在为一项内容广泛的投资框架下进行的，致力于塑造城中的最重要那些地段和场所。

（4）可达性：城市提出了一个限制私人机动车交通（限速 30km）的整合性构想，同时还计划通过发展位于内城周边的停车设施以及各种鼓励自行车机动性的措施，使内城的可达性和各种现有的功能得到了保障。这一构想的实施得到了内城地区的商业、行政部门、文化机构、餐饮业和房屋所有者等相关者的共同支持。

23.3 实施保障城市设计的世界文化遗产策略

以德国的《建设法典》（Baugesetzbuch）为基础，城市的行政管理部门将世界文化遗产所在区域与缓冲带作为整体制定并通过了一个（对于政府自身有约束力）的准备性建设指导规划。以此为依据，规划会随着挑战的变化而进行调整，为决策提供法律方面的保障。政府进一步针对其中部分地区制定了（对于社会各界均具备法律效力）的约束性建设指导计划。其他一些规划也确定了具体的整治区域。这些整治地区的规划将会得到逐步补充，规划中确定了对城市设计方面的目标，并制定了造型方面的框架要求。在世界文化遗产区和缓冲带以内，如果要对列入文物保护名录的建筑内部、还是整体建筑设施外观进行改动，都需要得到当地建设管理部门的批准。相关部门会对这些计划进行严格检验，审查改动措施是否符合世界文化遗产的各方面要求。城市政府的建设管理部门和世界文化遗产的管理小组也会向房屋所有者提出建议：比如在现有建筑之间的空地上新建房屋，就要从尺度和空间关系这两方面来检验新建筑是否能够融入当地的建筑环境；为了能够稳定并调控城市的进一步发展，城市政府提出了被称为"城市整体及城市设计性的发展构想"（Gesamtstädtisches, städtebauliches Entwicklungskonzept），用于考虑所有以往制定的规划内容，并从全局视角来设想未来十年的规划与开发内容。在 2009～2011 年期间，在公众、相关居民、房产所有者、使用者和各个市民社会机构的广泛参与基础上，人们制定了框架性的城市发展指导方针。其中包含了强化内城活力的各种倡议，并提出将内城中以前一个军事用地改造成居住区和大学用地的设想。在 2012 年巴伐利亚州园艺展（Landesgartenschau）期间，世界文化遗产区域中内城园艺用地也被列入活动议程当中。

班贝格的市民高度认同和支持世界文化遗产的保护工作。即使在法律规定的框架以外，相关机构也会不断地向市民提供各种与世界文化遗产有关的详细规划信息，通过清晰易懂的规划方案、宣传册和公众聚会进行介绍，所有的当地媒体也都参与到这个信息传播的过程中来。

除了这些具体的保护策略以外，世界文化遗产管理小组还会利用各种具体实施的过程，推进对文化遗产的研究工作，包括考古挖掘、记录建筑方面的变化情况，对形态变化作相应的测量，并把各种相关的城市空间信息编制成册。围绕世界文化遗产的具体内容，人们筹备了一份涉及各方面建设内容的详细清单，另外还从城市设计角度对未来的城市发展进行了总结，并整理成补充文件。人们还专门提出了重要的口号——"人只能继续努力去建设为他所熟知的城市。"

内城地区原来存在着（与城市直接相邻的）约 150hm² 军事用地，现在已经转为民用，班贝格因而获得了独一无二的机会，将这些无法被公共使用的土地融入城区当中，这将有助于缓解投资给世界文化遗产地区带来的压力。班贝格城市政府计划在这片土地上开发新的住宅区和工商业区，以增强城市的资金实力。另外还成立了一个新的机构来负责这项军事用地改造与战略开发的管理工作。同时城市政府也积极与市民协商改造工作，在专业论坛的框架下一起确定和优化相关共识。

23.4 结论

班贝格世界文化遗产的保护工作离不开积极热心的市民团体支持，这个群体包括众多的城市社团和协会，致力于保存城市结构并全方位地保留城市中的建筑物。他们会从与世界文化遗产的兼容性角度，对城市政府的规划和建设计划，以及私人业主的项目做出评估，这些市民参与在城市被列入世界文化遗产名录之前已经存在了几十年的时间。

对于保存和维护世界文化遗产的工作来说，市民对自己城市保持高度的兴趣和热情的投入是最重要的标准。班贝格市政府对联邦政府制定的一条高铁建设计划非常担忧，认为这条铁路因为横穿了世界文化遗产区，因此在城市设计方面将危害到世界文化遗产。人们因此采取了一切可使用的手段来抵制这个项目。城市政府指出，高达3.5m的隔声墙将会成为新的视线障碍，会打破景观轴线的效果，因此有可能会对世界文化遗产造成难以接受的损害，内城的历史建筑群将变得支离破碎，诸如主教堂、米歇尔山的修道院和王宫等历史建筑的视线将会被打断。通过一项关于视线研究的调查，城市政府从历史和城市设计的角度对相关区域可能受到的影响情况进行了描述和评估，这个项目也引起了市民的热烈关注。人们还成立了一个市民组织，对公布的规划内容提出不满和质疑。城市政府与规划制定者——德国联邦铁路进行了协商和研究，共同提出和评估了多种线路方案。像铁路线路这么复杂的规划对于市民来说确实过于复杂，因而也令人无法理解！所以在城市政府的督促下，相关人员对规划方案进行了处理，把通过世界文化遗产区的线路区段内部所有可能出现问题的点都做成了动画，以便让人理解其中的内容，帮助居民能够识别、讨论和评估相关的情况。

2014年，人们当时还没有对该项目作出最终决策。班贝格市政府希望最后能形成一个妥协方案，在照顾所有人利益的情况下来保护这个独一无二的世界文化遗产。

第 24 章

雷根斯堡：在世界文化遗产中进行规划与建设

Regensburg – Planning and construction in a UNESCO world heritage

库尔特·维尔纳

Kurt Werner

李双志　译　易鑫　审校

雷根斯堡是一座由古罗马人建造的城市，拥有 2000 年历史（图 24-1）。它同时也是德国 16 个联邦州之一的巴伐利亚州的第四大城市。2013 年，这座城市里生活着约 15.4 万居民，毗邻的多瑙河流域面积达 890km^2，人口密度为 1906 人 / km^2。雷根斯堡也是一座风格独特的大学城与主教驻地。雷根斯堡古城源自中世纪早期，一直得到了非常良好地维护，自 2006 年起被列为联合国教科文组织的世界文化遗产目录。根据巴伐利亚州的州域发展规划，这座城市被定为高级中心（Oberzentrum），是重要的经济与供应枢纽，整个城市空间规划的居民数量多达 30 万，安排的工作岗位达到 14 万个。

雷根斯堡不仅属于德国最古老的城市之一，同时也是发展未来科技的重要区位，这些技术重点

图 24-1　老城周边建成区

来源：Regensburg Bauen in einer 2000 alten Stadt. Umrisse：Zeitschrift für Baukultur. 1/2003

依靠当地的中型企业，延续了雷根斯堡以前的手工业传统。传统与现代在这里相互紧密相连。城市的经济实力依靠大中小企业之间健康的配比关系。从1960年代开始，宝马、西门子、德国电器工业公司（AEG）、东芝等经济巨头的迁入为这座城市提供了强劲的经济和文化发展动力。2014年，在城市中的3所大学,雷根斯堡大学（Regensburger Hochschulen Universität）、上巴伐利亚高等技术学校（Ostbayerische technischen Hochschule）和天主教宗教音乐与音乐教育学院（Hochschule für Kath. Kirchenmusik und Musikpädagogik）登记就读的学生人数超过30000人。这些高等学校与当地经济界有着十分紧密的合作，是当地推动城市发展的重要因素，支持当地经济发展的其他优势还包括极为出色的公路和铁路交通以及跨区域性的交通网络，自1992～1993年以来建设完成了联系北海与黑海的莱茵-美因-多瑙运河，周边还有2个国际机场（慕尼黑和纽伦堡国际机场），雷根斯堡与它们的距离均少于两小时车程。

24.1 雷根斯堡，不断变迁中的古城

公元179年，雷根斯堡最早是作为马尔克·奥瑞尔皇帝（Marc Aurel）率领的罗马军团驻扎地（Castra Regina）建立起来的（当时规模为540m×450m，这部分在旧城核心地带仍然还可以见到），整个城市区域是由多个世纪的不断叠加和扩建逐渐形成的（图24-2、图24-3）。今天还可辨认出10世纪和13世纪时期城市扩建的痕迹（图24-4）。中世纪的12～13世纪是这座商业城市的繁荣时期。在市政厅周边的商人街区，商人大家族建起了各自的"城市贵族城堡"，这些建筑带有塔楼、小教堂和庭院。在1251年，雷根斯堡成了帝国自由城市。1350年左右，建成了环绕整个城区的围墙。直到19世纪，城墙都保护着城市发展。到19世纪末为止，城市中先后出现了罗马风、哥特、文艺复兴、巴洛克、古典主义等一系列建筑风格，它们的影响在今天的城市景观中仍然清晰可见。20世纪早期工业发展的里程碑是1910年建成的路易特波尔德河港

（Luitpoldhafens，今天的城西河港）和1930年代末修建的梅瑟施密特工厂（飞机制造厂）。

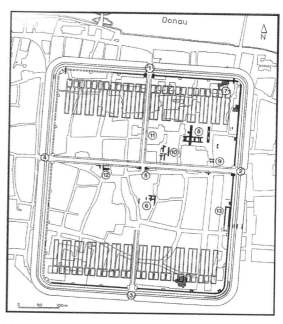

图24-2　雷根斯堡曾经作为罗马军团驻扎地的旧城

来源：Regensburg Bauen in einer 2000 alten Stadt. Umrisse：Zeitschrift für Baukultur. 1/2003

图24-3　中世纪时期的雷根斯堡

来源：Regensburg Bauen in einer 2000 alten Stadt. Umrisse：Zeitschrift für Baukultur. 1/2003

与德国南部其他城市相比，雷根斯堡在第二次世界大战中奇迹般地只受到了轻微损害。在"二战"后，雷根斯堡里出现了严重的住房短缺，当时大量难民从德国以前在东欧的领土涌入，过高的居民密度（1300人/hm²）导致了非常恶劣的住房条件，人们缺乏各种卫生设施。虽然旧城受到的战争影响很有限，相关城市政策仍及时制定了以下目标：从文物保护和维护旧城景观出发，小心保护留存下来的旧城，避免采取"现代主义"的建筑方式。这个任务非常艰巨，而且当时既没有相关的法律基础，也没有上级政府的资助，这一措施之所以能够成功源于当地市民共同采取的努力，此外也是因为当地居民、经济界和政治代表都偏于保守的缘故。

24.2 挑战：雷根斯堡的城市更新

雷根斯堡的城市更新是一项长期任务（图24-5）。在巴伐利亚州最高建设管理局（Obersten Baubehörde）的支持下，雷根斯堡于1955年被列入了联邦住房部制定的"实验与对比建设援助计划"。1956年，城市政府与德国城市设计学会巴伐利亚分委会（Landesgruppe Bayern der Deutschen Akademie für Städtebau）共同完成了一份名为《雷根斯堡旧城整治》的报告，阐述了保存城市中现有建筑实体的重大意义。这份报告是由慕尼黑著名的城市设计教授汉斯·多尔嘎斯特（Hans Döllgast）与城市行政管理部门一起完成，他们研究了那些独一无二的历史建筑实体，同时参考了相关的更新和文物保护策略，这份文件对于以后的城市发展起到了决定性作用。因此雷根斯堡算得上是德国采取"谨慎的旧城更新"策略的先锋。

德国的《城市建设促进法》（Städtebauförderungsgesetz，1971年）和《文物保护法》（Denkmalschutzgesetz，1973年）构成了城市更新的法律框架条件，从保留历史旧城出发规范各种公共及私人措施。不过在很长时间里，保存历史城市的任务只是公共部门的工作，私人的房屋所有者和投资者对这项工作的兴趣很小。直到1974年，巴伐利亚州的私人投资者终于有资格将保护历史建筑过程中的高昂花费列为减税款项，这一状况才得

图24-4 今天雷根斯堡的城市形象

来源：Regensburg Bauen in einer 2000 alten Stadt. Umrisse: Zeitschrift für Baukultur. 1/2003

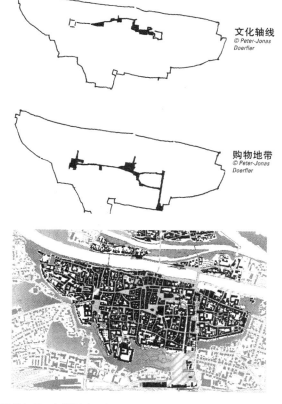

文化轴线
© Peter-Jonas
Doerfler

购物地带
© Peter-Jonas
Doerfler

图24-5　老城城市更新的功能调整

来源：Regensburg Bauen in einer 2000 alten Stadt. Umrisse：Zeitschrift für Baukultur. 1/2003

以改变，借助于这项税收优惠政策以及公共援助的支持，整治工作才对投资商产生了吸引力。

考虑到当地居民的利益可能受到整治工作的影响，因此城市政府就会投入"社会住宅建设"资金加以资助，此外还会使用城市建设援助资金加以补充，以稳定房租的价格，确保整治以后的住房依然是普通人可以支付得起的，使原有住户可以留在自己的住宅区。这一资助模式不仅适用于公共部门，同样也适用于来自私人部门的项目团队。在整治措施的资助框架内，那些私搭乱建的棚屋被清除，恢复成为原来的绿化内庭院。

在1980年代初，负责城市更新工作的相关部门注意到，公共空间对于城市的生活质量有着极端重要的价值。通过实施一系列的公共设计竞赛，旧城中的街道和广场得到了重新设计。在巴伐利

亚州的城市中，雷根斯堡属于最早一批从城市历史和城市设计角度出发，对整个历史旧城的公共空间提出设计发展构想的城市。考虑到旧城的多样性，规划特别注意通过彼此呼应的设计元素让主街、小巷和广场之间的城市建设要素能够彼此关联起来。例如，人们在街道和广场上、墙与墙之间使用当地的自然石料铺设成整齐的排水槽，它们对于城市景观与历史之间建立联系发挥了明显的作用。人们还根据不同城市的空间状况安排了与之相协调的夜景照明方案。

在旧城中对机动车交通进行普遍管控，使城市居民和游客在城市空间中体验到更高的质量（每天机动车控制在12000辆以内），避免街道中汽车交通堵塞、噪声和尾气所造成的不良影响。从1982年实行控制机动车交通规划开始，这一措施已经在旧城核心地带得到了广泛实施。个人机动车交通不再处于主宰地位，其他各种交通方式得到充分发展，相互之间能够实现互利互惠。绝大部分以居住功能为主的旧城主街和商铺密集的街道降级为步行道和允许自行车通过的街道，只有那些旧城确实需要的特定机动车（比如当地居民的自用车辆、货物供应和公共汽车交通）才可以按30km/h限速行驶，这一模式被称为"居住区交通街道"（Wohnverkehrsstrassen）。最重要的购物与办公地区规划成为步行区，在步行人群密度较低的时候也允许自行车通行。只有在那些承担不同城区之间连接功能主干道可以有例外，允许时速达到50km。总体而言，控制机动车的方案一直维持到了今天，也适应了旧城内部与相邻城区逐渐增长的公共空间需求，原汁原味的内城内部的可体验性也得以增强（图24-6）。随着旧城价值的提升，年轻居民对于将旧城作为居住地点的兴趣日益提高。由于需求日增，越来越多的私人建筑业主开始积极投入旧城房屋更新整修工作，希望出售获利。

21世纪初，城市议会在经过详细的前期研究以后，决定在旧城以东和旧城中心南部的边缘地带实施进一步的整治计划，并把该计划纳入了"发展有活力的城市及区位中心资助计划"。

作为一个现代化城市内部充满魅力的核心地

图 24-6　旧城内部控制机动车交通

来源：Regensburg Bauen in einer 2000 alten Stadt. Umrisse：Zeits-chrift für Baukultur. 1/2003

带，雷根斯堡的历史旧城是构成城市和区域认同的内核。不过人们并没有采取博物馆式的保护方式，现在历史城市依然有人居住，但是同时还是可以使人接触到昔日中世纪的大型城市建筑群，并感受到今天世界文化遗产的独特城市景观。就整体而言，旧城的历史特征源于约 1000 座保存良好的房屋，其中 70% 列入了保护目录。与此同时人们还采取了面向未来的态度，希望整个城市中心保持活力，发展多种多样的功能。

雷根斯堡历史旧城中是一组能够代表欧洲文化水平的重要文物建筑群，它反映出了超过 2000 年的城市建设历史。尽管当地存在大量受保护的历史建筑，巴伐利亚州的州域规划仍然把雷根斯堡旧城定位成高级中心地，其内部的零售商业面积达到 9 万 m²，同时它还是高水平企业服务的所在地，为 15000 居民提供了重要的生活和工作空间，当地的工作岗位达到 20000 个。考虑到旧城的文化意义和在吸引旅游中的核心作用（每年超过 90 万人次在旅馆过夜），因此城市规划工作将其视为城市结构中极其重要的部分。

24.3　2005 年城市发展构想

尽管如此，雷根斯堡旧城只是整个城市的一部分。1977 年人们制定了第一套针对整个城市的城市发展规划，到了 1990 年代，城市政府又在此基础上对规划进一步扩展，通过与市民的密切合作，制定出了一个新的总体规划方案。经过长时间的公共讨论之后，2005 年市议会终于批准了该方案。这个方案定义了 3 条发展轴线（图 24-7）：

（1）服务业发展轴，除服务业和零售业功能之外，这条轴线上还安排了教育、科学、研究和文化设施；

（2）"多瑙—雷根斯堡的休闲发展轴线"，规划希望对旧工业废弃地进行绿色再利用，同时规划中还在开发建设的同时预留了防洪空间；

（3）企业发展轴，集中发展制造业、企业服务、批发业和物流等产业类型。

城市内部的各个居民区都将从这几条不同定位的发展轴线中受益。整个计划中具有重大意义的举措，致力于通过规划"绿色走廊"和"绿色空间"来把现有的和计划中的绿地相互连接起来，确保城市中的景观空间互相关联，同时使各部分之间保持足够的宽度。此外，人们还对调整了整个区域列车网络，安排相应的线路将旧城和服

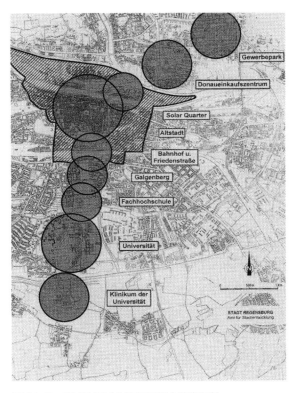

图 24-7　2005 年城市发展规划中的发展轴

来源：Regensburg Bauen in einer 2000 alten Stadt. Umrisse：Zeits-chrift für Baukultur. 1/2003

务发展轴上的工作地点与主火车站连接在一起。作为城市发展目标导向的调控工具，2005 年城市发展规划安排了一系列重点项目，其中 2 个重点项目是把旧城与大学联系起来的计划和防洪项目。这些重点项目以多个需长期实行的单个措施为基础，人们需要几年甚至几十年才能够完全实现。

24.3.1 重点项目：将旧城与大学连接起来

该项目的目标是建立并增强旧城与大学之间的联系，大学位于旧城以南的城市边缘，校园占地 150hm^2（雷根斯堡旧城占地仅有 120hm^2）。早在 1480 年，巴伐利亚的阿尔布莱西特公爵四世（Albrecht Ⅳ.）就已考虑在雷根斯堡建立一所大学，但是由于政治原因计划没有实现。到了 20 世纪，通过雷根斯堡及其所在区域、大学联合会的共同努力，这个计划最终得以实现。1962 年，巴伐利亚州政府在这座多瑙河畔的城市建立了它的第四所州立大学。仅仅 10 年之内，大学的核心地带便已基本完工，此后又在大学中心地带兴建了第二所以应用科学为主的上巴伐利亚高等技术学校（Ostbayerische Technische Hochschule，OTH）。大学、高等技等学校和大学医院在很短的时间里便发展成为了国际知名的科研中心。对于雷根斯堡来说，推动大学与技术类高校校园进行面向未来的扩建是城市发展的重要基石。考虑到建筑群的规模，让位于城市边缘的大学融入整个城市空间算得上是城市建设的一大挑战。人们在大学校区安排了高品质的逗留空间。通过预留的视觉轴线，人们可以一直看到旧城的主教堂塔楼，使人很容易明辨方位，当地另一个优势是

明确地把步行区和机动车通行区之间分隔开。经过长达 30 年时间的规划和实施，今天城市终于成功地完成了这条极为重要的"旧城—大学"发展轴线，在建筑空间方面使长期孤立的大学的校园与整个城市整合起来（图 24-8 ~ 图 24-10）。

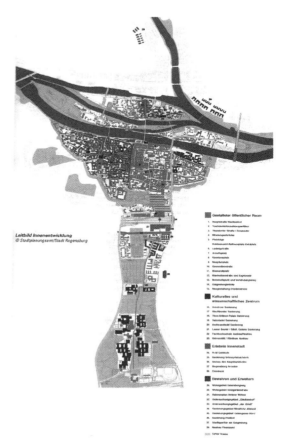

图 24-8　大学与旧城地区的发展联动

来源：Regensburg Bauen in einer 2000 alten Stadt. Umrisse：Zeitschrift für Baukultur. 1/2003

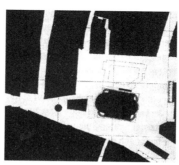

图 24-9　旧城地区街道与广场的开发与整治

来源：Regensburg Bauen in einer 2000 alten Stadt. Umrisse：Zeitschrift für Baukultur. 1/2003

图 24-10 旧城地区步行街与零售规划定位

来源：Regensburg Bauen in einer 2000 alten Stadt. Umrisse : Zeitschrift für Baukultur. 1/2003

24.3.2 重点项目：防洪设施建设

城市发展的另一个重点项目是保护雷根斯堡旧城免于多瑙河频繁的洪水困扰。作为一项世纪工程，雷根斯堡市政府与巴伐利亚州水利局共同承担防洪项目的实施工作。在 1980 年代，雷根斯堡的防洪计划曾经遭受过失败，许多建设地带或者可建设地带一再被多瑙河淹没。自此之后，人们开始严肃对待防洪问题。防洪项目特别考虑了城市设计和空间形态方面的因素（历史保护和景观保护）的基础上，除了一部分传统的静态技术解决方案之外，更多地采用了动态保护工具的最新成果。人们颁布了具有法律效力的"蓝色计划"，明确了整座城市可被洪水淹没的区域，并确定了多瑙河的水域和可建设用地之间的边界。为了适应世界文化遗产保护和整座城市的复杂规划要求，人们用了超过三年来进行规划与决策，通过跨行业合作的招标竞争手段，同时及早引入市民参与，

最终发展出具有未来指向的建议，同时确定了每个具体步骤的内容。尤其值得注意的是，城市政府的规划部门、州政府的（水利）管理部门和市民在寻找能够适应技术、生态、社会和城市设计要求的解决方案时进行了密切合作。这一个格外耗时耗力的规划工作的成功之处在于，城市不仅仅是确保了防洪保护的要求，同时还获得了新的具有吸引力的开放空间。

24.4 确保质量的工具

为了能够更好地实施，雷根斯堡的城市规划师在城市设计、历史保护、开放空间规划和建筑等工作领域中，采取了三种确保质量的措施：开展跨专业的设计竞赛、引入形态设计顾问团以及鼓励广泛的市民参与。

24.4.1 设计竞赛与跨专业合作

在雷根斯堡，确定具体的规划目标和明确重要城市设计规划及建造措施，基本上是通过跨行业的设计竞赛进行的。这种竞赛被用来给技术、建筑与城市设计等多种类型的公共规划和建筑计划征求到丰富多样的建议方案。包括城市规划师、工程师、建筑师和景观建筑师等专业人士都会参与这些竞赛，项目需要的话，有时候其他专业的专家和艺术家也会参与进来。

24.4.2 雷根斯堡的形态设计顾问团

1998 年以来，雷根斯堡市政府成立了一个独立的、跨行业的造型设计顾问团，帮助对所有重要的城市设计和建筑工程项目进行评估，针对这些项目在城市设计和建筑方面的质量，提出项目进一步开发应当采取的措施建议。在选择顾问团成员的时候，人们会有意避免从雷根斯堡当地招募，并把相关的工作内容和会议向公众开放，并通过当地媒体进行报道，这样不仅能够帮助发展出更多高质量的建筑及附属的开放空间，还可以让好的建筑也成为城市内部的重要话题。需要指出的是，形态设计顾问团向业主提供的免费咨询并不是一种强制性要求，而是在"平等的氛围"

中展开对话，顾问团需要依靠更好且更可理解的论据来说服业主，以达到改进的目的。在大量的项目和城市空间当中，人们也能够注意到为提高城市设计和建筑水平所做出的各种努力。

24.4.3 市民参与

德国法律对于市民参与城市发展事务的程序是有具体规定的。不过面对越来越复杂并且抽象的任务来说，单纯依靠这些法律规定的参与已经不足以使市民理解规划任务的同时，再认识到自身在规划过程能够发挥哪些作用。城市规划部门也很难向每个城市居民解释明白，一个"经过权衡"的计划是如何应对各方面相互竞争的公共利益和私人利益的；另一方面，市民有强烈的政治要求希望参与决策，结果城市和市民之间的关系发生了巨大变化——市民变得更为自信，希望能够积极参与社区项目。为此人们使用了圆桌讨论、未来工作坊、规划办公室讨论或者调解程序等多种工具，雷根斯堡的市民对于参与重要项目的规划过程也有很高的积极性。对于构建高品质和适宜生活的环境来说，城市设计、建筑设计和景观规划能够起到决定性的作用。通过市民参与，人们能够及早认识到可能的问题和矛盾，这也就有可能更好地达成共识，及早找到相应的解决方案。这不仅仅增强了方案的可接受度，而且也使所有参与者形成了对于这些项目乃至城市的高度认同感。

24.5　结论

在 50 多年的时间里，雷根斯堡的城市发展以公众福祉为导向，富于责任意识，其城市政策在文化和社会领域成果丰硕，人们通过逐步的努力使传统与现代结合了起来。依靠相关的法律框架和各种财政扶持资金、巴伐利亚州政府的支持、再加上具有责任意识的市民群体，才能确保城市规划目标明确，实施卓有成效，同时还引导当地采取了对市民有利的社区政策。

尽管有联合国教科文组织认可的世界文化遗产称号，但雷根斯堡旧城并不只是向旅游者开发的博物馆。雷根斯堡的城市政府、当地的城市规划师、交通规划师和文物保护者成功地使旧城一直保持着作为"小型大城市"中心的地位，始终作为富有活力、经济健康、功能多样和充满魅力的居住地，同时与周边的地区也维持着紧密联系。需要强调的是，城市政府鼓励市民积极参与各种规划项目，反对用技术专家的规划来"施以恩惠"。这也表明，虽然我们处在全球化和市场经济自由化的时代，但仍然可以在注重保护城市文化遗产的同时，维持城市中心的现代化和经济繁荣，同时又改善居民和游客的生活质量。

第 25 章
康斯坦茨：通过资源友好的城市发展来实现城市性
Konstanz-Urbanity based on resource-freindly urban development

库尔特·维尔纳
Kurt Werner
李双志 译 易鑫 审校

25.1 概况

康斯坦茨是一座中等规模的城市，位于德国南部与瑞士交界的位置，城市毗邻莱茵河以及德国最大的内陆湖——博登湖。城市拥有83000居民，在休闲领域具有区域和欧洲范围的跨国界影响力（图25-1）。康斯坦茨的历史悠久，最早可追溯至2000年前的公元1～3世纪，古罗马帝国在这个对它来说具有战略意义的位置建起了一座碉堡。在古罗马城堡的基础上，当地逐渐发展成为一个早期中世纪的主教驻地，之后的几十年间当地又逐渐发展成为一个人口聚集的城市，城市仍然延续了它在古罗马的名字——康斯坦提亚（Constantia）。在10～15世纪，康斯坦茨经历了一段繁荣时期，发展成为以皮毛、亚麻布和香料为主的重要贸易场所。这主要是因为它位于从德国到北意大利和法国的商路上，交通位置优越，当时城市的重要地位还可以通过以下的例子体现出来：在15世纪初，康斯坦茨曾经被作为一次宗教会议的举办地，这次会议是一次对于天主教会发展来说具有重要意义的大事件。在1414～1418年之间，来自欧洲各国的教会代表在这座城市里举行会议，并于1417年选举马丁五世成为新教皇。城市历史上经历的这次重大事件发生在宗教改革前夕，使宗教界内部的不同观点能够会聚于一处，由此也产生了直到今天都在影响欧洲发展的历史

图 25-1 康斯坦茨的区域空间结构

来 源：Stadt Konstanz, Dezernat III Planung, Technik, Umwelt, Entsor-gungsbetriebe und Technische Betriebe, Bürgermeister Kurt Werner. Beirat für Architektur und Stadtgestaltung Stadt Konstanz Werkbericht 2009 – 2013, December 2013

意义。1806年，拿破仑剥夺了康斯坦茨的独立地位，将其纳入新组建的巴登公国。随着新工业的迁入、铁路的修建和汽轮交通的发展，这座城市在其后

几十年里实现了经济的腾飞。在 19 世纪初,康斯坦茨已经转变为一个具有跨区域影响的工业与服务业区位,城市经济的基础依靠新技术与现代服务业的发展。而这又导致城市在 20 世纪向外部进行了大面积的扩张。

在第二次世界大战之后,工业的衰落导致了工作岗位大量减少,后来当地新建了 2 所大学,才使严峻的就业形势得到了缓解。今天,康斯坦茨已经成为一个充满吸引力的研发型区位,拥有大量高质量的工作岗位。

康斯坦茨的历史旧城在第二次世界大战中基本免于战火,因此能够容纳丰富的购物、餐饮场地和文化机构。这座城市也因此作为会议举办地和购物地点而广受欢迎。依靠毗邻博登湖的区位、自身多样的文化景观,以及近在咫尺的黑森林和阿尔卑斯山等条件,康斯坦茨获得了极高的休闲价值。在德国的三级中心地体系中,康斯坦茨作为中级中心[①],在科学、教育、文化、经济和商贸方面承担着区域内部的重要职能。欧洲各个城市和地区正围绕所谓赢得"最优大脑"(高质量劳动力)相互竞争,纷纷争取在科研领域的投资,康斯坦茨凭借自身拥有的 29 所高等学校和科研机构,提供了广泛的教育机会,并由此发展成为"四国交界的博登湖地区重要的国际性经济区位"(图 25-2)。

由于城市同时毗邻博登湖和莱茵河这种特殊的区位条件,康斯坦茨在空间上被分为截然不同的两个区域。河左岸属于历史保护范围、占地 $50hm^2$ 的历史旧城,直接位于德国和瑞士的交界处,另外还包括一部分 20 世纪初期的城市扩张地区,具有典型的"繁荣时期"特征[②]。河右岸的城区一直延伸到风光迷人的阿尔卑斯山麓地区。和许多欧洲城市一样,多个世纪以来康斯坦茨的建设活动都局限在城墙所包围的地区。直到今天,这种明确的内向型城市发展传统都一直影响着中世纪

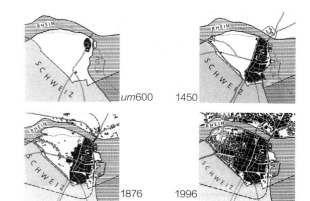

图 25-2　康斯坦茨的历史发展过程
来源:Bürgermeister Kurt Werner. Gelebte Stadtentwicklung. Konstanz, die Stadt zum See. 2014.

旧城的建筑组群。19 世纪中期以前,康斯坦茨城内的建设活动完全是对现有建筑的维护、加建和粉刷,今天在进行整治的时候,发现这些建筑在风格上的多样性像画册一样清晰可见。包括古罗马、哥特、文艺复兴和 19 世纪等不同时期的城市部分互相交错并存。在若干个世纪的发展过程中,城市一直坚持按照相当节俭的方式来使用土地和建筑材料。社区政策通过坚持多层次化和差异化的处理方式,使这座城市直到今天都保持了城市设计方面的高品质。不断的建设活动,使它的都市性也得到了加强。

25.2　21 世纪面临的城市发展挑战

进入 21 世纪,这座城市面临着一系列与规划有关的挑战。其处于边界的区位决定了城市需要进行有效的跨国界合作。考虑到大学城或者知识城市的发展定位,城市需要使当地的两所大学更好地融入整个城市格局中来。此外面对气候转变的挑战,城市有必要坚持资源友好型的发展方式,边界地区面临日益增长的交通问题也亟待解决,另外城市更新任务有待继续推进。

① 德国的空间秩序规划与州域规划以中心地理论为依据,全国范围内的城镇按照等级划分(上级中心、中级中心、下级中心等),不同等级的中心得以分配不同的职能及其设施,从而有力地推动了均衡发展的空间格局。
② 在 1871 年建国后,德国经济进入快速发展期,直到第一次世界大战爆发。

25.2.1 跨国界合作

博登湖周边地区属于欧洲的经济增长地带。康斯坦茨是欧共体外部边界地区的一个别具吸引力的中级中心。康斯坦茨在以前已经和相邻的瑞士城市克洛伊泽林恩（Kreuzlingen）一起进行了跨越国界的规划，并取得了不错的成果。康斯坦茨和克洛伊泽林恩在环境保护、供水、污水排放和供气等方面进行合作，双方在公共客运交通和城市发展规划方面也彼此协调。虽然已经完成了不少成果斐然的合作案例，但两个城市之间长期以来还缺乏一个全面且跨专业领域的发展构想，用来综合处理边界两边包括居民区、景观与交通方案等在内的许多发展面临的问题。在克洛伊泽林恩-康斯坦茨这个集聚区内部，很多基础设施，特别是交通基础设施已经接近了容量承受界限，此外博登湖周边美丽的文化景观也存在因为向外蔓延而进一步破碎化的趋势。

跨过了博登湖周边区域的许多行政边界，康斯坦茨与相邻的奥地利和瑞士的州和县开展了紧密合作。康斯坦茨同时是相距仅60km的苏黎世大都市区的联系成员。在2005年9月，康斯坦茨市政府决定参与瑞士的集聚区计划，主要是为了更有效地利用能源并实现协同效应。共同制定的未来图景指明了集聚区发展的指导方针。人们讨论了到2030年为止，集聚区在居民区、景观和交通机动性方面将如何发展，以及在内部如何协调居民区和交通发展等问题。

对于未来居民区的发展来说，应该首先支持并巩固那些位于现有且已大量建设的城市空间和居民区，确保这些地区依靠公共交通工具和慢速交通工具具有可达性，此外就是挑选出来的那些重点发展地区。这些地区强调基于质量的内向型发展方式，这样可以帮助保护现有的景观和自然休闲空间，以及延伸到博登湖岸边的绿色走廊，当地的社会服务设施和市政基础设施也能得到巩固。为了推动内向型的发展方式，康斯坦茨和克洛伊泽林恩都搁置了外围地区的建设活动。在交通机动性方面，慢速交通和公共交通继续拥有与个人机动车交通更高的优先权。除此而外，人们计划采用多种措施来发展与城市空间更加协调的交通方式，其重点是建造一个适于日常和休闲交通活动的步行和自行车网络，并确保网络有吸引力、安全，同时其各部分能够又互相连通。通过对公共交通的质和量加以改善，能够使其对于使用者更加便利，并使行车时刻表更加稳定。在未来几年中，还将研究开发跨国界的城郊铁路集聚区的可行性。对于这个独立而且有吸引力的经济空间来说，具有前瞻性特点的跨社区发展规划是其持续发展的核心基础，该规划在2022年以前考虑向公共基础设施提供超过2亿欧元资助。除了投资扶持以外，集聚区规划努力推动人们克服并超越"头脑中的国界"，致力于帮助边境地区的所有居民提升未来的发展潜力和质量（图25-3）。

25.2.2 解决日益增长的交通问题

正如德国许多城市一样，康斯坦茨也面临持续增长的个人交通带来的压力。为了让内城地区免受各种就业和旅游等过境交通干扰，旧城环路以内的大量公共街道和广场大多都被改造为步行区以及交通限制区，使城中居民和游客能够获得包括闲逛、会面、购物或参与节庆等活动的体验。同时也要让行动受限的人群也能够参与城市生活，就必须确保内城街道和广场具有无障碍可通行的特点，这是公

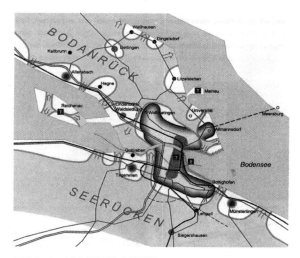

图25-3　城市发展的空间结构

来源：Bürgermeister Kurt Werner. Gelebte Stadtentwicklung. Konstanz, die Stadt zum See. 2014.

共空间满足日常需求的一条关键标准。

在市民的共同参与下，康斯坦茨市政府在2012年制定了名为"机动性2020+"（Mobilität 2020+）的总体规划方案，致力于发展环境友好的交通机动性，这个整合性的工作构想把各种交通子方案整合在一起，比如调整内城的交通系统，将公交车线路网、自行车交通网、内城步道网络、机动车与自行车停车方案相互整合起来。依靠灵活的交通管理构想，"机动性2020+"成为当地制定所有交通政策的基础。该方案尤其注重联动式交通，对于年轻一代人来说，私人轿车已不是地位的象征，他们已经理所当然地采用了联动式交通这种方式。通过坚持内向型发展方式，并从环保角度强调综合运用各种交通方式（公共汽车、铁路、步行与自行车交通），目前在康斯坦茨这座"短距离的城市"，城中居民可以使用环境友好型的交通工具解决59%的出行需求。与德国其他的中等城市相比，在康斯坦茨使用环保型出行工具的人口比例要比平均水平高出不少。

对于城市更新和"机动性2020+"，除了强调公共空间的无障碍通行特征之外，另一个核心的措施就是减少旧城环道上超负荷的个人机动车交通，鼓励人们综合使用各种环保型的交通方式。当地对火车站地区进行了全面整治，将火车站广场设计改造为林荫道，创造出无障碍的环境，这项工程包含了许多子项目，它们对未来导向的城市及交通发展规划来说具有重要参考价值。在2010年，利用计划兴建一个交通机动性中心的机会，当地将德国铁路公司、瑞士联邦铁路公司和城市公共汽车及轮船公司等提供交通服务的各方集合在一起，围绕旅游信息这个问题进行讨论。为了使火车站地区林荫道的公共汽车、步行和自行车这些交通方式能够比个人机动车交通更加具有竞争力，完全排除了发展过境交通的可能性（图25-4）。

在康斯坦茨的交通发展方案中，其理念源于一份被称为《在城市交通基础设施中更注重建筑文化的汉堡倡议》（Hamburger Appell für mehr Baukultur in der städtischen Verkehrs-infrastruktur

图25-4 火车站广场设计改造为林荫道

来 源：Bürgermeister Kurt Werner. Gelebte Stadtentwicklung. Konstanz, die Stadt zum See. 2014.

2012）。这份倡议于 2012 年发布，强调减少功能分离和过分干预，尽可能多地实现功能混合并保证多功能的适应性。该倡议还强调在不同空间尺度上把交通规划与空间开发规划整合起来，同时确保相关者能够尽早地参与和共同影响工程的规划和决策过程，致力于实现对于城市及当地形成可持续的"交通机动性文化"。

25.2.3 康斯坦茨大学城的进一步发展

近年来，康斯坦茨依靠 2 所大学巩固了自身作为博登湖地区重要科研区位的领先地位：

1. 康斯坦茨技术、经济与造型高等学校（Hochschule Konstanz Technik, Wirtschaft und Gestaltung, HTWG）

1906 年，康斯坦茨在旧城边缘建立了一所技术学院。这所学校在 1971 年成为应用科学高等学校，在 2005 年学校通过了综合性大学的审核，更名为"康斯坦茨技术、经济与造型国立高等学校"（Hochschule Konstanz Technik, Wirtschaft und Gestaltung, HTWG）。在之前的 1987 年，博登湖艺术学院被纳入到应用科学高等学校的通信设计研究所，与建筑与造型专业整合在一起。同时学校还成立了一个"作为世界经济语言的中文专业"。和德国许多大学遇到的问题类似，随着教师与学生数量增多，大学对占地面积的需求也在不断增加，而康斯坦茨的主要应对策略是采取渐进的方式，选择逐步合并现有校园周边的土地，在达到了一定的规模以后，学校于 1997 年将一处屠宰场改造成了图书馆，2011 年又为通信专业新建了一座大楼。为了制定中长期的校园扩张计划，联邦州、城市和高校之间采取了密切合作举办相关的设计竞赛招标，希望在这个框架下为整个高校发展出具有节地特点的用地开发构想。这份开发构想致力于实现一个新的重要的城市区位，2013 年经济与健康信息技术专业大楼已经开始建设。在制定开发规划的过程中，城市行政部门与建筑、土木工程和通信设计专业之间进行了密切合作（图 25-5）。

2. 作为德国重点大学的康斯坦茨大学

康斯坦茨第二所高等学校始建于 1966 年，是

图 25-5 康斯坦茨大学校园
来源：Kurt Werner 摄

效仿英美模式建立的一座具有独立校园的大学，力求成为"博登湖畔的哈佛"。学校位置远离内城，风光卓越，可以直接鸟瞰博登湖。今天它已经发展成为德国最好的大学之一。2011 年，这座当时由斯图加特的国家高层建筑管理局和年轻建筑师合作兴建的建筑，连同附属的空地与自然空间一起被列入了巴登 - 符腾堡州的建筑与文化保护名录，保护区范围占地 4.4hm²，建筑最初设计用于向 3000 名学生提供服务。从城市设计、建筑和功能上的设计方案来看，这一大学综合体就像是一座位于山坡上的小城市。通过使各部分的建筑体量散布在一个中央主楼四周，建筑布局强化了原有的自然地形特征。人们可以在自己的院系里享受各种逗留空间，在主楼里能够得到满足日常需要的各种物品。由于设计十分巧妙，相互连接、看似迷宫的道路系统能够使教师和学生之间常常不期而遇。根据当时的时代要求，"改革型学校"的口号使学校实现了以下构想："一方面必须强调综合体在空间组织和功能方式的效率问题，另一方面又必须把学生当作是学校共同体的成员，而绝不能仅仅是某个'机构'的使用者。"

康斯坦茨大学（共有 12000 学生）是城市中提供工作岗位最多的机构。康斯坦茨大学和市政府很早就认识到，为了彼此的成功它们必须相互扶持，需要相互协调的工作包括提供学生住宿和让学校更好地整合到区域公共交通网络等等。因此，康斯坦茨市政府已经与大学及巴登符腾堡州

向德国城市学习
——德国在空间发展中的挑战与对策

图 25-6　从学校食堂的主楼俯瞰麦瑙岛，1978 年
来源：Kurt Werner 摄

负责产权与建设的部门合作，考虑未来 50 年的发展，为大学的建设扩张作准备，这方面的工作包括在建筑空地进行加建、合并周边地块和提高建设密度等等。幸运的是，目前已经获得了大片土地，对其进行了测量并制定了土地建设的用途。在景观规划方面，首先是清点现状的动植物情况，未来规划扩张范围位于受保护区域的西侧。此外，以"机动性 2020+"总体规划的相关目标为基础，人们致力于在交通出行方案中将自行车交通和公共客运交通联系起来，研究从内城直达大学所在地的城市轨道线路的内容。巴登符腾堡州、康斯坦茨市政府和大学共同发起了设计竞赛，旨在为大学未来 50 年的长期扩张提供建议，各种与城市设计、景观规划和交通有关的条件和目标被作为跨专业竞赛投标的基础（图 25-6）。

25.3　资源友好的内向型发展

　　虽然德国联邦政府实施了"国家可持续发展战略"，但每天全国仍有 113hm² 的用地被用于城市和交通设施建设。这距离 2020 年末将德国政府制定的将新增建设用地规模控制在每天 30hm² 以内的目标，还有很大的距离。这个国家最宝贵和最重要的土地资源就是那些未用于建设的开放空间。但是对于德国许多的城市和社区来说，对建设用地的需求主要还是通过征用这些"绿草地"（未建设的空地）来满足的，而这会对人口发展和生态环境产生重大的影响。即使是从经济角度来看，新开发地区在基础设施方面投入的开支往往要高于社区在土地开发所获得的收益。随着人口不断增加，而且市民又希望拥有更高标准的住房，康斯坦茨政府面对建设用地的大量需求则显得捉襟见肘。

　　由于城市边缘地区的开发受到风景保护区、博登湖和瑞士边界的严格限制，城市因此选择了另一条发展路，有意识地将内向型发展摆在了城市政策的首位。相关的城市政策坚持"具有短距离交通的紧凑城市"理念，追求生态、社会和经济相互均衡的发展方式。通过坚持内向型的发展方式，现有的基础设施得到了更加充分的利用。紧凑而连续的城市地区同高质量的开放空间相得益彰，共同提高了城市与风景空间的质量。康斯坦茨的城市政府为此提出了"2020 年城市发展规划"（STEP2020），希望以资源友好的方式来处理高价值景观地带的开发工作——此类地区面积达到了 54.1km²，占整个城市区域面积的 60%。基于这种关系所发展出的高密度建成区和开发空间并存的开发模式，成为一种有效的规划工具，帮助激活内城地区储备的土地。不过根据以往的经验来看，这也会带来土地价格的上涨。在城市的内向型发展过程中，内城的闲置土地得到利用，人们采取了填补建筑空隙或者增补加建等措施。为了实施这些措施，城市规划部门预先进行了相关的潜力分析作为行动基础。基于这项分析工作，人们确定了既有的土地与建筑面积足够满足未来的居住和产业用地需要。该规划帮助康斯坦茨市在巴登符腾堡州内部举行的一项竞赛中得到了特别嘉奖。这样也就确保城市能够完成在 2006 年设立的目标，按照紧凑的方式，在现有建成区内部每年开发 300 个居住单位的目标（图 25-7）。

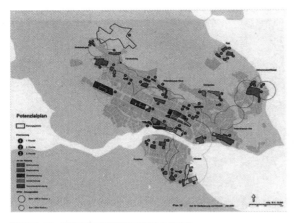

图 25-7　基于内向型发展的潜力规划

来源：Bürgermeister Kurt Werner. Gelebte Stadtentwicklung. Konstanz, die Stadt zum See. 2014.

25.4　城市设计性更新作为社区的长期任务

　　康斯坦茨最重要的任务之一是对内城中已有的建筑结构不断地进行更新，在过去 30 年中从州政府那里得到了大量财政补贴。利用这些资金，康斯坦茨实现了对 3 个内城街区的现代化改造。人们对近 50hm² 旧城中具有保留价值的房屋实施了谨慎且基于历史保护要求的更新，这部分内容对于维护城市的建筑认同、保持城市意象的完整性具有相当重要的意义。尽管不断增长的旅游带来了巨大的开发压力，但是通过与负责地方文物保护的部门进行密切合作，康斯坦茨成功地维持了旧城在历史上的土地划分和功能结构，同时实现了公共空间的整治和提升。如果私人业主为了发展经济而提出改变用途的要求，建设审批的程序会要求业主在改造底层的同时，必须保证底层以上楼层保持商业、服务业和居住等使用功能。在批准建设许可和开始规划设计以前，无论是对于重要的公共建筑还是对于中世纪的日常建筑，都会要求人们提供关于文物保护和涉及的房屋分析文件。

　　相关策略要求人们对每个地点的建设方案集中磋商，以寻求最可行的实施方案。为此，除了要考虑私人投资者的不同立场以外，还有必要及早在社区内部开展建设咨询。对于那些重要而且面临困难的项目来说，就需要安排设计顾问进行

图 25-8　城市全景：康斯坦茨旧城的城市建筑群/"诺力平面"（Nolliplan）

来源：Bürgermeister Kurt Werner. Gelebte Stadtentwicklung. Konstanz, die Stadt zum See. 2014.

补充性的咨询，城市政府会委托的独立、高水平跨专业专家（建筑师、景观建筑师和城市规划师）提供免费的建造咨询，保证大家在共同的对话中实现理想的结果（图 25-8）。

25.5　康斯坦茨：一个模范？

　　康斯坦茨这座位于博登湖畔的城市魅力非凡，由于与瑞士交界，同时距离苏黎世较近，而且当地可以很方便地抵达阿尔卑斯山脉中的大型冬夏休闲胜地，非常适合成为重要经济区位和居住地。康斯坦茨成功地从一座小型工业城市发展成为具有跨区域影响的大学城，优越的地理位置、温和的气候、内城地区高质量的居留条件，再加

上当地的两所大学，使这座城市成为具有高品质生活质量的地方。与此同时，康斯坦茨并不怎么热衷于追求兴建那些具有奇观特征、吸引媒体的项目，相反更重视防止景观破碎化、发展强调城市品质并坚持保护自然景观的长期性城市发展规划，同时与城市议会和当地居民保持公开而充满信赖的合作。通过坚持这一态度，即使在全国范围来看，这座城市也可以认为极为成功地确保并改善了当地的生活质量，同时还促进了本地的建筑文化。此外，相关的城市规划工作同时也受益于巴登符腾堡州和城市制定的各种具有气候和环境保护意识的政策，德国联邦政府非中心化的空间发展政策也给当地的城市规划工作提供了大力支持。

第 26 章
巴尔尼姆县——地处大都市区边缘的无规划发展？
Barnim County – Unplanned development on the metropolitan fringe?

威廉·本弗
Wilhelm Benfer
薛姝敏 译 易鑫 审校

26.1 概况

26.1.1 巴尔尼姆县的区位和面积

巴尔尼姆县是勃兰登堡州 14 个县当中的一个，行政区面积为 1472km²，在勃兰登堡州各县中排倒数第二。不过按照人口计算，整个州只有 4 个县的人口数量高于巴尔尼姆县。巴尔尼姆县位于北部的乌克马克县和南部的柏林之间（图 26-1、图 26-2）。这一区位对于巴尔尼姆县有着重要的意义：该县位于德国人口密度最低的乡村地区和德国最大的城市之间，这一特点从很多层面影响到了这个县的内部结构。如今巴尔尼姆县的景观是从冰河时期最后阶段的 15000 年前发展而来的，地势相对平坦，有很多湖泊，林地和沙质土壤的比例较高。这种多元的景观特色再加上人口密度相对较低的条件，使得如今巴尔尼姆全县约有 2/3 的土地处于各种类型的景观保护状态之下。

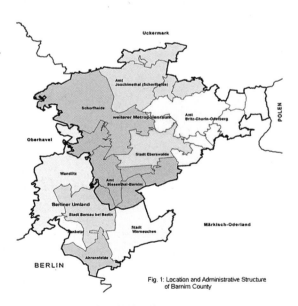

图 26-1 巴尔尼姆县的地理位置
来源：Kreisverwaltung Barnim.

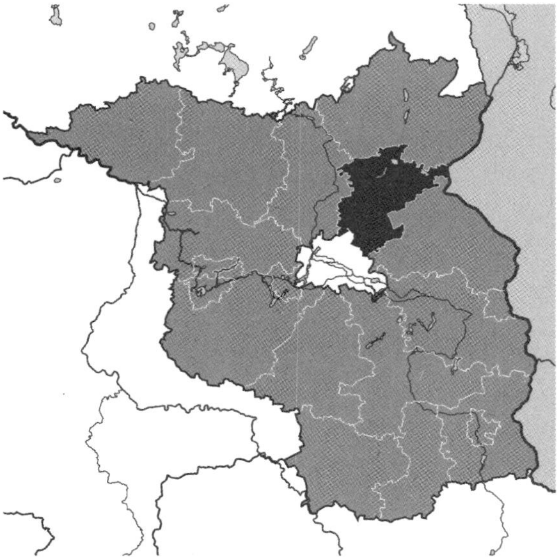

图 26-2 巴尔尼姆县与柏林和勃兰登堡州的位置关系
来源：https://de.wikipedia.org/wiki/Landkreis_Barnim

26.1.2 人口发展

自从 1990 年国家统一以来，巴尔尼姆县的人口发展状况比较典型地反映了柏林周边、勃兰登堡州各县的发展情况。1990 年代的人口发展出现显著扩张，但是后来增长速度不断减慢，而且这一趋势预计在未来还会继续。不过也有观点认为，到 2030 年的时候，该县的人口数量会明显高于 1990 年的情况。

尽管巴尔尼姆县通过位于柏林大都市区的边缘这个区位条件获益，但是整个勃兰登堡州的人口发展则更多受其腹地的情况影响。整个勃兰登堡州的 90% 国土面积的地区，其人口数量在统一之后出现了急剧的下降。造成这一情况的原因有 2 个：一是大量的人口外流导致了净迁出率，二是留下来人们的出生率也急剧下降。除了 1990 年代后半时期以外，勃兰登堡州在整体上人口一直在持续减少。而且最近的人口预测也没有任何迹象表明人口减少的趋势会停止（Landesamt für Bauen und Verkehr，2012）。

表 26-1 也显示出巴尔尼姆县内各部分人口发展不平衡的状况。县里面人口增长部分基本上是那些直接与柏林接壤的南部地区。该地区受益于柏林发展的溢出效应（spill-over effects），涵盖的范围大约占巴尔尼姆县的 1/3 左右；该县其余 2/3 的部分则属于大都市区腹地，这部分在统一之后人口数量一直不断下滑。预测表明将来的发展趋势也是如此。预计到 2030 年，生活在巴尔尼姆县"大都市区腹地"部分的居民数量会比 1990 下降近 30%。到了 2030 年，这 2 个部分的人口比例会完全颠倒过来（1990 年时"大都市区腹地"的人口数量超过南部地区）。

1990 ~ 2030 年巴尔尼姆的人口发展情况

表 26-1

年份	1990 年人口	1995 年人口	1990 年与 1995 年人人口差（%）	2000 年人口	2000 年与 1995 年人口差（%）	2005 年人口	2005 年与 2000 年人口差（%）	2010 年人口	2010 年与 2005 年人口差（%）	2030 年人口	2030 年与 1990 年人口差（%）
南部地区	59900	65400	+ 9.2	86200	+ 31.8	95000	+ 10.2	98100	+ 3.3	97400	+ 62.6
大都市区腹地	90300	86400	− 4.3	84100	− 2.7	81700	− 2.9	78700	− 3.7	65500	− 27.5
总计	150200	151800	+ 1.1	170300	+ 12.2	176700	+ 3.6	176800	+ 0.1	162900	+ 8.5
全州	2589400	2536800	− 2.0	2601200	+ 2.5	2567700	−1.3	2511500	− 2.2	2250700	− 13.1

资料来源：Bundesagentur für Arbeit，2013

过去 20 年中，虽然巴尔尼姆县的人口在整体上有所增长，但当地的就业机会却完全没有增长。统一之后，这里的工作机会持续下降了整整 15 年。到 2005 年为止，工作机会与当初相比大约减少了的 1/4。不过 2005 年之后，就业机会开始渐渐出现一定增长，现在当地的就业机会恢复到了 21 世纪初的水平。

如果把巴尔尼姆县的人口和就业机会的发展情况综合起来，我们就能清楚地看到以下趋势：人们越来越愿意选择到这里居住，而非在当地工作。

26.1.3 巴尔尼姆县的经济情况

巴尔尼姆县某些区域（特别是埃伯斯瓦尔德山谷，Eberswalde valle）的工业生产历史超过 400 年（主要是在金属加工领域）。但从整体来说，巴尔尼姆县从来都不是一个工业中心。如今医疗领域在巴尔尼姆县的经济发展中占有重要地位，医院、诊所、相关医疗服务和物资生产等机构共提供了全区约 1/6 的就业机会（Institutfür Arbertsmarket，2013）。

虽然巴尔尼姆县位于柏林边缘，但以前农业一直在该地区的经济中（直到再次统一的时候）

占有重要作用，该部门提供的就业机会在各部门中排第二。不过自从 1990 年以来，从事农业的就业人数已经减少到不足 1000 人，仅占全部劳动力总数的大约 2%。第二产业（制造业和建筑业）的就有机会则占约 24%。在经历了 1990 年代的超高速增长之后，第三产业如今为该地区人口提供 3/4 的就业机会。再加上可再生能源部门提供的工作机会正不断增多，巴尔尼姆县的经济确实在未来有发展潜力，不过这种潜力还没有体现到地区 GDP 规模和家庭收入水平上面。

尽管巴尔尼姆县具备发展潜力，但是该地区自统一以来经济上一直面临高失业率的挑战。2005 年之前，该地区的就业机会一直下滑，从 56000 个下降到了 40000 个。而 2005 年之后，尽管经历了世界性的金融和经济危机，全县的劳动力市场却取得了不错的成绩。2012 年，该地区的就业机会恢复到了 44000 个。在这里工作的人们有 2/3 都是生活在巴尔尼姆县之外，而巴尔尼姆县当地居民中也有近 50000 居民是在外地工作（大多数是在柏林地区），人们每天都会通勤上下班（Institut für Arbeitsmarket，2012）。

正如上文所指出的，该地区的劳动力市场正在缓慢发展，同时也保持了一定的人口增长，但这些并没有导致失业率急剧上升。不过直到最近失业率才下降到 10% 以下，2013 年底该县的失业率为 8.8%（南部地区失业率为 6.3%，整个北部地区失业率则为 13.1%）。尽管失业率和失业人口数量正在下降，但是数据显示长期失业的人口数量却在上升。如今经济结构正在发生变化，对专业技能方面的教育背景要求提高，这也让那些很久没有工作过的人越来越难找到一份工作重返职场。

这就导致了以下现象：当地虽然失业程度相当高，但是住在巴尔尼姆县的人们却不一定有能力填补某些空缺的职位。因此，该县和区域劳工局联合成立了一个由地方机构组成的合作网络，希望相互合作为当地居民组织各种教育培训活动。巴尔尼姆县正在努力使当地职业学校的培训项目和当地商业团体所需要的培训内容相互结合起来。如今，该县的社区学校已经能够按

图 26-3　埃伯斯瓦尔德应用技术大学的图书馆，Herzog & de Meuron 事务所设计
来源：Hochschule Eberswalde

照个别企业的需求，为他们量身打造培训项目和课程。埃伯斯瓦尔德应用技术大学（Eberswalde University of Applied Sciences）也是这个区域网络的合作伙伴之一，尽管这所大学只有 2000 名学生，但是这也促使他们特别强调根据周围地区环境的特定情况来调整自己培训目标和内容，注重寻找可持续的教育培训方案，并保护当地高品质的景观资源（图 26-3）。

26.2　巴尔尼姆县的治理情况

跟德国其他联邦州的情况一样，只要是在合法的范围内，巴尔尼姆县也拥有在自己行政区域内自治的权利。在德国的政治体制中，县级单位一般要负责地方社区政府在行政管理和财务方面无法独立承担的工作，这涉及包括医院、中学教育、职业学校、垃圾处理、公共交通等方面，另外还要为有需要的人士提供的社会服务。除了这些工作之外，巴尔尼姆县的职责还包括依法监督地方社区政府在其行政范围内所开展的活动，这也包括是否批准那些地方制定的土地利用规划。与德国其他的县级单位一样，巴尔尼姆县也有自己的议会，其成员是由全县人民选举出来的。议会是决策机构的主体，该县的行政长官本身也是议会的成员之一，不过本身具有的决策权力相对有限。

在德国，政府的财政问题内容相当复杂，涉及一整套详尽的权力系统，该系统规定了政府在征收

税款和其他款项方面的权力，此外还包括在转移资金时所要遵循的管理条例。这些条例对于平级的联邦州之间，以及对上下级不同政府间的资金流动都有明确的规定。巴尔尼姆县的收入有 2 个主要来源，一是联邦和联邦州的拨款（约占 65%），二是县域内部地方社区政府的税款（约占 30%）。一部分由联邦和联邦州拨付的款项可以由县政府自由决定，另一部分拨款则要符合特定的使用目的，比如进行专门的投资或是维持学校开支。地方社区由于享受了县级单位提供的各项服务，也需要向县级单位交税。县级单位另外剩余的约 5% 财政收入，来自其为客户提供的各项服务（如垃圾处理和发放建筑许可等）所收取的费用，县政府本身不自己征收税款。

从平衡收支、坚持量入为出以避免贷款来看，巴尔尼姆县堪称表率。但是这样的预算政策也给该县的发展提出了新的挑战，因为向社会提供服务的资金比例占据了该县支出最大的部分。尽管这些社会服务规定的具体财政细节是由联邦州一级的决策机构决定的，但县政府却是提供服务的主体，主要负责向居民提供那些个人不适合承担，但是又确实需要的社会服务。为这部分工作人员支付的工资占了该县支出金额的 17%。

26.3 巴尔尼姆县自重新统一以来的发展情况

重新统一以来，巴尔尼姆县并没有发生什么重大的社会经济变化。在这段时间里，人们出台了各种推动该县发展的政策。从区域相关空间规划政策的角度来看，本文作者认为 1990 年以后发展可以分为 3 个阶段，每一个阶段都有其自身的鲜明特点。围绕这些特点，我们将对当地社区、县这些地方机构、联邦州与区域层面这些跨地方机构所出台的治理和管理政策进行分析。

26.3.1 第一阶段：1990～1998 年

德国于 1990 年 10 月重新统一，此后原民主德国地区的地方社区获得了管理自身事务的权利，这是之前所没有过的。不过对于空间规划事务而言，地方社区在获得了这种新的法律地位以后有时也会产生错误的认识，把这种权利理解成在空间规划时地方社区在辖区内有绝对的自由在辖区开展规划，完全不必受更上级政府的控制，也不用遵循上层政府的规划指导方针或目标。早在 1990 年统一进程正式结束之前，投资者就已经开始选择寻求地方社区的同意，而不是先去申请建筑许可，他们直接与地方社区政府接触，寻求必要的支持。一般说来，只要有人有兴趣开发新的住宅和商业用地，当地社区都会给予积极的回应，因为有了更多的居民就意味着能够征收更多的个人所得税，在德国这是地方社区政府重要的税收来源。如果有更多的企业入驻，也可以为地方贡献更多的企业所得税，并为当地居民提供急需的工作机会。事实上，这一美好的愿景在巴尔尼姆县南部那些非常靠近柏林的几个社区身上确实实现了。但是位于该县北部的那些社区则远远没这么幸运，很多美好的希望都落空了。有时候这些社区在支付了编制土地利用规划的费用以后，却等不到什么实际的开发项目。即使如此，他们还不得不向交通和其他公共基础设施投资，以确保那些有可能实施的项目能够尽快落实。然而不幸的是，那些有开发意向的建设项目并没有按照预期实现。

造成这些情况发生的原因是：上级政府和管理部门本来可以在空间规划方面加以监督和控制，但是要么是应有的监督并不到位，要么就是相关的监督工作本身还处在准备过程中。无论是在联邦州层面还是在地方规模，制定规划体系发展的工作只要有什么进展就会面临广泛的质疑。除此之外，州和区域层级的规划一直被人们看作是地方社区治理权限的侵害，认为这种治理权限受宪法保障，直到今天这种看法还是很有市场。这种情绪在"柏林 - 勃兰登堡"大都市区空间发展的筹备过程中变得更为凸显，因为规划对各个地方社区的增长（发展）目标都进行了明确的规定，这意味着在之后的开发中，如果地方社区政府制定的土地利用规划有超出这些增长目标的地方，将不会有任何获批的机会，而规划许可恰恰是获得建筑许可证的前提。

从联邦州和区域层面的角度来看，第一轮覆盖全州规划文件的完成标志着第一阶段发展的结束。1995 年的"勃兰登堡州域发展计划一"（州域发展规划一：中心地体系的划分，Landesentwicklungsplan I – Zentralörtliche Gliederung）只针对勃兰登堡州。规划确定了整个城市网络，较为重要的公共服务机构将分布在级别较高的中心地（中级和高级中心地）。这些中心地将负责为更低空间层次的社区提供高质量的社会服务，确保覆盖全州的范围，为全州人民享受平等生活水平作出了贡献。此外，州域发展规划还明确确定了较低空间层次的中心地系统，这个系统是由一个由下级中心地区所组成的城市网络，具体甄别确定的工作则由负责区域规划的机构完成。

1998 年又提出"勃兰登堡州和柏林共同发展规划"，明确了一系列的规划原则和目标，用于指导贯穿勃兰登堡和柏林 2 个州在未来的空间规划发展方向。其中最重要的原则提出，所有的开发计划都应遵循"分散式集中"的原则。联邦州政府应该将公共资源集中分配到中心地那里，不能不加区分地散发给全州各个地区。这一做法将有助于发挥这些资源的作用，通过区域规划最终让地处偏远的人民也能受益。如果这一策略得以成功实施，也将有助于促进全州人民享受到公平的生活水平，确保全勃兰登堡州内部不会出现受到忽视的地区。

与上一个规划相比，"柏林 - 勃兰登堡相互影响区的州域发展规划"完全把注意力集中到以国家首都为中心的大都市区（Ministerium für Landwirtschaft, Umweltschutz und Raumordnung; Senatsverwaltung für Stadtentwicklung）。为此，柏林和勃兰登堡州的政府都感到有必要对整个都市区的发展以引导，将其引导到最适合进行开发的地区。位于上下班通勤路线周边的城市获得了更多的优先权，规划把重心集中在确定都市区内部各个地方社区的增长指标（人口）方面，此外就是确定那些需要保持作为开放空间的地区。

在这一大背景下，巴尔尼姆县于 1995 年制定

了自己的综合空间规划战略。很明显从法律的角度上看，这个规划文件并不能代替州和区域层面针对空间规划提出的法定规划引导。不过，我们可以相信全县的各个地方社区会主动将这项战略作为他们未来空间发展战略的基础。巴尔尼姆县本身也愿意将这项发展计划与多个政策领域相互结合，帮助指导县域范围内的各项开发活动。另外，该县所做的综合空间发展战略也可以被当作是将来制定整合性区域发展规划的主要参考内容。

26.3.2 第二阶段：1998 ～ 2006 年

从 1998 年起，人们就开始按照德国的标准模式构建"柏林 - 勃兰登堡"地区的空间规划体系，不过当时这个体系的发展还非常不成熟。正如上文提到的，虽然联邦州层面的空间规划系统已经初步形成，但是区域一级的工作进展仍然差异巨大。整个勃兰登堡州被分为 5 个地区，每个地区都分别设立了区域规划协会，每个规划协会都经过选举成立的工作组，负责各项规划文件的落实工作；每个协会还有专门的办公室，由专业的人员负责这些规划文件的编制工作。不过由于人力有限，目前的成果距离将各方面策略整合到一起的综合性区域规划还相差很远。"乌克马克 - 巴尔尼姆"区域协会刚刚投票通过了一项规划文件，集中讨论是否要为风力发电场和采矿业专门安排指定的区域。当时刚好有一大波投资项目集中在风力发电场领域，政府认为也应该出台配套的规划文件，以便有效管理和引导风力发电场的发展。

就巴尔尼姆县这个层级而言，在编制指导政府行动的土地利用规划方面已经取得了显著的进步。但在大都市群内部以及外部的不少开发地区，仍有少数地方社区政府没有出台这样的规划文件。不过值得欣慰的是，大多数的社区都已经开始着手编制这些规划，地方上的政客也已经开始接受那些并非由自己制定的空间规划指导思想和目标。特别是那些面临发展压力的地方社区（即靠近柏林的地区），很多土地利用规划已经开始生效，投资也开始逐步按照这些规划制定的要求进行建设。

不过在这个过程中仍然存在一定的顾虑，那些位置比较偏远、规模较小的社区，即使是周边社区政府已经编制了规划，他们仍然需要较长的时间才会在当地的政治领域讨论这方面的问题。对于巴尔尼姆县北部的社区来说，人们认为至少得把土地利用规划作为实施开发的先决条件，这样做并不能保证会有显著的开发项目和投资进入该地区，因此也无法取得立竿见影的效果。

在巴尔尼姆县南部和北部之间业已存在的差距开始加剧，南部地区日渐繁荣，而北部地区则愈加落后。面对这种情况，县内部要求缩小差距的呼声越来越高，尤其是那些较为贫困的社区。在统一之前，社会主义时期中央政府可以通过向落后地区定向投资，简单地解决这个问题，但统一之后的公共部门并没有这个权力，也无法如此直接地划拨款项。这种情况就凸显出全县范围内社区之间相互合作的意义，人们需要把注意力集中在各种发展项目上。大多数情况下，这些项目都集中在依靠当地特色，吸引游客方面。

在1997年底，巴尔尼姆县通过了一项整合性的经济发展构想。该县甚至专门划拨了一部分资金支持当地社区实施这些发展项目。与此同时，政府决定也要求将财政援助更多地集中在那些有助于改善县内基础设施的投资项目上，因为这样对商业开发更为有利。

在第二阶段的发展过程中，我们可以愈发清楚地看到，真正从整个都市区增长受益的是柏林和周边地区。为此勃兰登堡和柏林两个州渐渐地不再把彼此作为竞争对手看待，开始寻求合作的可能性和具体方式。尽管人们有意向勃兰登堡州的乡村腹地提供支持，该地区依然不可避免地面临发展滞后的问题，而这也引发了人们质疑勃兰登堡州域发展规划中的那些核心原则，认为这些方式不够恰当，到今天这种质疑也一直存在。

26.3.3 第三阶段：2006年至今

新的阶段，整个州的发展政策开始重新调整。德意志联邦共和国自成立以来，其区域政策的基石一直是致力于为全国各地区的人民提供平等生活水平的机会，将其作为区域发展政策的主要目标（联邦空间规划法第1条，Federal Spatial Planning Act § 1）。正是由这项要求出发，联邦、联邦州和层面的综合空间发展战略一直试图在那些发展较快和发展落后的地区寻求平衡。

当勃兰登堡州的人们围绕实现各地区平衡发展的州域发展政策激烈争论的时候，2004年社会民主党执政的州政府决定选择基督教民主联盟作为自己的政治伙伴，结果追求平衡的政策模式最终转向优先资助那些具有发展强优势的区域和企业，这种做法有利于有效回收投入的资金，并可以获得高额的税收回报。在此基础上，州政府对空间和经济发展政策的基础文件进行了修订，充分体现了新的政策调整方向。

关于首都地区（如今被正式称为大都市区）的发展，柏林和勃兰登堡州议会在2006年通过了一项全新的构想（整体发展构想），其主要内容集中在提供创新型的环境方面，致力于强调质量和可持续的发展道路。在一年之后，柏林和勃兰登堡两州的议会正式批准实施修订后的首都地区州域发展规划，规划的核心突出了"强化优势"，人们在强调都市区中心重要性的基础上，进一步强调把发展集中在中心地区。在整个发展政策中，一系列的中心地仍是作为最为关键的一环，相关政策继续支持它们作为乡村地区发展重要的组成部分。2009年的柏林-勃兰登堡州域发展规划也确定采用新的发展方式，着重强调首都地区的空间发展。

除了空间规划以外，勃兰登堡州在过去5年时间里，还重新调整了其经济发展政策。2006年，财政援助的制度被改变，人们更多地转而向那些可以支持经济活动的城市中心提供支持，位于这些中心（最好是靠近柏林市）的企业将获得更好的融资条件。这一原则同样适用于那些地处勃兰登堡州，存在重大发展潜力的企业。

对于地方社区而言，州域空间规划框架的这些新变化也就意味着：减少国家干预，放松对地方自身规划的控制。更为重要的是，2003年的地方政府改革让很多地方社区从具有权威的地方当局，变成了上级政府的一个分支机构，因此丧失了之前的地位和权利。在变化刚开始的几年时间里，地方政府开始尝试重新编制用于指导政府行动的土地利用规划，以配合空间规划政策上的新变化。此外，很多靠近柏林的地方社区与以前相比获得了更大的发展，结果渐渐用尽了自己的土地储备，土地储备问题曾经是过去十年土地利用规划的主题。

对于巴尔尼姆县空间发展来说，靠近柏林的那些相对富裕的社区与其他社区之间的差距仍在加大，后者正遭受人口流失和失业问题的困扰。对于巴尔尼姆县北部来说，由社区政府或是县政府提供的社会服务面临越来越难以为继的挑战，这些服务的数量和质量都难以保证。例如，由于适龄学生大量减少，最终促使越来越多的学校关门，人口流失还导致当地需要投入更多的资金来维持公共交通系统的运行，以提供基本的可达性服务，确保人们能够到达所有其他社区。相比之下，靠近柏林的社区则完全相反。这里的居民则要求扩大现有学校的规模；持续的人口增长使当地筹备建立新的公交线路，现有交通线路上运行的巴士数目也得到增加。南北两地之间截然不同的发展情况很有可能会持续相当长的一段时间。

面对这种局面，规划策略在空间和发展主题上都变得越来越强调针对性。20 世纪 90 年代末以来地方社区之间已经发展出了非正式网络，它们也在某种程度上获得进一步的发展。不同地区都提出了自己的发展策略，有些社区政府甚至专门聘请了官方管理机构之外的专业人员，请他们负责实施这些发展策略。

巴尔尼姆县政府也改变了自己的发展战略。20 世纪 90 年代末以来一直在支持重点的基础设施项目。由于该县为这些项目提供的资金不断减少，这就迫使政府不得不开始重新思考其他的发展措施，开始将注意力集中在 2 个事关全县未来发展的政策领域：一个是（可再生）能源问题（图 26-4），另一个是终生学习问题。2008 年该县议会通过了一项致力于零排放的战略，当地在可再生

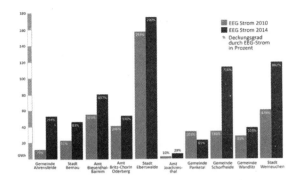

图 26-4　巴尼姆县内部各个社区的可再生电力能源的生产情况（2010 年 /2014 年对比）

来源：Barnim Energiegesellschaft mbH. Energie und Klimaschutz Landkreis Barnim. Bericht 2015.

能源发电、能源消费和二氧化碳排放量方面提出了自己的减排目标，大大超过了欧盟或联合国设立的目标。另外巴尔尼姆县于 2007 年开始实施新的教育方案，为此还获得了联邦政府的大量资金援助，而且人们也并没有确定这两项政策结束的明确时间节点。

26.4　结语

通过回顾重新统一之后巴尔尼姆县的空间发展规划过程，我们能够清楚地看到：以前中央集权的计划经济及空间规划迅速向基于市场经济框架的规划转变。对于计划经济来说，空间规划只被视为完成既定经济目标的重要手段；相反，1990 年以后采用的空间规划系统则是建立在另一种假设的基础之上：空间规划本身可以成为为其他各方面政策和发展要求提供整个构想的基础，这一构想能够帮助这些政策和要求一同确定整个空间发展的进程（图 26-5）。

这种规划理念在地处柏林周边的地方社区更容易被理解和接受。因为对这些社区来说，发展很大程度上是与经济增长相联系的。越来越多的人对于住房、工作和社会服务等有新的需要。土地利用规划的工作流程被当作是建设新的住宅、商业和其他设施的必要途径。然而，巴尔尼姆县北方地区的情况却并非如此。在过去 20 年间，编制土地使用规划的活动严重放缓，这主要是因

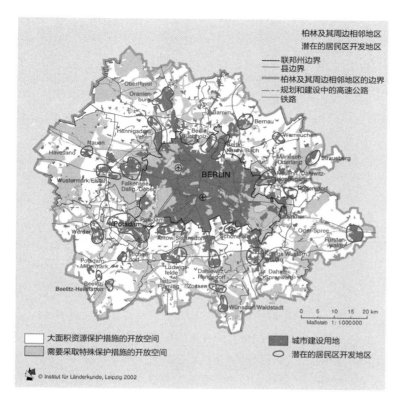

图 26-5　柏林及其周边都市区确定的潜在开发区位

来源：Wolf Beyer，Stefan Krappweis，Torsten Maciuga，Jörg Räder，Manfred Sinz. Die Metro-polregion Berlin-Brandenburg. Institut für Landeskunde，Leipzig，2002.

为当地的决策者越来越认为该地区没有多少发展潜力。考虑到德国空间规划系统的任务是通过明确定位或者采取预先干预的手段参与经济增长的管理工作，但是在很多地方，这些规划并没有起到任何作用，再加上因为处在经济衰退的时期，这种效果就更加明显。就勃兰登堡州而言，如果区域规划和州域规划无法为发展（无论是经济增长还是衰退）提供有效的指导，那么人们对于这样的空间规划持质疑态度也就不难理解了。

因此，至少是地方层面的发展政策就开始更多地追求发展独立项目，不过他们对于进行综合性的规划没有兴趣。地方决策机构也就倾向于把实现一个个独立的项目作为发展目标，而不愿意讨论哪些内容才是最适合地方社区整体发展目标，也不会把这些内容作为决策的基础，而这会抹杀空间规划的意义，使人们认为空间规划只是帮助完成一个个独立投资项目的工具。

本章参考文献

[1] Institut für Arbeitsmarkt- und Berufsforschung. Demografische Veränderungen in Ostdeutschland：Jugendliche finden immer öfter eine Lehrstelle vor Ort，2012.

[2] Institut für Arbeitsmarkt- und Berufsforschung. Arbeitslosenversicherung：Auch Selbstständige nehmen Unterstützung in Anspruch，2013.

[3] Landesentwicklungsplan I – Zentralörtliche Gliederung. Ministerium für Landwirtschaft，Umweltschutz und Raumordnung；Senatsverwaltung für Stadtentwicklung，2002a.

[4] Landesentwicklungsprogramm. Ministerium für Landwirtschaft，Umweltschutz und Raumordnung；Senatsverwaltung für Stadtentwicklung，2002b.

第 27 章

滕普林：勃兰登堡的一个小镇
Templin: A small town in Brandenburg

克劳斯·昆兹曼，黛克拉·赛福特
Klaus R. Kunzmann, Thekla Seifert
王丹晨　译　易鑫　审校

27.1 概况

滕普林（Templin）是德国众多小镇中的一个，位于柏林以北大约 80km，属于勃兰登堡州。在柏林 - 勃兰登堡这个首都城市区域内部的中心地体系中，滕普林属于典型的下级中心地[①]。滕普林位于普伦茨劳县内部，这个典型的乡村地区位于柏林的区域腹地，与波兰接壤，同时其所处区位处于柏林和波罗的海海岸的中间位置（图 27-1）。当

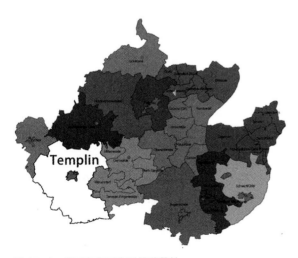

图 27-1　位于乌克马克县的滕普林
来源：Landkreis Uckermark.

地标志性的"乌克马克"丘陵景观形成于冰河时期，此外包括在冰河时期晚期形成的冰碛、冰川河谷等地质面貌。尽管这一地区依靠广袤的森林而林业发达，但是农业因为土质营养匮乏并不发达。人们有时会把这个地区比作德国的托斯卡纳，相当大胆，但是这种比较并不符合实际情况。尽管如此，还是有许多来自柏林、萨克森 - 安哈尔特州或者德国其他州的居民在这里拥有自己的度假小木屋。2013 年，"乌克马克"（Uckermark）被评选为德国最可持续旅游地区。

滕普林所在的县属于德国最大的县之一，2012 年人口达到 22484 人。

区域内部有 600 多个湖泊，河流里程为 2800km 长（Kuntz，2013）。全县有大约 1/3 的地区属于自然保护区的范围，存在大量的湖泊和原始森林，是多种动植物的栖息地。作为猎场，这片森林的所有权几易其手，包括皇室、封建主、纳粹和社会主义时期的领导人，如今的所有权处于半私有半公有的状态，当地和来自荷兰、丹麦等地的国外狩猎者都到这里有偿猎鹿。这个县所在的区域属于德国经济发展水平最低的地区，存在失业率较高，公共服务设施不完善，人口外迁

---

① 在德国的三级中心地体系中属于最低的第三等级，参见本书 5.4.2 节（译者注）。

和老龄化现象严重等问题。1989 年两德统一以后，结束了原先由国家主导的社会主义经济模式，开始实行市场经济，当地无法向年轻人和更加具有流动性特点的劳动力提供足够的就业岗位。

整个地区农业的收益相对较低，土壤含沙量高而相对贫瘠（图 27-2）。尽管如此，本地区内部的 192000hm² 的农业用地支持了 7.5% 的就业人口比例（勃兰登堡州的农业人口为 4.5%，全德国的农业人口为 1.6%）（D-Statis，2013）。本地区农业的主要粮食作物包括黑麦、燕麦、大麦和玉米（也用作生物柴油和动物饲料），油料作物包括向日葵和油菜，此外还包括烟草和麻。除此之外，马铃薯和苹果是本地区的特产，此外也包括野生及养殖的鱼、散养的牛和水牛、家禽和养殖的鹿等。作为知名打猎区，滕普林为来自柏林和勃兰登堡的游客提供季节性的野猪肉和鹿肉。当地居民对

于生产谷物作为生物柴油兴趣不大，而且这么做也并不能产生很大的经济效益。不过生态农业已经在当地成为一个基本趋势。近几年来，这个区域已经发展成为欧洲最大的生态农业区之一。在这里有 55 个农庄供应生态食品，经营的土地面积超过 16000hm²，产品主要销往柏林大都市区内部的各个城镇。

滕普林镇历史悠久，是乌克马克县内部 4 个比较大的镇之一（另外 3 个分别是普伦茨劳、施韦特、安格尔明德，Prenzlau, Schwedt & Angermünde）（Breyer et al.., 2012；Berger, 2013）。城镇建于 1270 年，历经岁月浮沉。城镇周边残存的石墙告诉我们，战争曾经不止一次摧毁过滕普林。在一个以农业为主的区域当中，城镇承担着作为服务周边的中心地功能。1945 年，"二战"的战火摧毁了当地 60% 的历史遗迹。后来在原民主

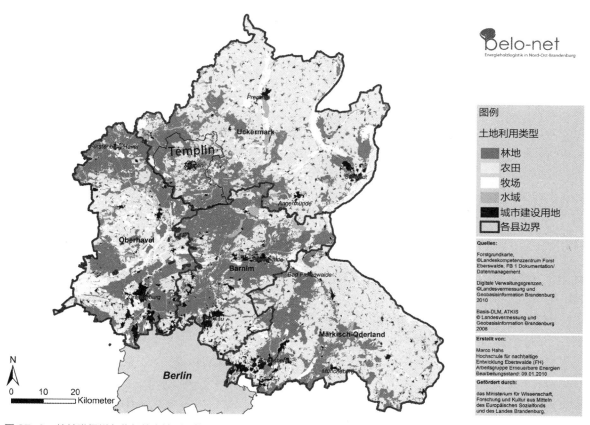

图 27-2　勃兰登堡州东北部的土地利用情况

来源：belo-net. Energieholzlogistik in Nord-Ost-Brandenburg

德国社会主义政府的领导下，城市根据功能主义的规划原则得到了重建。

在原民主德国的社会主义时期（1949～1990年），滕普林有不少区域性的国营工业（木材加工、混凝土、纺织、家具产业、燃气供热和农业机械等），此外还有大型的专业化养猪场和铁路维修企业。当时的社会主义政权倾向于推动工业生产的分散化，同时尽可能多地建立能够自给自足的生产地区。社会主义时期的国有铁路公司同时也把滕普林当作是区域性的铁路枢纽。在城镇的南部，苏联人建立了在德国最大的军用喷气式飞机场，其中还包括一座服务苏军及其家属居住的基地。1994年，以前不断制造噪声的飞机跑道遭到废弃。1995年俄罗斯军队最终撤离。之后大部分的房屋以及附近的仓储区域都被拆除，只剩下大片遭到污染的土地（油料、弹药以及工业废物）。

27.2　今天的滕普林

2012年，当地人口约为16000人（2013年统计），其中外国人只占0.85%。尽管在原联邦德国和民主德国合并之后，城市失去了作为区域性铁路枢纽和县域行政中心的地位，但是它的公共和私人服务所辐射的总人口仍然达到35000人的规模，1995年时候的县域范围与这个人口规模基本对应，后来这个地区与其他地区进行了合并。

从柏林出发，可以通过汽车或火车前往滕普林（大约90分钟左右）。此外还可以选择乘船沿着区域内部密集的运河所组成的水道前往目的地（图27-3）。城市内部有一个内河港口，用于停靠用于休闲目的的私人船只。除此之外，滕普林还位于全国和区域内部的自行车路线交叉口的位置（图27-4）。

滕普林的城市中心具有德国典型历史城市的特征。在18世纪的普鲁士统治时期，城市经历了一系列的规划。在城市周边的沿湖或者附近地区还散布着不少独立式的住宅。在1945年以后的社会主义时期，特别是1970年代，人们在遭到战火摧毁的城市中心建造了大量以工厂预制构件方法建设的多层住宅。在远离市中心的地方，许多小

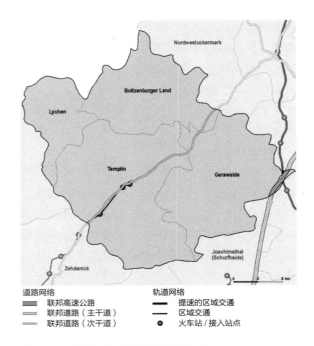

图 27-3　滕普林及附属社区的交通网络

来源：Landkreis Uckermark.

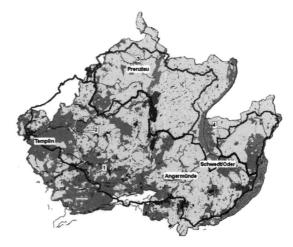

图 27-4　滕普林及乌克马克县所在区域的自行车道

来源：Landkreis Uckermark.

型度假别墅像蘑菇一样散落在周边的森林内部或者沿湖布置。今天，城市中心的许多房屋被当地政府列入文物保护目录，以避免其被拆除（Arge Brandeaburg，2010；MIL，2013）。

在所处的次区域，滕普林提供了有吸引力的购物中心，同时还聚集了不少公立的学校。相对而言，规模较小的城市具有浓郁的文化氛围：镇上

有 1 个文化中心、1 家博物馆、1 家当地的报社和 2 个书店。夏季滕普林会成为家庭和"慢生活旅游"（slow tourism）的绝佳选择。依靠丰富的温泉资源，当地发展出优质的水疗服务，并由此成为温泉疗养胜地。2000 年，滕普林正式被德国政府认证为"水疗城镇"。

如今在滕普林当地的经济结构中，主要企业包括几家建筑公司、一家锯木厂以及相关的木料加工厂、大量的小型和中型的手工业工厂和企业、各种各样的疗养服务、拥有 165 名雇员的一家医院、许多与建筑材料和园艺有关的直销店、林林总总的超市以及一部分银行和供销社，此外还包括一家百货公司。其他提供就业机会的部门还包括大量旅馆、餐厅、咖啡店等，这些设施在夏季生意都很好。

但是当地的就业情况仍然不容乐观。在 2013 年底，滕普林的失业率达到 14.4%（勃兰登堡州的失业率是 9.4%，德国全国则是 6.8%）。50 岁以上的失业人口在当地很难找到工作。即使将就业范围扩大到柏林（通勤时间往返要 4h），依然不能保证为这个人群提供相关的工作岗位。

当地的住宅市场主要分为两类，一部分是私人自住的独立式住宅；另一部分租赁住宅则掌握在当地政府控制的住房公司手上，相关机构在内城地区拥有 1831 套公寓，由它负责经营的公寓总量则达到了 2210 套。大部分的公寓是在 1990 年之前建造的，采用工厂预制的技术建造。在现代化改造以后，其中很多住房已经达到了德国制定的节能标准。

在滕普林，还有一个特色来自于所谓的"瓦尔德霍夫"（Waldhof），这个社会机构成立于 150 年以前，它的影响力早已超越了城镇所在的范围。该机构由一家基督教基金会（Stephanus Stiftung）进行资助，致力于照料无家可归的儿童。关心和照顾在身体和精神上有障碍的儿童和成年人，并为许多年轻人和老人提供住房、工作、教育、培训和治疗等服务。它还成立了一所样板学校，追求为健全和有障碍的孩子提供共同的教育（Stephanus，2004）。

凭借秀丽的森林、湖泊和水道等自然风光，滕普林的休闲娱乐设施主要位于城镇以外的地方。夏季，这个旅游胜地吸引着来自柏林和德国其他各州的大量游客。除此之外，一座位于城镇边缘，名为"黄金国"（Eldorado）的休闲公园也是许多家庭度假的目的地，在这里人们能够领略到来自美国西部好莱坞的风情。

滕普林当地的政府相对独立，尽管规模相对较小，滕普林仍然拥有自己的行政机构，其中包括公共安全、建设等部门，甚至还配备有自己的规划师。根据法律要求，城市政府有义务提供幼儿园和学校等设施，同时还要负责市政设施和社会服务设施等公共基础设施方面的工作，包括地方的道路、供水、排水以及垃圾处理等。

城市的预算相对较少（2013 年为 2100 万欧元）。财政预算的 30% 来自当地的税收（包含财产税），16% 来自当地其他各种收费，剩下 54% 来自州政府和联邦的财政拨款，这部分的内容通过相关立法加以确定。不过向州政府寻求更多的财政支持空间较为有限。本镇政府由于财政赤字问题，不得不在基建设施领域控制开支以减少负债（Stadt Templin，2012）。

27.3 转型带来的挑战

在 1989 年两德统一后将近 25 年的时间里，滕普林依然处于从国家主导的社会主义经济向自由市场支配的资本主义经济转变过程。从社会主义向民主制度的痛苦转型过程直到今天依然决定着当地大部分的城市发展政策。

两德统一后，原东德的领土上成立了 5 个新的联邦州，其中一个就是环绕着首都柏林的勃兰登堡州，勃兰登堡州原先属于普鲁士的一部分，后者的面积大得多。根据这种调整，人们在州的内部建立了一个新的管理机构，产生了新的县和地方政府。

根据原联邦德国的样板来建设一套新的公共行政机构和规章是一件很繁杂的工作，因此大量来自原联邦德国的具有丰富经验的公共和私人专家都参与了进来。在鼓励地方政府相互帮扶政策的指导下，相关机构努力帮助地方政府能够尽快适应统一以后出现的变化，对于滕普林来说，位于原联邦德国的巴德·利普斯普林格市（Bad Lippspringe）就成了对口支援滕普林的"教父"，帮助指导城市政府的转型。

新的政权决定将以前被社会主义政权没收的土地和房产归还给原主，但是这个因素变成了加速城市发展过程中的一个主要限制因素。虽然保留有战前时期的地籍簿，但是在全世界范围内找到并通知到原主花费了很多年的时间。在这段时间里，许多建筑不得不一直保持原有的状态。

然而当地面临的最大问题是重振经济。大部分国有企业都遭到废弃或者处于破产状况。在德国统一后的激烈自由市场竞争中，这些企业缺乏竞争力。对于许多提供日常商品的商店来说也是如此。只有传统的手工业能够成功地融入大量建设活动中，特别是统一以后土地产权关系明晰的那些地方。

整个县的失业率已经超过了 25%，这个水平使这个区域成为统一以后德国最穷的几个区域之一。随着那些具有更强流动性而且素质较好的劳动力向外迁移，当地经济进一步受到影响。此外还存在一个经济影响因素，柏林并没有像一部分政客所预料的那样，重新成为以前具有重要影响的经济力量。在 20 世纪初期，柏林曾经是德意志帝国工业化程度最高的城市。然而 100 年以后，柏林这个城市州是德国最穷且负债最多的联邦州。因此，尽管与柏林毗邻，滕普林并不能因为处于首都腹地而得到经济利益。考虑到其边缘性的地理位置，尽管存在相关公共刺激政策，滕普林还是无法吸引私人投资前来投资，因为当地既没有什么特殊区位优势，也不具备特别高素质劳动力的人力优势。

近几年，原民主德国的结构调整已经接近完成。得到资助以后，滕普林的城市形象得以改善，城市经济正在向健康和旅游产业、第二居所和地方手工艺等新的产业转移。依靠州政府的慷慨资助，城镇虽然历经战争破坏和以前社会主义时期的改造，仍然在很大程度上恢复了原有的历史风貌和活力。滕普林也因此吸引了大量的游客和私人投资者，他们把资金投入到餐饮和商店等产业门类当中来，此外还在城市周边的乡村地区广泛提供生态产品。当地经济持续下行的局面似乎也得以结束。城市从那些收入较好的退休人员那里发现了机遇。这些人非常喜欢当地夏季的阳光、新鲜空气和步行友好的城镇，还有就是体现了慢生活节奏的场所，在后工业化社会的条件下，这些因素满足了那些承受压力的人们的相应要求。

虽然高速的通信设施对于本地区来说仍然存在问题，但能源供应问题已经解决。对于区域规划师和当地的城市规划师来说，能源方面的主要挑战是建设风车会给当地景观带来负面影响。在通过风能和太阳能实现能源自给方面，滕普林所在的县在德国名列前茅。比如，苏联的机场跑道现在被改造为太阳能工厂（Belectric[①]）。工厂占地 214hm^2，装机容量达到 128MW，是欧洲最大的太阳能工厂，能够满足 36000 个家庭的能量需求，每月减少 90000t 的二氧化碳排放。

与 1989 年的条件相比，居民在 2013 年的宜居性水平有了很大的提高，不过一些上了年纪的人还是会怀念社会主义时期，那个时候找工作不是问题，人们可以免费使用例如幼儿园、学校和医疗服务等公共服务。不过对于今天来说，区域内部依靠高质量的自然环境和紧密的社会网络弥补了以前缺乏国际联系、个人受到约束和参与不足的问题。

很显然，为了应对人口下降和结构调整带来的挑战，滕普林仍需付出很大努力。相关的城市发展任务已成为一项常规工作。但是经济停滞和资金缺乏限制了当地政府和规划师的工作，他们必须要在缺乏资源的情况下推动城市发展工作的进展，发放建设许可的需求相当有限；而且当地

---

① Belectric 是一家经营太阳能的企业。

并没有多少必要来控制那些没有官方授权就进行开发的活动，对自然环境和水源的保护不是问题。德国完善的法律效力确保了不会给那些滥用和钻法律空子的行为留下什么余地。地方政府同更高层级的区域政府和州政府的合作也十分顺畅，并成为常规性的工作。

在德国任何一个当地政府中，人们都很容易发现不同意识形态立场的地方政治派别之间存在着一定的政治分歧。滕普林的市长来自市议会中以前代表社会主义的群体，虽然他掌握的预算相当有限，但还是必须要满足支持者的预期。由于确定各方面事务优先程度的余地有限，公共行政部门的人员不足，主动发展倡议或进行各种投资的可能性不足。城市发展工作中面临的问题大同小异，比如实施单个的开发项目，对当地基础设施进行现代化改造工作设定优先顺序，根据当地情况回应来自区域和联邦州的倡议等。考虑到这些情况，滕普林当地的政见分歧是很有限的。

27.4 未来之路

根据未来的人口和经济发展趋势，滕普林提出的发展目标相对稳健。当地治理的首要任务仍然是维持居民的生活水平。所以对于任何新的项目，都需要超乎寻常的创造力和耐心才能实现。滕普林的城市发展仍然需要依靠当地的领导者同勃兰登堡州现有的政治与行政体系之间讨价还价的结果，尽管现有的法律框架提供的可变通余地并不大。事实上，因为州政府由社会民主党和社会主义政党组成的大联盟掌控，这种局面对于滕普林而言仍颇有裨益（LAPLA，2013）。

乌克马克县逐渐认识到自身作为可持续区域的基本特征，这一特征来自于当地的景观、森林、湖泊以及特色农业。区域的未来发展道路将以这一基本特征展开。此外，区域的这一特征还得到了距离柏林和波兰仅30km距离的地理邻近性的支持。

近几年来，通过参加不同区域之间的竞赛，该区域脱颖而出，获得了最具备可持续水准的旅游区域这一称号。这个称号将有助于人们开展区域营销工作，吸引了更多来自柏林和波兹坦的家庭旅游者，还有的游客甚至来自于勃兰登堡州、萨克森-安哈尔特州和波兰。

对于滕普林来说，城市将寻求与更大范围的区域未来发展方向相互协调。在第一次确立相关发展目标15年之后的2010年，滕普林提出了将当地发展成为"水疗城"的新构想（Dwif，2012）。这一构想是由来自柏林的健康产业方面的顾问所提出的，这些顾问为未来的城市发展一个提出了6个具体的行动区域。

（1）强化城市作为"水疗城"的形象；

（2）充分发展健康旅游；

（3）根据潜在客户和消费者特点，开发战略性的产品；

（4）综合性地开拓市场；

（5）根据相关构想和建议高效地推动内部和外部的营销活动；

（6）进一步优化管理结构。

在2012年，这一构想在政治层面上获得了充分的认可。当地行政部门被正式委托来具体执行这些建议。相关计划因此成为滕普林未来城市发展的基本路线。

城市另一个具有发展前景的方向是成为学校教育基地。当地有市民活动者提出希望能够找到一个新的机构，由它来建立一所重点学校。1956年以前，当地一直存在一所重点学校。但是后来，这个有着辉煌历史的建筑组群只是被其他机构临时性地借用过一段时间，最近十年，它一直在德国的相关文物保护法律的管理下处于闲置状态。如果学校能够建立起来，将会给当地的教育环境创造新的条件，这样就可以为滕普林构建起一个老幼皆宜的生活环境。

为了平衡在大都市区内部经济集聚带来的影响，滕普林提出了在乡村和半乡村地区实施内生性的区域发展战略，滕普林依靠当地的丰富自然资源和优美的风景，成为区域内部一片宁静的绿洲。这些措施构成了支持地方经济的全部政策内容。尽管滕普林已经完全符合欧洲"慢城网络"（network of slow cities）的相关标准，滕普林暂时还没有决定申请成为这个网络的成员（BMBau，2013）。

27.5 展望

两德统一已经经过了 25 年时间，滕普林从社会主义向自由市场政体的转型过程依然尚未完成。这个过程的完全还需要一代人，也就是另外 25 年时间的努力。

像德国许多其他没有紧邻大都市区主要城市周边腹地的小城镇一样，滕普林在未来几十年内不会出现显著的增长。如果按照对 2030 年人口发展相当乐观的估计来看，整个县（在 2008 年的人口是 13.2 万）在 2030 年的人口将比今天再减少 4 万人的规模，并且届时年龄超过 67 岁的人口将占总人口的 41%。尽管滕普林位于柏林的外围腹地范围内，但是它并未从自己的区位关系上获益。柏林未来的经济发展前景将会是微弱的增长，德国全国人口减少的趋势也肯定会保持。对于那些来自其他欧洲国家、北非或者中东的移民来说，他们将更倾向于定居在柏林市内而非周边的地区。

曾经有人提出雄心勃勃的政治计划，希望能够对公共的行政部门进行重组，通过合并若干个县来建立更大的行政单元，以便应对人口降低和公共服务短缺带来的挑战。但是这种举措其实对滕普林这样的小镇不利，反而会让贝尔瑙（Bernau）这种规模大得多、紧邻柏林的居民区受益。如果这个改革能够实现，那么至少理论上滕普林在未来将会成为柏林的郊区，而且会对柏林产生高度的依赖。考虑到德国实行分权的联邦体制，即使是在目前创意经济的初步发展表现相当出色，能够惠及当地经济，柏林这个首都城市的发展状况也只能是达到微弱增长的水平。

对于滕普林来说，未来几年最有利的前景仍然是利用城市具备的健康形象来吸引游客和那些有孩子且具有多代际特点的家庭，同时为那些退休人士提供安享晚年的舒适生活环境。当地经济的发展还是要靠德国社会在价值理念方面的改变，人们将偏爱于更加健康的生活方式，这就意味着选择对于绿色食品和节奏更慢生活的需求，而这些都是滕普林这个区域的特色。人们选择在森林中散步、骑自行车或者骑马，抑或是在湖中划乘独木舟和游泳。大自然在这一刻闯入你的生活，小鸟、野兔和那些不知名的小动物会在你毫无防备的时候从你面前一闪而过。闲暇时刻，烹饪也是一种生活的调剂。人们还可以邀上朋友去当地的市场，挑上几件手工制品，或者自己亲自去享受在周末干农活的乐趣。这些都是滕普林的城镇和乡村能够提供的内容。

如果之前所做的全部努力可以实现，滕普林及其所在县的人口就不会持续下降。官方预测表现得相当悲观，预计到 2030 年整个乌克马克县的人口将会减少 6000 人（图 27-5）。不过也很有可能的是人口下降的趋势得到遏制，或者甚至反过来实现人口增长。未来这个地区会不可避免地经历某种类型的乡村地区绅士化过程（Kil，2004；Mathiesen，2013）。现在当地已经有很多艺术家、作家和其他的创意人士选择在这个地区居住，他们看中的就是这里生活成本较低，并且离柏林很近，通过汽车或公共交通当天便可到达。

未来会告诉我们，这一地区是否能够通过网上购物、网上教学和网上健康服务等从发达的信息和电信技术中获益。值得期待的是，目前当地乡村地区在电信技术和网络方面水准低下的问题将会逐渐改善，这将会有助于克服一部分制约本地区经济发展的不利因素。对于相关的目标群体来说，滕普林具有宜居的优势，房产和住房成本低廉，与周边的大都会毗邻。滕普林有可能吸引更多的专业人士定居下来。依靠网络的支持，在这个处于边缘的地方，人们能够足不出户就把办公室的工作与广阔的全球市场联结起来（Berger，2013；Kralinski，2013）[1]。

---

[1] 德国现任总理安吉拉·默克尔小时候曾在滕普林的学校中就读，作为当地社会主义青年团领袖的身份，她获得了人生中第一份政治资本。不过这个经历并没有给当地政治带来任何额外的影响，也没有给这座小城提供更多的发展优势（Reuth/Lachmann，2013）。

向德国城市学习
——德国在空间发展中的挑战与对策

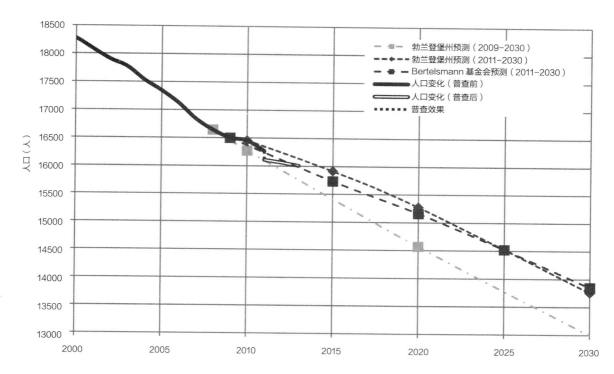

图 27-5　滕普林的人口发展情况

来源：Landkreis Uckermark.

图例：
- 勃兰登堡州预测（2009-2030）
- 勃兰登堡州预测（2011-2030）
- Bertelsmann 基金会预测（2011-2030）
- 人口变化（普查前）
- 人口变化（普查后）
- 普查效果

纵轴：人口（人）

本章参考文献

[1]　Arge Brandenburg（ =Arbeitsgemeinschaft "Städte mit historischen Stadtkernen" des Landes Brandenburg. Im Kern einzigartig. 31 historische Stadtkerne im Land Brandenburg. Potsdam：complan，2010.

[2]　Berger，Ulrich. Die industrielle Produktion von Morgen. Perspektiven 21，Brandenburgische Hefte für Wisenschaft und Politik. Potsdam，2013：55-63.

[3]　Breyer Siegfried，Ulrich Drewin. Templin. Perle der Uckermark Erfurt，Sutton Verlag GmbH，2012.

[4]　BMBau（ =Bundesministerium für verkehr，Bau und Stadtentwicklung，）Hg.Lokale Qualität：Kriterien und Erfolgssfaktoren nachhaltiger Entwicklung kleiner Städte-Cttaslow. Bonn，2013.

[5]　D-Statis（ = Statistisches Bundesamt）. Datenreport 2013：Ein Sozialbericht für die Bundesrepublik Deutschland，Bonn，Bundeszentrale für politische Bildung，2013.

[6]　Dwif（ = Dwif Consulting）Fortschreibung der Kurstadt-entwicklungs- konzeption für die Stadt Templin，Teil II：Strategiekonzept. Berlin/Templin，2012.

[7]　Kil，Wolfang. Raumpioniere als Akteure des Wandels. In，Köhler，Roland ，Die Zugezogenen：Neusiedler in der Uckermark. Temolin. Multikulturelles Zentrum.2011：112-116.

[8]　Kil，Wolfgang. Luxus der Leere：Vom schwierigen Rückzug aus der Wachstumswelt. Eine Streitschrift. Wuppertal. Müller& Baumann，2004.

[9]　Kralinski，Thpomas. 20 Jahre Brandenburg. Perspektiven 21，Brandenburgische Hefte für Wisenschaft und Politik. Potsdam，2013：29-41.

[10]　Kuntz，Michael. Wolfserwartungsland. München，Süddeutsche Zeitung Nr. 201，31，2013 August.

[11]　LAPLA. Raumordnungsbericht ROB 2013. Gemeinsame Landesplanungsabteilung，Ministerium für Infrastruktur und Landwirtschaft. Land Brandenburg，und Senatsverwaltung für Stadtentwicklung und Umwelt，Berlin. Potsdam. Landtag（ =Landtag Brandenburg），Hg.（ 2013）Kommunal- und Landesverwaltung – bürgernah，effektiv und zukunftsfest – Brandenburg 2020 " vom 25. Oktober 2013. Abschlussbericht der Enquete-Kommission 5/2 Schriften des Landtages Brandenburg Heft 3/2012

[12] Mathiesen, Ulf. ein Labor für Raumpioniere. Perspektiven 21, Brandenburgische Hefte für Wisenschaft und Politik. Potsdam, 2013: 59-67

[13] MIL (= Ministerium fur Infrastruktur und Landwirtschaft des Landes Brandenburg, Hg. Stadtentwicklungsbericht 2013. Potsdam, 2013.

[14] Reuth, Ralf Georg and Günther Lachmann. Das erste Leben der Angela M. München, Piper Verlag, 2013.

[15] Stadt Templin, Hg. Vorbericht Überblick über den Stand und die Entwicklung der kommunalen Ertrags-, Finanz- und Vermögenslage. Templin, 2013.

[16] Stadt Templin. Informationen für Templiner, Neubürger und Gäste der Stadt. Templin, Media Grafik+Druck, 2012.

[17] Stephanus (= Stephanus Stiftung Waldhof), Hg. Beständig im Wandel 150 Jahre, 2004.

[18] Websites
http: //www.mil.brandenburg.de
http: //www.stephanus-stiftung.de
http: //statistik.arbeitsagentur.de
http: //www.templin.de
http: //blog.bele
http: //www.stephanus.org/standoerte/stephanus-stiftung-templin-waldhof/startseite/

第4部分 向德国城市学习

Part IV Learning from Urban Germany

第28章

结　语（易鑫，克劳斯·昆兹曼）

Conclusion（Yi Xin，Klaus R. Kunzmann）

家乡　思恋　期盼

王　纺

第 28 章

结　语

Conclusion

易鑫，克劳斯·昆兹曼

Yi Xin, Klaus R. Kunzmann

空间规划的实施必须依靠所在国家或地区的规划文化，而且一般来说不同国家和地区的规划文化彼此迥异。当地居民的文化及所在空间的历史都能够对规划的工作产生决定性的影响。在英国推行的城市规划在法国完全行不通：在法律规范、各种政治活动的可能性、税收体制对建设行为的鼓励或限制作用、商界巨擘的影响力乃至城市居民的价值观等方面，两国之间都存在着巨大的差异。在区域规划方面的情况也是如此，德国区域规划取得的成功故事无法在美国加以复制，德国对居民区建设方面的限制做法会导致美国的商界和市民社会采取很强的抗议措施。而对于中国城市和区域的空间发展来说，与规划有关的工作是在国家制定的城市化政策框架里实施的，人们只有在这个政治框架下才能取得工作的成效。国家和地区的背景及其在"路径依赖"方面的特点，将决定空间发展和更新改造的工作与策略能否获得成功。

28.1　在德国，城市和区域的规划和实施主要受到 8 个因素的影响

（1）德国是个联邦制国家。受到这方面的限制，联邦政府对联邦州及其内部次区域的空间发展只能发挥很有限的影响力，无法采取那种自上而下的指令性规划，联邦政府制定的框架性法律只是规定了城市与区域规划的程序步骤，并没有规定规划的内容。空间规划工作首先是依靠地方社区层面来推行，不过地方社区政府也有必要与来自区域、州、联邦以及越来越重要的欧盟层面相关者相互沟通，相互在空间相关的政策和战略保持协调。

（2）每个城市只对自己的城镇发展规划负责，人们会采用一切政治和法律手段来保证城市的自治地位。无论是像慕尼黑或者多特蒙德这样的大城市，还是只有 2 万人口的小城市及乡镇都是如此。在鲁尔区就分布着 11 个城市和 4 个县，总共有 42 个社区政府努力维系着自己在城市规划方面的自主权。社区的城市发展规划都是依靠当地具有经验的行政部门和规划师来实施的。

（3）联邦政府在税制方面的法律会影响地方社区政府的收入情况。地方社区政府主要是依照当地的人口数量，从当地缴纳的所得税和企业税中获得一定的比例作为收入。地方上的纳税越多，城市或社区政府就越有钱，它们也就拥有更多的资金来承担社会、基础设施和经济方面的多种职责，相关工作的实施受地方议会和地方媒体的持续监督。

（4）德国的空间发展及其结构具有十分均衡的特点。全国范围内不存在占主导地位的城市，即便是首都柏林也做不到。德国的各种国家机构

（宪法法院、总会计署、国家环境保护局等）均匀地分布在整个国家的各个角落。中小城市与大城市拥有同等水平的生活质量。在全国各地，无论是世界范围内具有影响力的企业，还是各个中小型企业在选取机构所在地的时候，可供选择、条件类似的区位非常多。在全国各地，众多（免费的）公立和私立高校覆盖的范围十分广泛，便于周边的学生抵达，这些学校在质量上的差距很小，基本上面向所有的中学毕业生开放。

（5）由于在第二次世界大战中许多城市遭到摧毁，这种经历使德国社会变得十分敏感，投资商和建筑师对内城地区的建筑稍有破坏就会引起非议。建筑遗产也因此得到了高度保护。就连许多刚刚建成50年的建筑也被登记到文物保护的名录当中，人们希望能够保持城市发展的延续性。对于那些被列入保护名录的建筑，私人房产所有者有资格享受税收方面的优惠政策，按照每年缴纳个人所得税的申报规定，他们在维护该建筑的努力能够获得相应的回报。

（6）德国的规划与决策过程是在一个成熟的共识文化语境中展开的。法律专门出台了一系列规定对各种规划过程的公众参与事务加以规范。一般来说，人们会长期地公开讨论，直到所有参与方对于规划策略和出现的矛盾能够达成共识。这就需要耗费大量的时间和人力，因此决策过程要比中国缓慢得多。

（7）联邦德国的经济发展建立在社会市场经济体制的基础之上。人们在决策中会综合考量经济利益与社会需求，将自由市场经济置于国家调控的引导与监督之下。与欧洲许多其他国家不同，双轨制教育①是构成德国教育体系的一个重要支柱。这种双轨制的教育是德国经济成功的一个关键因素，私人经济会在企业内部"结合具体工作"提供很大一部分的教育和培训内容。

（8）从传统上来看，自然和环境等问题在德国社会具有重要意义。在学校教育和媒体报道中，环境一直被当作重要的议题。各个政治层面都为此制定了内容广泛的法律与责任，在这个背景下，涉及环境的各方面规定和责任得到了社会各界的广泛接受，在充分贯彻的同时也受到了认真的监督。

对于德国的地方规划、区域规划及其决策过程来说，以上8个因素能够体现出德国社会与政治框架的典型特色。

28.2 中国规划师能向德国规划师学习什么

中国和德国之间有着巨大差异，北京、上海或南京不能从今天巴伐利亚、汉堡或者鲁尔区的空间规划与更新中学到太多直接经验。除此之外，中国那些始终还在向外扩张的城市区域在规划、政治和社会方面所面临的挑战与德国差别非常大。相比之下，位于中国东北部的工业区域，例如在东北的哈尔滨、长春和沈阳等城市区域反倒表现出与德国内容比较相近的地方。但是即使在这些地区，规划师能学习的东西也更多地集中在原则上，而非具体的策略、规划方案与项目。

那么中国规划师到底能从德国学到什么呢？

（1）实现城市区域或城市的空间更新，不能依赖那种初衷良好的社区或区域规划（"蓝图"），德国采取了资源友好的改造模式，各种空间更新的原则包括：致力于维护多中心的结构，同时在区域层面实现了绿地空间的相互连通，以功能混合来取代单一功能空间，发展多种多样的住宅形式，创造有吸引力的公共场地，采取渐进的方式实施规划策略等，这些经验能够为中国城市区域的空间更新提供启示。

（2）目前德国城市规划的重点并不在于土地利用规划，也不只是关注城市形态或者城市设计方面的规划。这是因为德国的城市几乎不再向外

---

① 双轨制教育指的是德国在中等教育阶段所采取的分专业方向的做法。在晋升至中学阶段期间，存有一为期2年的定向阶段，借此可以透过老师的建议以及学生与家长的意愿，决定往后就读的学校。成绩程度较好的学生通常选择文理科的高中就读，学生以升大学为主要出路。学业程度欠佳的学生则就读5年制的职业中学，毕业生多继续进入二元制职业教育体系，完成学徒训练，并以从事手工业、制造业为主。这两个方向均得到同等程度的重视，双轨制的做法为德国的手工业和制造业提供了大量高水平的劳动力。

扩张，所以调整土地利用结构和从美学角度在新城区进行设计所能发挥的作用很有限。只有在个别项目里，这些因素才会发挥比较大的作用。城市规划工作更多是关注城市更新，市民参与，提升能源使用效率，改善环境，发展无机动车或限制机动车的交通机动性等。

（3）在城市区域内部不应该发展单一功能的中心，相反有必要发展一系列彼此顺畅连接的城市中心，在发展过程中应尽可能基于当地的潜力来进行开发。

（4）有80%的德国人（乐意）生活在中小城市，因为那里的生活质量更高，通勤的道路较短，工作岗位也很稳固，而且居民的认同感和安全感也更强。在中国，有一天人们也会发现自己更乐于生活在中小城市，选择离开那些拥有百万以上人口、空气恶劣而汽车拥堵的大都市。

（5）在1989～1999年这段时间，德国鲁尔地区实施了举世闻名的埃姆歇园国际建筑展（IBA Emscher Park），这项活动推动人们注意保存工业遗产，同时引入了一系列基于各种后工业功能的区域发展策略，人们示范了对这些设施加以合理再利用的各种策略。建筑展的经验也表明，生动的图像在说服来自的政界与社会的意见领袖和决策者时有多么重要的作用。

（6）为了吸引投资商和游客，就有必要为这个区域发展积极的认同与特色，使该地区具有可信的外部形象，为此就需要通过少量有吸引力的灯塔项目与文化项目来支撑这类目标。不过要注意避免这些灯塔项目的实施拖累到居民的生活质量。如果灯塔项目占用了其他用于改善居民生活质量的经费，就会成为"沙漠里的白象①"，否则的话，这些项目对于城市和区域将毫无裨益可言。德国的规划师一般不会用诸如生态城市、智慧城市、创意城市或海绵城市等时髦的标签来塑造城市形象，正如媒体批评指出的，这些标签大多是无稽之谈，主要是有人出于市场营销的目的，为了赚钱而散布出来的。这些标签对企业出售产品有帮助，但是对于改善人们的生活质量没有作用。

（7）无论是城市还是区域，都有必要构建未来空间的愿景，用它们来代替那种彩色的规划图，为此就要发展有核心内容的指导方针，帮助逐步改善居民的生活质量和企业驻地的条件。但是要注意不能只依靠专家来制定方针，也不能只是把注意力局限在城市营销的光鲜宣传册上，或者仅仅在介绍城市发展情况的博物馆里展示它，这是远远不够的。为了贯彻这些方针，还需要依靠具有未来意义的成功项目来说服当地民众。依照经验来看，没有什么比成功的实践更能够打动人。

在跨文化的规划实践交流中，人们往往由于不同国家与地区的规划文化的差异性而无所适从，各自地区的城市在历史过程中形成了较为固定的路径依赖模式，在相当长的时期也确实发挥着主导作用。不过规划文化并不是一成不变的。"二战"结束以后，很多德国城市接受了汽车优先的城市发展模式，但是人们很快在随后的两次世界石油危机中汲取了大量的教训。可持续发展和环境优先的意识逐渐成为社会各界的共识，并成为城市治理问题中的关键。

回顾德国城市规划和空间规划领域的发展过程，可以注意到不同历史时期的规划文化相当迥异，特别是人们对于不同规划原则的优先程度有着非常明显的变化。与英国和法国不同，德国没有采取发展大型的首都城市以控制全国的做法，相反形成了非常均衡的城市空间体系。2007年，德国作为欧盟的轮值主席国，推动颁布出台了《莱比锡宪章》，宪章体现了德国等欧洲国家关于空间发展的认识及其主要原则（城市特色、市民参与、良好的城市治理、应对气候变化带来的挑战采取保护及适应性措施等），正式提出了发展"可持续欧洲城市"的目标。

21世纪是城市的世纪，与德国等发达国家相比，以中国为代表的新兴工业化国家和其他发展

---

① "白象"一词指花费昂贵但又没有达到预期目的物品。在现代的用法中，白象指那些消耗庞大资源却无用或无价值的物体、计划、商业风险或设施等。

中国家将面临越发多样的城市化所带来的挑战。不同国家的空间发展模式及其路径依赖自有其合理性，对于正在高速发展的中国城市来说，人们可以提出大量的批评意见，但是很难在短期内找到有效的替代方案。不过这并不妨碍人们通过研究德国在城市与空间发展方面的原则与实践，反思和探讨自身政策和规划模式的本质及其局限性。一方面是农村地区的日渐荒芜，另一方面是大都市区的不断扩展，基础设施早已不堪重负，城市治理机构的超负荷运转，人们不可能无动于衷，发展多中心、具有包容性的可持续城市区域将成为全社会的共识。随着城市经济、文化水平的提高，中产阶层参与治理的要求也会越来越高，因此构建共识也将成为发展可持续的城市与区域更新战略的基础力量之一。

围绕以上目标，德国的城市与区域已经进行了大量的探索，不过目前在塑造多中心格局的区域发展和治理方面，仍然有很多不够完善的地方，人们有必要相互交流经验，在实效性和未来的理想之间不断平衡。空间规划是一个过程，并不是一个项目。每一个城市或区域都是一个巨大而复杂的学习园地，人们在这里每天都有值得学习的新东西。空间的更新不是一个项目，而是不断适应社会和经济变迁，尤其是技术发展的持续过程。在未来的几年乃至几十年的时间里，在中国的城市和区域中工作的规划师、建筑师和政界人士也必将面临这种过程，并为之而努力。

家乡 思恋 期盼

| 王 纺

2000 年离开北京来到德国定居后，每年都回家探望，看到北京城市建设的巨大变化，很自豪。但也感到熟悉的元素越来越少，亲切感越来越远，"家乡"的味道也淡了很多，每次回来时总是有失落相陪伴。也许身在异乡时对家的依恋更强烈，每当我步行在德国的城市村镇时，总是下意识地将寻乡的思绪带在身边，当期盼得到满足时，就将景象拍摄下来，以期安慰对曾经的我的北京的思恋。

前些年，来到位于弗兰肯的美因贝恩海姆（Mainbernheim）和渝德尔湖（Rödelsee）小镇，城墙依然完好，虽然它的保护功能失去了意义，城墙依旧将农业挡在墙外，却也没有妨碍现代的生活设施惠及城镇居民。这里并没有被现代的德国遗忘！虽然只有 2000 人，街道整洁，餐馆、旅店、咖啡馆、邮局、银行等生活设施齐全。那种随心，那种舒适总是围绕着我。私家宅院里的花丛随风摇曳着，街道两边的老宅透露着从前的故事，温馨的气息不时地从邻里间飘出来。这勾起我当年行走在胡同里的记忆。

店铺布置不那么时尚，咖啡店的座椅也不那么整齐，但是一定整洁。信步入内会有人轻声询问，"能帮你吗？"不然就继续手上的工作。就算是"误入"了私人庭院，主人也会善意的说"进来吧，看看，没关系！"声音里还透露着些自豪。仿佛能吸引

游人驻足是对他的褒奖。餐馆生意繁忙时，服务员会急步穿梭在餐桌间，不时看你一眼，透露出"我马上就过来招呼你！"。我忆起了姥姥当年带我吃早餐的情景。

我生活的城市波兹坦只有 16 万人，没有了乡镇的那种景象，但是生活的气息更加浓郁，这里提供良好的学校和大学教育、便利的生活设施、各类文化场馆以及完善的医疗保障，很多知名企业的研发中心落户这里。埃尔郎根市比波兹坦还小些，同样拥有同大城市一样水准的学校、大学和医院，而且西门子——这间国际性企业——的一个总部就坐落在这座城市，人们甚至称埃尔郎根是"西门子城"。在这样的城市里工作和生活是很舒适宜人的。

在德国，50 多万人口的城市就是大城市了，比如多特蒙德、杜伊斯堡、德雷斯顿、纽伦堡等。如果说小城镇的亲切是源于零距离，那么在大城市就是都市的文化生活的零距离更有魅力。2010年夏天，看到多特蒙德市一家大型购物中心的入口摆放着一架钢琴，不时有人坐下来弹一首，随后拎起包就走了。弹琴者多是过路客，或许思念远方家中的琴，或许忆起当年练琴的时光，在他们离座时总是一副心满意足的样子。不时路人被琴声吸引，驻足聆听。这是多特市的一个公共文化项目，有 26 架钢琴摆放在这个城市的不同商场

或公共场所里。凤凰湖是一个在多特蒙德钢厂旧址上经过清理后再开发的一个地产项目。钢厂的污染土壤被清出后形成一个湖。地产项目开发时特别在湖中心设计了小岛，并保留了当年的钢厂的一个高炉。这里是成了多特蒙德的城市生活的摄影作品展示空间。

杜伊斯堡旧港口区改造的社区里，白色波浪形的低墙是以色列的艺术家 Dani Karavan 设计纪念品花园的一部分。他利用这里原有的建筑残亘和原来工业建筑的材料，设计了不同的雕塑在这座花园里，记忆着这里的曾经。在这里，写字楼里的工作人员可以在记忆花园里小憩，下午小朋友可以像在游乐园似的玩耍。高雅的艺术在这里，带给人的不仅是对艺术的感悟，更有生活的色彩。

和国内的大城市的发展不同，这里高楼大厦和宽阔笔直的大道很少，倒是传统的建筑保留了很多。在纽伦堡的圣诞市场座落在旧城区的主市场广场上，有 400 余年历史的圣诞市场是德国最古老的一个圣诞市场，不仅人气旺盛，圣诞售货棚的式样和材料也最大限度地保持原有的风格。坐落在德雷斯顿圣母教堂对面的 Leicht 珠宝店，属于一家拥有 50 余年历史的珠宝制作商。两德统一后，该家族重操旧业，传承独特的手工技艺。50 年在这里尚属于年轻代。每个城市都有自己的传统市场，店铺和街道，他们都在努力地保留自己的特色，并让传统成为城市的诱惑力。

正是这种都市文化吸引我经常来到德国的大城市，感受都市特有的气息。

行走在欧洲的城市乡镇，那种亲切感总是让我感动。也许就是他们对保留"自我"的执着，让远行的家人回来时，依然可以情不自禁地说，"到家了！"。我期盼有一天能在北京有这样的经历！

2017 年 6 月于德国滕普林

附：图片地名标识

德雷斯顿

埃尔郎根

纽伦堡

波茨坦

德雷斯顿

波茨坦

美因贝恩海姆

纽伦堡，2014

埃尔郎根，2014

美因贝恩海姆

美因贝恩海姆

美因贝恩海姆

渝德尔湖

多特蒙德

多特蒙德

多特蒙德

多特蒙德

杜伊斯堡

杜伊斯堡

杜伊斯堡

附录
Appendix

推荐文献
Further reading: Chinese, English, German

推荐相关网站
Websites

作者简介
Contributing authors

推荐文献

Further reading: Chinese, English, German

介绍德国的城市 / 区域和空间规划的背景（主要是 2000 年以后的文献）

A. 欧洲的背景信息：

[1] Jacques Robert（2014）The European Territory. London, Routledge.

[2] Peter Hall（2013）Good Cities, Better Lives: How Europe Discovered the Lost Art of Urbanism. London: Routledge.

[3] Stefanie Dühr; Claire Colomb; Vincent Nadin（2010）. European spatial planning and territorial cooperation. London, New York: Routledge.

[4] Alexander Hamedinger, Oliver Frey, Jens S. Dangschat, and Andrea Breitfuss（Hrsg.）（2008）. Strategieorientierte Planung im kooperativen Staat. Wiesbaden: VS Verlag/ GWV Fachverlage GmBH

[5] Nadine Cattan（2007）Cities and Networks in Europe: A Critical Approach of Polycentrism. Montrouge: John Libbey Eurotext.

[6] Dietmar Scholich Eds,（2007）Territorial Cohesion. German Annual of Spatial Research and Policy. Heidelberg: Springer-Verlag

[7] Alain Thierstein und Agnes Förster（2007）The Image and the Region.BadenSchweiz: larsmüller

[8] Willem Salet and Enrico Gualini（Eds）（2007）Framing Strategic Urban Projects: Learning from Current Experiences in European City-regions. London: Routledge

[9] Neil Adams, Jeremy Alden and Neil Harris（Eds）（2006）Regional Development and Spatial Planning in an Enlarged European Union. London: Ashgate

[10] Heinelt Hubert and Daniel.Kübler（Hg.）（2005）Metropolitan Governance: Capacity, Democracy and the Dynamics of Place. Miton Park/Abingdon: Routledge

[11] Klaus R. Kunzmann,（2004）Reflexionen über die Zukunft des Raumes. Dortmund. Dortmunder Beiträge zur Raumplanung, Bd. 111 Dortmund.

[12] William Salet, Andy Thornley and Anton Kreukels（Eds）（2003）Metropolitan Governance and Spatial Planning: Comparative Case Studies of European City-Regions. London: Spon Press.

[13] Patrick Le Galès（2002）. European Cities: Social Conflicts and Governance. Oxford: University Press.

[14] Herschel Tassilo and Peter Newmann（2002）Governance of Europe's City Regions. London: Routledge.

[15] Louis Albrechts, Alden Jeremy and Artur da Rosa Pires（2001）The Changing Institutional Landscape of Planning. London: Ashgate

[16] William Salet and Andreas Faludi（Eds）（2000）The revival of strategic spatial planning. Amsterdam: Royal Netherlands Academy of Arts and Sciences.

[17] Peter Hall（1998）Cities in Civilization: Culture, Technology, and Urban Order. London: Weidenfeld & Nicolson; New York: Pantheon Books.

[18] Patsy Healey, Abdul Khakee, Alain Motte and Barrie Needham（Eds）（1997）Making Strategic Spatial Plans: Innovation in Europe. London: UCL Press

[19] Becker, Heidede, Johhann Jessen und Robert Sander, Hr（1996）. Ohne Leitbild? Städtebau in Deutschland und Europe. Wüstenrot Stiftung Stuttgart: Karl Krämer Verlag

[20] Peter Hall（1988）Cities of Tomorrow: An Intellectual History of Urban

B. 与德国空间规划有关的著作（英文）

[1] Elke Pahl-Weber, Dietrich Henckel（Eds.）（2008）. The Planning System and Planning Terms in Germany. Akademie für Raumforschung und Landesplanung. Hanover.

[2] ARL（2007）Metropolitan Regions: Innovation, Competition, Capacity for action.

[3] Sebastian Lentz（Eds）（2007）German Annual of Spatial Research and Policy: Restructuring Eastern Germany. Berlin: Springer-Verlag Hannover: Selbstverlag

[4] Steve Crawshaw（2004）Easier Fatherland: Germany and the Twenty-First Century. London: Continuum

[5] Turowski Gerd（Eds）（2002）Spatial Planning in

Germany: Structure and Concepts. Hannover: ARL

[6] Alexandra Richie（1998）Faust's metropolis. New York: Carroll and Graff

[7] John Ardach（1991）. Germany and the Germans. London: Penguin.

C. 与德国空间规划有关的著作（德文）

[1] Walter Siebel（2015）Die Kuitur der Stadt. Frankfurt: Suhrkamp

[2] Xin Yi（2014）Urban Transition via Olympics: Der Einfluss der Olympiade Beijing: auf Chinas Urban Transition vor dem Hintergrund der europäischen Olympiastädte München, Barcelona und London. Südwestdeutscher Verlag für Hochschulschriften.

[3] Jureit, Ulrike（2012）Das Ordnen von Räumen: Territorium und Lebensraum im 19. und 20. Jahrhundert . Hamburg, Hamburger Edition

[4] Raumordnungsbericht 2011. Bundesinstitut für Bau-, Stadt- und Raumforschung im Bundesamt für Bauwesen und Raumordnung.

[5] Fürst Dietrich（2010）Raumplanung- Herausforderungen des deutschen Institutionensystems. Detmold: Rohn Verlag

[6] Albers Gerd（Eds）（2007）Stadtplanung: Eine illustrierte Geschichte. Darmstadt: Primus-Verlag

[7] Bernd Scholl, Hany Elgendy and Markus Nollert（2007）Raumplanung in Deutschland- Formeller Aufbau und zukünftige Aufgaben, Schriftenreihe des Instituts für Städtebau und Landesplanung. Karlsruhe: Universität Karlsruhe（TH）Bd.35. Karlsruhe, BR 101/153

[8] Klaus Selle（2006）Planung neu denken. Dortmund: Rohn verlag.

[9] ARL（= Akademie für Raumforschung und Landesplanung）（2005）Handwörterbuch der Raumplanung. Hannover: Selbstverlag

[10] Walter Siebel（2004）Die europäische Stadt. Frankfurt: Suhrkamp

[11] Fürst Dietrich and Frank Scholles（2001）Handbuch Theorie und Methoden der Raum- und Umweltplanung. Dortmund: Dortmunder Vertrieb

[12] Hartwig Spitzer（1995）Einführung in die Räumliche Planung. Stuttgart: UTB

[13] Klaus Beyme von et al.（1992）Neue Städte aus Ruinen. Deutscher Städtebau der Nachkriegszeit. München: Prestel-Verlag.

[14] Akademie für Raumforschung und Landesplanung（Eds.）（1983）. Grundriß der Stadtplanung. Hannover, Vincentz

[15] Albers, Gerd（1975）Entwicklungslinien im Städtebau. Ideen, Thesen, Aussagen 1875-1945: Texte und Interpretationen. Düsseldorf: Bertelsmann Fachverlag

D. 与德国空间规划有关的著作（中文）

[1] 易鑫，哈罗德·博登沙茨，迪特·福里克，阿廖沙·霍夫曼. 欧洲当代城市设计 [M]. 北京: 中国建筑工业出版社, 2017

[2] 哈罗德·波登沙茨 著. 易鑫，徐肖薇 译. 柏林城市设计——一座欧洲城市的简史 [M]. 中国建筑工业出版社, 2016.

[3] 王彦康，易鑫，曾秋韵. 世界建筑旅行地图——德国 [M]. 中国建筑工业出版社, 2016.

[4] 克里斯塔·莱歇尔，克劳斯·R·昆兹曼，扬·波利夫卡，弗兰克·鲁斯特，亚瑟民·乌克图等 著. 李潇，黄翊 译. 区域的远见: 图解鲁尔区空间发展 [M] . 中国建筑工业出版社, 2016.

[5] 迪特·福里克 著. 易鑫译，薛钟灵校. 城市设计理论——城市的建筑空间组织 [M]. 中国建筑工业出版社, 2015.

[6] 刘姝宇. 城市气候问题解决导向下的当代德国建设指导规划 [M]. 厦门大学出版社, 2014.

[7] 殷成志. 德国城乡规划法定图则: 方法与实例 [M]. 清华大学出版社, 2013.

[8] 唐燕，克劳斯·昆兹曼. 创意城市实践——欧洲和亚洲的视角 [M] . 清华大学出版社, 2013.

[9] 徐继承. 德意志帝国时期城市化研究: 以普鲁士为研究视角 [M]. 中国社会科学出版社, 2013.

[10] 刘涟涟. 德国城市中心步行区与绿色交通理论规划策略 [M]. 大连理工大学出版社, 2013.

[11] 彼得·霍尔，凯西·佩恩 著. 罗震东 等译. 多中心大都市: 来自欧洲巨型城市区域的经验 [M]. 中国建筑工业出版社, 2010.

[12] 李兵弟，主编. 部分国家和地区村镇（乡村）建设法律制度比较研究 [M]. 中国建筑工业出版社, 2010.

[13] 左琰. 德国柏林工业建筑遗产的保护与再生 [M]. 东南大学出版社, 2007.

[14] 季羡林. 留德十年 [M]. 外语教学与研究出版社, 2009.

[15] 张京祥. 西方城市规划思想史纲 [M]. 东南大学出版社, 2005.

[16] 阿尔伯斯 G. . 吴唯佳译. 薛钟灵校. 城市规划理论与实践概论 [M]. 北京: 科学出版社, 2000.

[17] 莱昂纳多·贝纳沃罗 著. 薛钟灵 等 译. 世界城市史 [M] . 科学出版社, 2000.

推荐相关网站

Websites

A. 德国政府相关网站

1. 联邦环境、自然保护、建筑和核安全事务部
   Bundesministerium für Umwelt, Naturschutz, Bau und Reaktorsicherheit
   Federal Ministry for the Environment, Nature Conservation, Building and Nuclear Safety（DE/EN）
   德文网址：http://www.bmub.bund.de/
   英文网址：http://www.bmub.bund.de/en/

B. 欧盟机构

2. 欧洲地域发展与凝聚力监测网络
   European Observation Network for Territorial Development and Cohesion, ESPON, Luxemburg（EN）
   英文网址：https://www.espon.eu/main/

3. 欧盟区域与城市政策执行总署
   Directorate-General for Regional and Urban Policy, DG Regio, Brüssel（EN）
   英文网址：http://ec.europa.eu/dgs/regional_policy/index_en.htm

C. 研究机构

4. 德国城市与州域规划学会
   Deutsche Akademie für Städtebau und Landesp-lanung, DASL（DE）
   德文网址：http://dasl.de/

5. 空间规划科学院
   Akademie für Raumforschung und Landesplanung, ARL（DE/EN）
   德文网址：https://www.arl-net.de/
   英文网址：http://www.arl-net.de/content/english

6. 德国城市事务研究院
   Deutsches Institut für Urbanistik, DIFU（DE）
   德文网址：http://www.difu.de/

7. 联邦建筑、城市事务与空间发展研究院
   The Federal Institute for Research on Building, Urban Affairs and Spatial Development, BBSR（DE/EN）
   德文网址：http://www.bbsr.bund.de/BBSR/DE/Home/bbsr_node.html; jsessionid=C90925D6569DEFF8F0FFE 0DBE6740727.live21302
   英文网址：http://www.bbsr.bund.de/BBSR/EN/Home/homepage_node.html; jsessionid=1FC13CFEF202CBF3 390676C1298785D5.live21302

8. 区域与城市发展研究所
   Research Institute for Regional and Urban Development, ILS, Dortmund（DE/EN）
   德文网址：http://www.ils-forschung.de/index.php?lang=de&s=home&sub=
   英文网址：http://www.ils-forschung.de/index.php?lang=en&s=home&sub=

9. 农业景观研究 - 莱布尼茨研究中心
   The Leibniz Centre for Agricultural Landscape Research, ZALF, Müncheberg（DE/EN）
   德文网址：http://www.irs-net.de/index.php?sprache=de
   英文网址：http://www.zalf.de/en/ueber_uns/Pages/default.aspx

10. 莱布尼茨研究中心社会与空间研究所
    Leibniz Institute for Research on Society and Space, IRS, Erkner（DE/EN）
    德文网址：http://www.zalf.de/de/Seiten/ZALF.aspx
    英文网址：http://www.zalf.de/en/Pages/ZALF.aspx

11. 慕尼黑城市设计与居住研究所 / 柏林城市设计研究所（联合机构）
    Institut für Städtebau und Wohnungswesen München / Institut für Städtebau Berlin
    德文网址：http://www.isw-isb.de/index.php?id=3

D. 大学

12. 多特蒙德工业大学空间规划学院
    Fakultät Raumplanung, Technische Universität Dortmund（DE/EN）
    德文网址：http://www.raumplanung.tu-dortmund.de/rp/start_de.html
    英文网址：http://www.raumplanung.tu-dortmund.de/rp/en.html

13. 柏林工业大学规划、建造与环境学院城市与区域规划系
    iSR Stadt-und Regionalplanung Berlin（DE/EN）
    德文网址：http://www.isr.tu-berlin.de/menue/institute_

of_urban_and_regional_planning/parameter/de/

英文网址：http://www.isr.tu-berlin.de/menue/home/parameter/en/

14. 卡塞尔大学建筑、城市规划和景观规划学院城市规划系

Raumplanung Kassel（DE/EN）

德文网址：http://www.uni-kassel.de/fb06/de/fachgebiete/stadt-und-regionalplanung.html

英文网址：http://www.uni-kassel.de/fb06/en/subject-areas/urban-and-regional-planning.html

15. 慕尼黑工业大学建筑学院城市规划系

Institut für Urban and Landscape Transformation，Fakultät für Architektur，Technische Universität München（DE/EN）

德文网址：http://www.ar.tum.de/de/ultra/

英文网址：http://www.ar.tum.de/en/professorships/urban-and-landscape-transformation/

16. 汉堡港城大学

HafenCity University Hamburg，HCU（DE/EN）

德文网址：https://www.hcu-hamburg.de/en/

英文网址：https://www.hcu-hamburg.de/en/

17. 凯泽斯劳滕工业大学，空间规划与环境规划系

TU Kaiserslautern，Department of Spatial and Environmental Planning（DE/EN）

德文网址：https://www.ru.uni-kl.de/startseite/

英文网址：https://www.ru.uni-kl.de/en/home/

E. 其他

18. "德国概况"网站

Facts about Germany（CN/DE/EN）

中文网址：https://www.tatsachen-ueber-deutschland.de/zh-hans

德文网址：https://www.tatsachen-ueber-deutschland.de/en

英文网址：https://www.tatsachen-ueber-deutschland.de/zh-hans

作者简介

Contributing authors

威廉·本弗（Wilhelm Benfer）曾在多特蒙德大学学习空间规划专业并获硕士学位，此后又在国外留学，分别获得英国考文垂大学的区域规划硕士和美国特拉华大学城市事务与公共政策的哲学博士学位。1999 年，他开始担任勃兰登堡州巴尼姆县开发与建设控制办公室的负责人。同时还在埃伯斯瓦尔德应用技术大学（Eberswalde University of Applied Sciences）任教，讲授可持续发展政策与区域管理方面的课程。多年以来他一直在空间规划信息交流联合会的执委会中担任不同职务，该机构属于德国职业规划师的两大专业机构之一。他的研究重点包括欧洲的区域政策、区域规划与发展以及地方 / 区域的经济发展政策。

迪特·福里克（Dieter Frick），1933 年出生，城市规划师。获建筑和城市设计专业本课和硕士学位。曾在巴黎，柏林和汉堡等地从事规划实践。自 1973 年，成为柏林工业大学教授，研究方向为城市设计和住居学，1998 退休。曾在底特律的韦恩州立大学、美国巴尔的摩的约翰·霍普金斯大学、巴黎第八大学任客座教授。出版著作：《城市设计理论》，2011 年第三版（Wasmuth 出版社，Tübingen），该书于 2015 年出版中文版（中国建筑工业出版社，北京）。德国城市与州域规划学会会员，上海同济大学顾问教授。

乌尔里希·哈茨费尔特（Ulrich Hatzfeld）博士，1953 年生，毕业于多特蒙德大学的城乡、区域与景观规划专业，曾在多特蒙德大学任教，"DASI 城市研究与城市规划事务所"负责人。"哈茨费尔特 - 荣克尔城市研究与城市规划事务所"的持有人（共 15 年时间）。1996-2006 年间，在位于北莱茵 - 威斯特法伦州杜塞尔多夫市的"城市规划与住宅，文化与体育部"（后来更名为"建设与交通部"）任城市发展办公室的负责人。2006 年任联邦交通，建设与城市发展部门的城市发展办公室的领导。2014 年，在"联邦环境与自然保护，建设与核反应堆安全部"下属的"城市政策、城市发展与城乡公共服务设施办公室"担任负责人。自 2015 年起，任"联邦环境与自然保护，建设与核反应堆安全部"下属的"基础事务与规划法案起草办公室"负责人。

维尔纳·海因茨（Werner Heinz），哲学博士、工学硕士，曾学习建筑、城市规划与社会学等专业。1978-2009 年间任德国城市事务研究院（Deutschen Institut für Urbanistik，德国城市研究与咨询领域最重要的研究机构之一）项目负责人。自 1984 年起，任该机构科隆分院的领导。领导和完成了大量的研究课题，发表了大量关于城市与区域发展及其政策的著作与报告，在国际学术界参与了一系列的学术活动，与中国有关的活动包括：2005 年 11 月在南京举行的"南京可持续城市发展会议"（Nanning International Conference on Sustainable Urban Development），以及 1993 年 9 月在香港举行的十七届 INTA 年会，讨论"城市发展未来十年的行动计划"（An Action Plan fort the Next Decade of Urban Development）。德国空间研究与州域规划学会（Arkademie für Raumforschung und Landesentwicklung，ARL）成员。目前是独立咨询师和作家，最新著作为"在新自由主义全球化时代下的软弱城市"（(Ohn-) mächtige Städte in Zeiten der neoliberalen Globalisierung，Münster 2015）。

托尔斯腾·海特坎普（Thorsten Heitkamp），生于 1962 年，空间规划师。在多特蒙德和马德里分别学习空间规划专业和建筑学专业，1995 年在多特蒙德工业大学获得博士学位。在德国、西班牙、塞尔瓦多和南非等地参与研究与规划实践，并在欧洲、拉丁美洲、非洲和东南亚从事一系列国际咨询工作，关注居住、侧重贫困问题的城市发展与移民等问题。至 2014 年底，在多特蒙德工业大学担任博士后研究员与讲师，期间曾担任位于安曼的德国 - 约旦大学客座教授。2015 年起在德国杜塞尔多夫的北莱茵·威斯特法伦银行任职，该机构负责各项公共扶持资金的分配。

克劳兹·R·昆茨曼（Klaus R. Kunzmann），1942 年生，空间规划师。获建筑和城市规划本课和硕士学位。曾在咨询机构中完成一系列规划实践。1974 年成为教授，1993 年 ~ 2006 年，任多特蒙德大学欧洲空间规划让·莫内教研室负责人。伦敦大学大学学院巴特莱规划学院名誉教授。东南大学客座教授。曾在欧洲、美国和中国的多所大学和科研院所学术访问。英国皇家城市规划学会和欧洲规划院校联合会（AESOP）荣誉会员。德国空间研究和州域规划学会会员。

尼尔斯·莱贝尔（Nils Leber），生于 1978 年，工学博士，空间规划师，毕业于多特蒙德大学空间规划学院。之后在波恩的莱茵 - 弗里德里希 - 威廉大学（Rheinischen Friedrich- Wilhelms-Universität）的城市设计与土地整治教研室任教。2012 年获工学博士，论文课题关注德国北莱茵 - 威斯特法伦州的特大城市边缘区。2012 ~ 2014 年间，在波鸿的鲁尔大学地理研究所参与城市景观演进方面的研究与教学工作。从 2014 年起在波鸿市的城市发展部门任职，同时参与其他与城市更新有关的项目。

克里斯蒂安·施奈德（Christian Schneider），生于 1938 年，城市规划师。先后在德累斯顿工业大学和卡尔斯鲁尔工业大学学习建筑学和城市规划，1963 年毕业并获硕士学位。1967 年通过巴登 - 弗腾堡州内政部组织的"建筑与城市规划"国家资格考试。1963 ~ 1970 年在弗赖堡和卡尔斯鲁尔的政府部门任职，参与了城市规划、区域和州域规划

等方面的各项实践。1970 年后在德国慕尼黑工业大学城市与区域规划教研室任助理教授，该教研室负责人为盖尔德·阿尔伯斯（Gerd Albers），后者曾任慕尼黑工业大学校长和国际城市与区域规划师学会主席（ISOCARP），1978 年获工学博士学位，研究课题为"第三帝国时期的新城建设"。1978 年至 2003 年在慕尼黑工业大学弗莱辛校区负责城市规划基础课程系列的教学工作，同时任慕尼黑工业大学的城市规划方面培训机构负责人，该机构受巴伐利亚州政府委托成立，负责培训州政府的候补公务员。2006 年曾任清华大学建筑学院客座教授。

迪尔克·舒伯特（Dirk Schubert），1947 年生。获建筑和社会学方向的本科和硕士学位。汉堡港口大学住房和城市分区开发教研室教授。曾客座访问巴西、中国、日本、西班牙、爱尔兰、英国、土耳其和法国等地并做讲座。出版著作和研究方向：海港城市的港口和滨水空间转型、城市规划和住房建设史。任国际城市规划历史学会（International Planning History Society，IPHS）主席。

特克拉·塞弗特（Thekla Seifert），1966 年生，毕业于魏玛的建筑与土木工程高等学校，曾担任高层建筑结构制图师，城市规划师。1991 年至 1992 年在沃尔芬（Wolfen）城市规划局任职。1993 ~ 2008 年，在滕普林市区域规划局任职。2008 年起就任滕普林市建设局负责人。

约阿希姆·西费特（Joachim Siefert），生于 1939 年，先后在德国和美国分别获得建筑学硕士和城市规划硕士。毕业于卡尔斯鲁尔大学建筑学，曾获 DAAD 奖学金在赫尔辛基大学学习城市设计专业，后来又得到大众奖学金资助在华盛顿大学学习城市规划专业。曾在赫尔辛基、伦敦、斯图加特和杜塞尔多夫从事规划实践，作为规划专家曾在阿拉伯、非洲和亚洲各个国家参与由国家引导的发展规划工作。萨尔斯堡城市规划与发展会议（Salzburg Congress For Urban Planning and Development，SCUPAD）成员。1974 年出版《城市、区域与州域规划研究》（Das Studium der Stadt-，Regional- und Landesplanung，Verlag Dokumentation，Pullach）等著作。

克丽斯塔·斯坦德克（Christa Standecker）
博士，生于 1961 年，国民经济学家。先后毕业于纽伦堡和斯特拉斯堡的国民经济学专业。曾在欧盟委员会任职，后担任卡尔斯鲁工商业协会和纽伦堡经济部门的负责人。从 2005 年起任纽伦堡的欧洲大都市区机构的负责人。2006 年至 2013 年间，任德国联邦交通、建设与城市发展部下属的空间秩序规划委员会委员。从 2011 年起就任德国大都市区活动网络（Initiativkreises der Metropolregionen in Deutschland，IKM）的代理发言人。

奥特马尔·施特劳斯（Ottmar Strauß），生于 1950 年，建筑师、城市规划师，曾任城市总规划师。毕业于慕尼黑工业大学建筑与城市设计专业。曾任讷德林根市（Nördlingen）城市规划局负责人。1992～2007 年期间，任班贝格市建设部门负责人，负责城市开发、城市整治、土地再开发、老城中心的世界文化遗产保护、住房与基础设施开发等方面。曾任德国"历史城市工作共同体"的负责人，该共同体成员包括班贝格、吕贝克、雷根斯堡、麦森（Meisen）、施特拉尔松德、格尔利茨（Görlitz）等历史城市。从 2007 年起成立"规划与咨询"事务所，主要涉及城市规划、城市开发与整治、土地再开发和世界文化遗产的保护等方面。曾出版关于城市开发、城市更新、文物保护和土地再开发等方面的著作。德国城市与州域规划协会成员。

库尔特·维尔纳（Kurt Werner），生于 1950 年，工学硕士。独立建筑师和城市规划师，德国建筑学会与城市与州域规划学会会员，曾任雷根斯堡市政府总规划师。1968 年～1978 年间，在慕尼黑和柏林学习建筑学与城市设计专业。1979 年至 1990 年间，在下巴伐利亚地区的城市与乡村社区参与规划实践。1990 年至 2005 年间，在雷根斯堡中心区及其世界文化遗产城区（Welterbestadt）参与"存量再建设"的规划实践，自 1993 年起在城市规划局担任交通、建设指导规划与城市形态方面的负责人。2006 至 2014 年间，任康斯坦茨市负责城市发展方面的副市长，主管规划、建设和环境等事务，同时管理与废弃物排放与处理企业有关的事务。2012 至 2014 年间，任克罗伊茨林根（瑞士）-康斯坦茨（德国）跨界联合会的副主席。2014 年至今，在雷根斯堡作为独立建筑师和城市规划师。

易鑫，生于 1981 年，城市规划师和城市研究学者。东南大学建筑学院城市规划系副教授。1999-2006 年获清华大学建筑学本科和硕士学位。2011 年获德国慕尼黑工业大学工学博士学位。同年任德国 SBA 公司上海分公司高级项目经理兼助理总监。中国城市规划学会和中国建筑学会会员。已出版 6 部著作：通过奥运会实现城市转型：奥运会对于北京的影响《Urban Transition via Olympics：Der Einfluss der Olympiade Beijing》，德文独著。SHV 出版社，德国萨尔州，2014），南京城墙内外：生活·网络·体验（中国建筑工业出版社）等。

马丁·祖尔·内登（Martin zur Nedden），生于 1952 年，城市规划师，毕业于维也纳工业大学空间规划专业。在多个德国城市参与规划实践，2006 年至 2013 年在莱比锡市任分管城市发展与建设的副市长。从 2013 年起担任德国城市事务研究院（Difu）院长。莱比锡技术、经济与文化大学（HTWK Leipzig）名誉教授。德国城市与州域规划学会成员（2013—2015 年任主席），同时还担任联邦政府下属的"国家城市发展政策"管理委员会委员。在世界范围内出版过许多作品并举行过大量讲座与报告。

图书在版编目(CIP)数据

向德国城市学习:德国在空间发展中的挑战与对策 / 易鑫
等著. —北京:中国建筑工业出版社,2017.9
ISBN 978–7–112–20925–5

Ⅰ.①向… Ⅱ.①易… Ⅲ.①城市空间—城市规划—研
究—德国 Ⅳ.①TU984.516

中国版本图书馆CIP数据核字(2017)第156677号

责任编辑:刘 丹 张 明
责任校对:李欣慰 焦 乐

向德国城市学习
——德国在空间发展中的挑战与对策
易鑫 [德] 克劳斯·昆兹曼(Klaus R.Kunzmann)等著

＊
中国建筑工业出版社出版、发行 (北京海淀三里河路9号)
各地新华书店、建筑书店经销
北京京点图文设计有限公司制版
北京君升印刷有限公司印刷
＊
开本:850×1168毫米 1/16 印张:17¼ 字数:479千字
2017年12月第一版 2017年12月第一次印刷
定价:68.00元
ISBN 978-7-112-20925-5
    (30524)